U0173244

NASA 工作运转

美 国 国 家 航 空 航 天 局

（1958 年至今）

［英］大卫·贝克　著　李薇濛　译

上海科学技术文献出版社
Shanghai Scientific and Technological Literature Press

图书在版编目（CIP）数据

NASA 工作运转 /（英）大卫·贝克著；李薇濛译.
—上海：上海科学技术文献出版社，2024
书名原文：NASA Operations Manual
ISBN 978-7-5439-8728-9

Ⅰ.①N…　Ⅱ.①大…②李…　Ⅲ.①航空航天
工业—科学研究组织机构—概况—美国　Ⅳ.①V-247.12

中国国家版本馆 CIP 数据核字（2023）第 002254 号

NASA Operations Manual

图字：09-2019-498

策划编辑：张　树
责任编辑：黄婉清
封面设计：方　明

NASA 工作运转
NASA GONGZUO YUNZHUAN
[英]大卫·贝克　著　李薇濛　译
出版发行：上海科学技术文献出版社
地　　　址：上海市长乐路 746 号
邮政编码：200040
经　　　销：全国新华书店
印　　　刷：商务印书馆上海印刷有限公司
开　　　本：787mm×1092mm　1/16
印　　　张：17.75
版　　　次：2024 年 4 月第 1 版　2024 年 4 月第 1 次印刷
书　　　号：ISBN 978-7-5439-8728-9
定　　　价：168.00 元
http://www.sstlp.com

献辞

1967 年"阿波罗"飞船发生爆炸之后，NASA 飞行控制主任吉恩·克兰兹召集任务控制中心工作人员开会，发表了鼓舞人心的演讲。这番讲话在 2003 年"哥伦比亚"号航天飞机爆炸后得以再现：

> 从今天开始，任务控制中心将以两个特点为人所知：坚韧和称职。"坚韧"意味着我们将永远对自己的工作或未做到的事情负责，我们永远不会再在责任面前让步。"称职"意味着我们永远不会把任何事情视为理所当然。任务控制工作将力求完美。当你今天开完会、回到办公室后，要做的第一件事就是在黑板上写下"坚韧"和"称职"，并且永远不要擦掉。每当你走入办公室，这两个词都会提醒你，格里索姆、怀特和查菲（三位牺牲的宇航员）付出了多么巨大的代价。这两个词是进入任务控制中心队伍的代价。

本书向这种精神以及 NASA 的工作人员致敬。他们不妥协地工作着，坚韧而称职；他们不容忍失败，做好每天的工作，鼓舞下一代人。

致谢

在写作这本书的过程中，我想要感谢 NASA 的许多人。他们慷慨地提供了过去五十多年的历史和参考资料，作为我在 NASA 各个外地中心的专业活动的补充。有一些人已经离开了我们，而另外一些人记得他们是谁，我要感谢他们。

在本书的编辑出版中，我要感谢我的委托编辑史蒂夫·伦德尔给予的支持、耐心和指导，感谢校对文本的迪恩·罗基特和编写索引的彼得·尼科尔森。这本书的任何优点都归功于他们，任何缺点都归咎于我。

大卫·贝克
英格兰东萨塞克斯郡

简介

提到"美国国家航空航天局"（NASA）一词，大多数人都会想到"阿波罗"登月，而剩下那些人中的大多数则会想到航天飞机、哈勃太空望远镜、火星探测器或国际空间站。你看电视吗？几乎没有哪天的新闻会不提 NASA，一些引人入胜的电视纪录片也会描绘 NASA 某项壮观的任务。大银幕电影制片人也向 NASA 寻求帮助，整合出《火星救援》这样的大片。但是，NASA 究竟是什么时候成立的，资金从何而来？它在什么地方？

NASA（美国国家航空航天局）是美国政府的一个机构，负责航空研究，空间科学、技术和工程的开发。NASA 还负责对国家机构和科学研究体提出的科学问题进行基础研究，通过航空或空间科学研究为这些问题提供答案。

NASA 负责卫星、太空望远镜和航天器的研发以及人类对太阳系的探索工作。NASA 是美国主要的民用空间探测机构，也是为全人类的利益提供卫星、航天器和技术应用的机构。

信息的普遍、自由、无偏见传播是 NASA 的根基。在依此履行职责的过程中，NASA 代表了政治家和美国政府行政部门最高尚的意图。

下图：可以说，美国航天计划史上最著名的任务莫过于六次"阿波罗"登月。图中，艾伦·比恩在1969年11月的"阿波罗"12号任务期间走下"无畏"号登月舱的舷梯，成为第四个踏上月球表面的人。（NASA约翰逊航天中心供图）

对于许多人来说，这可能是 NASA 任务中最令人惊讶的一个方面——法律要求 NASA 将自己的工作公之于众，并且不能损害其廉洁性：不进行游说，也不支持党派事业或直接支持任何特定的商业行为或企业经营。

但是，NASA 由美国纳税人资助，以刺激航空和空间科学的进步，并保持美国在全球空间研究和探索方面的主导地位。多年来，NASA 通过在国会中获取两党支持，对经济贡献颇大，在学校中促进科学、技术、工程和数学学科的发展，为本科生和研究生提供丰富的锻炼机会，以及为美国全国各地的许多

人提供富有前景和回报的职业发展道路，实现了上述愿景。

　　出人意料的是，NASA 在优先实现上述国家目标的同时，还在各色国际项目和计划中发挥了领导作用，而这些项目和计划又反过来为美利坚合众国带来了好处，还将那些无法自行实现伟大目标的组织、机构联合在一起。现在，通过这种领导方式以及对国际合作的持续承诺，NASA 为美国集聚了超越地球上其他许多国家的能力，例如在月球上建立基地、开展火星任务。

上图："亚特兰蒂斯"号航天飞机返回地面。1981—2011年，该航天飞机成功执行133次飞行任务。这种卓越的运输工具促成了国际空间站的成功组装和多颗卫星的发射，其中包括太空望远镜的发射和行星际任务。（NASA肯尼迪航天中心供图）

　　此外，NASA 也在激励私营和国有商业公司。这些公司希望利用 NASA 对服务和供应链日益增长的需求，研发运载火箭和运送宇航员的乘员舱，以及将货物运送到空间站的货运飞船。这也是对美国经济的巨大回报，为投资增加价值，更为所有人带来经济利益。实际上，花在航天项目上的每一美元对国民经济的回报都是其原价值的五倍，为国安、国防、医疗和弱势群体的福利提供了资金。

　　NASA 在美国各地运营着十数个外地中心和机构，用于开展政府资助的多个研究和工程项目，在激励发明、发现和技术发展的同时增加探索的科学性。NASA 的许多计划都延伸到了更广泛的非航天行业、大学和学术机构中。

　　这就是 NASA——你对它惊奇不已，然而它还有更多待你探寻。

右图：火星探索一直是NASA最成功的项目之一，此中代表即火星科学实验室和"好奇"号火星车。图中，火星车正在起伏的地面上进行穿越实验。（NASA喷气推进实验室供图）

目 录 Contents

跨页图:在美国访问人数最多、雷暴多发的州,
NASA 战胜了大自然,继而将视线投向月球、行
星,最终是遥远的恒星。(NASA 供图)

第一章
NASA 是什么?

NASA 是航天时代初期的产物,于 1958 年 10 月 1 日正式开始运营,但它的起源可以追溯到 1915 年 3 月 3 日美国国家航空咨询委员会(NACA)成立之时。在这个时间点,欧洲的冲突迅速蔓延,发展成第一次世界大战。在这场快速爆发的战争中,所有形式的工业机械都派上了用场。这些机械包括了飞机。当时的飞机只是由木材和帆布制成的脆弱装置,由原始形式的内燃机提供动力。

跨页图:自21世纪初,在NASA和国际空间站的热情招待下,太空中每时每刻都有至少两位人类旅客。然而,NASA的内涵不仅限于太空。这是一段始于一百多年前的旅程。(NASA供图)

左图：天文学家兼物理学家塞缪尔·皮尔庞特·兰利（1834—1906）在开发重于空气的蒸汽动力飞行器方面发挥了重要作用。尽管他试飞过一些飞行器，但从未有人驾驶它们。（大卫·贝克供图）

右图：虽然几乎所有的想法都注定要失败，但兰利通过参与实际实验，为空气动力学作出了重大贡献。图中为兰利和他未来的试飞员查尔斯·曼利。（NACA供图）

几乎从一开始，飞机就被用于侦察、监视敌方领土并向其射击，这使得它们成为其他飞机的目标，而后者的目的是为己方击落这些对于在战场上获得优势至关重要的"眼睛"。由于其他飞机用于执行轻型轰炸任务，在发生冲突时，迫使敌机降落的必要性达到了难以想象的紧迫程度。

下图：威尔伯·莱特（中）在阐述飞行理论。威尔伯和他的兄弟奥威尔一起为高效飞行器的设计奠定了科学研究基础，但由于政府的兴趣不大，除了自行车制造商自行做出过一些改进，并没有人支持莱特兄弟飞行器的进一步研发。（NACA供图）

直到1917年4月，美国才正式与德国及同盟国开战，但美国政府早已在担心欧洲国家航空业的进步超过美国。来自俄亥俄州代顿的两位自行车制造商奥威尔·莱特和威尔伯·莱特于1903年12月17日首次使用动力飞机进行了持续飞行。但是随后的几年里，多疑的莱特兄弟因担心他们的专利被盗而转向秘密研发，导致进展缓慢，让欧洲飞行员后来居上。

随着战争加快了欧洲的发展步伐，美国逐渐落后。1909年4月30日，英国政府成立了航空咨询委员会。美国国会仿照该机构，为美国国家航空咨询委员会（National Advisory Commitee for Aeronautics, NACA）授权拨款。NACA全称中的"国家"是其首次会议时增加的。该机构的任务是为飞行和航空科学研究提供指导，并确定需要哪些实验技术和设备来推进当前发展水平的进步，以便将其应用于新型和紧急的航空作战。飞机一度被视为富人的玩具，而它们现在已成为重要的战争工具。

之前已经有过错误的开始。时任总统塔夫脱曾于1912年12月提议建立美国国家空气动力学实验室委

员会，但该提案于 1913 年 1 月被国会投票否决。直到史密森学会秘书长查尔斯·杜利特尔·沃尔科特主动"应战"，说动参议员本杰明·蒂尔曼和众议员欧内斯特·罗伯茨在两院宣讲成立委员会的方案，才得以成功。荒谬之处在于，是美国海军看到了立法成立NACA 的重要性，提出将 NACA 条款附加到《海军拨款法案》中，才使得该条款在无人在意的情况下被通过。

　　最初，委员会共有十二名不领工资的成员。第一年的年度预算为 5 000 美元，只够支付一名成员的工资。直到 1917 年，NACA 才得以建成第一座设施——位于弗吉尼亚州汉普顿的兰利航空实验室。该实验室于 1917 年开始运营并开展原创性研究。后来，NACA于 1939 年在加利福尼亚州莫菲特场建立了艾姆斯航空实验室，于1942 年在俄亥俄州布鲁克场建立了飞机发动机研究实验室，于 1945 年在加利福尼亚州建立了穆拉克飞行实验单元。随着时间的推移，NACA 的规模不断扩大：1922 年，NACA 有 100 名员工；1938 年，增加到 400

上图：查尔斯·杜利特尔·沃尔科特（1850—1927）是著名的人类学家和考古学家。他从1907年起担任史密森学会秘书长，因在伯吉斯页岩中发现寒武纪生物化石而闻名（历史上最著名的发现之一）。图中为沃尔科特和家人在一起。他于1914年召开了一次会议，支持政府授权建立一个科研机构。NACA因此于1915年成立。（NASA供图）

上图：时任美国总统威廉·霍华德·塔夫脱于1912年曾尝试建立一个政府研究机构，用于开展航空科学研究，但被国会否决了。（美国国会图书馆供图）

余名；1940年，增加到650名；到第二次世界大战结束时，NACA共有6 800名有酬劳雇员。

NACA鼓励"不着边际"的思维，这刺激了原创研究的开展，推动了机翼形状在实践中的发展，以及基于风洞实验和飞行实验的各种发明和发现。从20世纪20—30年代，美国航空业从这些机构开展的工作中受益匪浅。飞行科学的发展在很大程度上得益于由NACA的研究所支持的工业技术的发展。NACA成了测试、验证和鉴定空气动力学和飞行科学原理新发现的代名词。

在第二次世界大战期间和战后，NACA通过持续努力克服了阻碍，

左图：NACA的第一次会议于1915年3月3日正式召开，几乎正好在欧洲战争爆发并迅速演变成第一次世界大战的七个月后。（NACA供图）

上图：NACA的标志描绘了由飞行员驾驶的动力飞机的首次飞行。这架飞机于1903年12月17日由奥威尔·莱特操控。（NASA供图）

上图：美国陆军可用的飞机一度只有莱特兄弟和柯蒂斯的飞机，其中的典型机型是莱特B型复制品。莱特B型飞机的复制品收藏于华盛顿特区的美国国家航空航天博物馆。（大卫·贝克供图）

实现了更快的速度、更高的高度、更高的效率和更强的安全性等研发愿景，为商用航空的发展和国防的稳固作出了诸多贡献。在战争即将结束时，NACA为美国陆军航空部队所寻求的"跨声速可压缩性"找到了解决方案，从而证明超声速飞行对于以喷气发动机驱动的新一代战斗机既可行又实用，又作出一大贡献。

上图：NACA的徽标。它被作为美国政府为加速航空研究、追赶欧洲的首次郑重尝试的证据。（NASA供图）

　　为了演示验证超声速飞行的可行性，贝尔XS-1飞机使用多燃烧室火箭发动机突破了"声障"（这是个错误的命名），又于1947年10月14日实现了首次超过1马赫的载人飞行。这次飞行距同年9月18日美国空军独立成军不到一个月，预示了一个新时代的到来——新时代战斗机的飞行速度将比以前快几倍，飞行高度也将比第二次世界大战时期螺旋桨驱动的战斗机更高。如果没有NACA对空军和海军飞机的支持，这一切都不可能实现。

　　NACA和军方共同开发高性能飞机的时代就此开

右图：西德尼·布鲁克斯是最早在军事飞行中牺牲的人员之一。他于1917年11月13日，在美国介入欧洲战事的七个月后，死于他所执飞的柯蒂斯JN-4飞机中。得克萨斯州圣安东尼奥的布鲁克斯空军基地因他而得名。（美国空军供图）

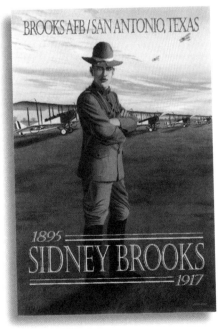

左图：美国陆军的所有飞机几乎都必须从法国和英国购买。例如，这架S．E．5a型飞机是在伯明翰的沃尔斯利汽车公司手工制造生产的，让人联想到当时的高端汽车。（布鲁斯·罗伯逊供图）

下图：标准J系列教练机的生产用于补充柯蒂斯JN-4飞机，帮助美国飞行员学习驾驶外国飞机。（美国空军供图）

右图：NACA的执行委员会于1917年与美国飞机制造商会面，制定了一项研发计划以支持美国工业界建立起合格的航空制造能力。（NACA供图）

上图：尽管工业方面因为缺乏早期准备而落后，但随着著名的埃迪·里肯巴克等人几乎一夜之间成为王牌飞行员，美国飞行员也开始在欧洲的天空中留名。（美国空军供图）

上图：NACA迅速加快了对飞机的空气动力学和最佳机翼翼型截面开展基础研究的步伐，例如20世纪20年代后期研发的这架波音P-12战斗机。（美国空军供图）

上图：柯蒂斯P-6"鹰"战斗机是波音P-12的同期产品。它采用基础的设计选项，适用于竞争政府飞机订单的所有飞机制造厂商，可使制造商从中受益。（美国空军供图）

始，一直持续到今天。不过，大部分支持新型和创新技术及其在航空领域应用的开发工作都已由工业界接管。

　　始于XS-1飞机的持续性超声速飞行研究计划仍继续进行。在新加入的研究机型中，最著名的可以说是北美航空公司制造的X-15。该高超声速机型构想于20世纪50年代中期，速度超过5马赫，飞行高度超过30万英尺（91.44千米）。

　　1945年，在兰利航空实验室的主持下，弗吉尼亚州沃罗普斯岛的无人驾驶飞机研究站为火箭研究提供了便利。两年后，位于加利福尼亚州南部的爱德华兹空军基地也在南边建起了高速飞行研究站。火箭已经开始发挥其重要作用。在第二次世界大战的影响下，火箭技术集中于固体推进剂装置的研发，以帮助飞机升空和推进弹药。但到了1945年

右图：功能强大的波音P-26小型机是首批单翼战斗机中的一种，在七个前线追击小组中服役。（美国空军供图）

左图：新一代重型轰炸机的出现标志着先进飞机工程技术的顶峰，这些飞机支持远程轰炸。道格拉斯XB-19轰炸机问世于20世纪30年代末欧洲另一场冲突爆发前夕。（美国空军供图）

末，它很快被视为一种探索高空和近地空间特性的手段。

当德国的 V-2 火箭开始进入美国时，美国陆军和海军对这些弹道装置产生了特殊的兴趣。他们从中看到了可以在战场上使用或从船上轰击陆地装置的新一代武器的原型。但是，由 NACA 支持的研究发现，火箭能够将仪器携带到比气球更高的高度，还能够对高层大气进行详细的科学研究，从而间接支持新一代民用和军用飞机的发展。NACA 相信，火箭可以帮助他们确定设计新一代民用和军用高空飞机的要求。

如果 X-15 可以看作是在广阔太空之海岸边的一次"试水"，那么接下来的几年中，此类进展只增不减。到 1957 年，相关工作的 40%—50% 通常与太空有关。当 NACA 协助空军研发这种由火箭驱动的科研飞机时，美国政府已经决定发射人造卫星绕地球运行，作为

下图：NACA协助行业探索独特和创新的设计概念。以比奇C-43"旅行者"飞机为例，将上机翼朝向下机翼安装。该机型被美国空军用作轻型运输机。（美国空军供图）

"国际地球物理年"活动中的一项。国际地球物理年从 1957 年 7 月 1 日开始，原计划持续 12 个月，后来延长至 1958 年 12 月 31 日。该活动的前身——两次"国际极地年"分别举办于 1882—1883 年和 1932—1933 年。

美国决心对外界保持和平意图，因而为辅助"国际地球物理年"而运行的"先锋"卫星项目由海军研究实验室管理。就普通大

右图：罗伯特·戈达德博士设计的液体推进剂火箭于1926年3月16日首次发射，翻开了美国飞行史的新篇章。这又是将至少十年得不到美国政府支持的一项"第一"。（国家航空航天博物馆供图）

众所知，这项广为宣传的项目是美国当时正在进行的唯一太空项目，但实际上远非如此。由海军研究实验室管理"先锋"卫星的决定于 1955 年 8 月做出，而时任总统德怀特·艾森豪威尔彼时业已授权开发代号为"科罗纳"的秘密间谍卫星计划。

最终，当发射开始时，"科罗纳"被赋予"发现者"的项目名称。美国政府宣称，该项目是军方对外层空间开展的科学研究，目的是更好地了解太空环境。而实际上，这是一个用于从太空中获取苏联秘密设施图像的系统。辅助"国际地球物理年"的"先锋"计划在外交层面为随后发射的间谍卫星探明了道路。艾森豪威尔曾担心苏联会对在其领土上空飞行的物体进行反制，因为苏联已经击落过几架误入其领空的飞机。他担心苏联将头顶飞过的卫星解读为战争行为。

上图：戈达德与（在其左侧的）查尔斯·林德伯格等人合影。林德伯格是第一个独自飞越大西洋的人。戈达德会被某些人嘲笑，也会得到另外一群人的鼓励，但他不愿分享研究成果的态度使许多人感到不满。（大卫·贝克供图）

不过，距离间谍卫星的发射还有几年时间，而"先锋"则有望成为世界上第一颗绕地球轨道飞行的卫星。NACA 为"先锋"计划的实现作出了重大贡献，提供了有关弹道鼻锥回收的详细研究数据。为了支持在太阳系内对地球及其环境的和平研究，第一阶段的研制工作将由马丁公司提供。马丁公司曾生产"维京"探空火箭。这是一种弹道火箭，通过将许多仪器包带到高空中再随降落伞落回地面对高层大气进行探测，就像将一系列仪器抛在船的侧面而对海洋进行探测一样。

实际上，卫星已被视为探空火箭的接班

上图：在别处，另有一些爱好者也在进行火箭技术实验。右二头发浓密的韦恩赫尔·冯·布劳恩是德国空间旅行协会的热心成员。（大卫·贝克供图）

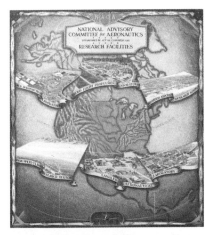

右图：整个20世纪30年代，NACA为全美国的航空、工程和科研提供了支持服务，从研发更好的润滑剂到制造编号带有NACA前缀的标准机翼型材等，无所不包，使美国飞机制造商和相关行业受益匪浅。（NACA供图）

上图：亨利·"哈普"·阿诺德将军（1886—1950）对于推动美国喷气发动机的发展起到了关键作用。他与英国航空工程师弗兰克·惠特尔谈判并收购后者的喷气式飞机公司及其在英国从事的所有研究工作。惠特尔发明的技术使喷气式飞机在1941年5月15日实现了首飞。阿诺德确保了NACA和美国空军掌握当时最先进的技术之一。（美国空军供图）

上图：美国空军根据来自英国的设计细节和蓝图，与贝尔实验室合作生产了贝尔P-59"空中彗星"喷气动力飞机。图片于兰利航空实验室的风洞拍摄。（NACA供图）

下图：P-59于1942年10月1日首飞，虽然只制造了66架，但由于NACA的设施在该项目上投入了大量工作，这仍然是一次生产实用战斗机的绝妙尝试。（美国空军供图）

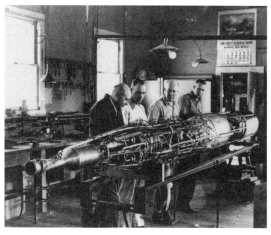

上图：一直到20世纪30年代后期，罗伯特·戈达德都在努力开发性能更强的火箭运载工具。这些运载工具可用于将加装好的科研仪器包发射到高层大气。戈达德完善了设计，提高了性能，也引起了NACA的兴趣。（大卫·贝克供图）

上图：如果戈达德顺势去完善远程火箭，而不是被政府中途派去研发火箭助推器组件以帮助重型飞机起飞，那么其后二十年的历史可能会随着美国急速赶上苏联而有所不同。（大卫·贝克供图）

者，因为卫星上的仪器仪表包能够在长时间内继续绕地球运行，而不必继续推进，就可将信息调制到无线电信号载波上发送回地球。NACA 对此非常感兴趣，无人驾驶飞机研究站开展的科研飞行也证明了这一点。这项新增工作也为 NACA 的发展提供了助益，因而到 1955 年，该机构已拥有7 600 名员工，预算接近 5 700 万美元（相当于 2018 年的 5.13 亿美元）。

右图：A-5火箭是德国V-2火箭的缩小版实验型号，采用的结构布局与弹道导弹相同。在第二次世界大战的最后几个月，这些弹道导弹被用于轰炸伦敦和安特卫普。（大卫·贝克供图）

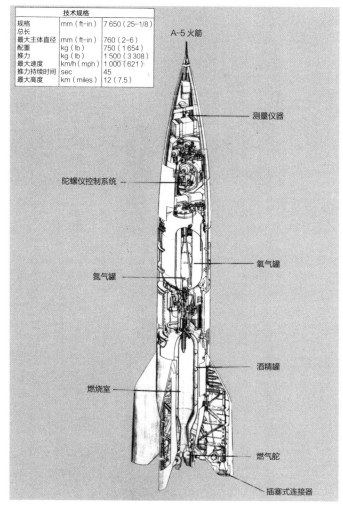

技术规格		
规格		
总长	mm（ft-in）	7 650（25-1/8）
最大主体直径	mm（ft-in）	760（2-6）
配重	kg（lb）	750（1 654）
推力	kg（lb）	1 500（3 308）
最大速度	km/h（mph）	1 000（621）
推力持续时间	sec	45
最大高度	km（miles）	12（7.5）

A-5 火箭

测量仪器

陀螺仪控制系统

氧气罐

氮气罐

酒精罐

燃烧室

燃气舵

插塞式连接器

左图：这张低像素照片中为三枚准备发射的公路机动型V-2火箭。它们的可运输性使其难以成为发射前空袭的目标。（大卫·贝克供图）

下图："回形针"计划在战后将第一批104名德国火箭和喷气推进科学家转移到得克萨斯州的布利斯堡，与美国人分享他们的技术技能。美国将很快在德国科学家的技能基础上建立自己的技术能力。（NASA供图）

下图：在第二次世界大战期间，NACA为研发用于在高速高空环境下研究并收集数据的研究型飞机发挥了积极作用。其中，服役于美国空军的贝尔XS-1是最杰出的机型。贝尔XS-1"迷人的格莱尼斯"号是首架在水平飞行中跨越1马赫的飞机，得名于试飞员查克斯·耶格尔的妻子。下图展示了它子弹般的前机身部分。（NACA供图）

下图：在第二架贝尔XS-1的机翼上，最醒目的就是NACA的标志。这架飞机专门用于进行跨声速和超声速状态的研究性飞行。（NACA供图）

上图：发动机和火箭发动机层出不穷，其中包括结构重新设计的V-2火箭。它成了第二次世界大战后十年间NACA兴趣范围不断扩大的标志。（NACA供图）

"斯普特尼克"号的冲击

倘若不是 1957 年 10 月 4 日 "斯普特尼克" 1 号卫星的发射，NASA 很有可能不会建立。许多美国人震惊于苏联突然发射了世界上第一颗人造卫星，认为这是迫在眉睫的威胁，就像 1941 年 12 月 7 日日本突袭珍珠港海军基地一样真实。人们立即要求政府做出强有力的回应。

上述恐惧基于以下事实：1949 年，苏联人引爆了第一颗原子弹，远早于美国的预期；后来，他们又于 1955 年引爆了一颗氢弹。"斯普特尼克" 1 号证明了苏联拥有能够将难以想象的破坏性武器运送到全美各地打击目标的火箭。美国人深信不疑地推断：可以将人造卫星送入轨道的火箭可以用作洲际弹道导弹。

R-7 是苏联的第一枚洲际弹道导弹，于 1957 年 5 月 15 日首次发射，比美国的 "阿特拉斯" 导弹早了几个月。而将 "斯普特尼克" 1 号卫星送入轨道的正是 R-7。美国的 "先锋" 号是一款非常小的火箭，更是突显了苏联的先进技术所占据的领先地位。这些比较是 1957 年

上图：1946年3月10日，第一枚重新组装的V-2火箭在新墨西哥州的白沙导弹试验场起竖，准备进行发动机测试。（美国陆军供图）

上图：一枚发射前置于发射检查架上的V-2火箭。这种火箭经常携带NACA研发的用于高空研究的仪器。（NASA供图）

公众舆论的重要风向标，而技术优势则是衡量与苏联开战并赢下的可能性的准绳。这种假设有它自己的道理，尤其是在冷战的紧张局势达到顶峰的当时。

许多美国人认为苏联威胁到了世界和平，而"斯普特尼克"1号卫星的发射更是加剧了这种担忧。此外，在美国信息服务署进行的一项调查中，西欧国家（当时处于分裂状态）中只有英国认为美

右图：对爱德华兹空军基地设施的积极利用为跨声速和超声速领域的飞行提供了更多数据。图中为道格拉斯空天飞机，是首架速度超过2马赫的飞机，正与运输机和教练机停放在一起。（NASA供图）

国在技术实力上仍领先于苏联。

　　因此，正是科学领域迈出的这一小步（实际上相对无害）定义了未来的事件。在历史上最具破坏性的第二次世界大战之后不久举行的"国际地球物理年"活动本意是促进国家间的团结，到头来却转变为一场展示先进工程和技术优势的竞赛。从"斯普特尼克"1号卫星绕地球运行的那一刻起，这场比赛就只有两名选手，任意一方的失败都将在世界范围内引发政治和宣传的冲击波。苏联时任领导人尼基塔·赫鲁晓夫批准谢尔盖·科罗廖夫使用其设计的 R-7 弹道导弹发射卫星的唯一原因，就是要借此表达威望和力量。苏联的做法向美国和世界其他地区传达了明确的信息：他们不是大多数美国人眼中"教育程度低或没文化的乌拉尔农民"。

上图：在20世纪50年代中期，NACA为"先锋"卫星项目提供了支持，这是美国对1957—1958年"国际地球物理年"的贡献。"先锋"计划主要由美国海军研究实验室管理，该实验室则是由恩斯特·克劳斯主持转向航天研究的。随着大多数"先锋"项目的工作人员进入戈达德航天飞行中心，海军研究实验室在推动美国进入太空时代方面开始发挥重要作用。（美国海军研究实验室供图）

　　然而，自相矛盾的是，在为军事目的而利用空间的计划方面，美国已经领先于苏联。除了中央情报局的"科罗纳"间谍卫星项目，美国陆军和新独立的空军都对如何利用太空环境提出了构想，也开始在开发飞行器以在新疆域中取得优势。他们也没有过于保守秘密，公开夸耀雄心勃勃的设想——利用太空实现对敌对国家的导弹威胁的军事优势。但并非所有设想都是切合实际的。

　　美国空军使用 Dyna-Soar（"动力高飞"的缩写）助推滑翔机发射改装的洲际弹道导弹（例如"泰坦"），执行侦察和打击任务。助推滑翔机强大的飞行能力扩展了航程，使其可以在一小时内抵达地球上的任意地点。Dyna-Soar 基于众多研究发展而来，其中每项研究都专注于特定的太空军事任务。从 1956 年开始，美国空军开始实施"人类最早进入太空"（MISS）计划，旨在利用常规火箭沿弹道将飞行员送入太空，从而研究用 Dyna-Soar 进行太空飞行对人体产生的生理影响。之后，轨道飞行便开始研究长期失重对人体的影响。

　　美国陆军则拥有德国 V-2 火箭工程师韦恩赫尔·冯·布劳恩。他在第二次世界大战结束后被带到美国，已经负责了多种战场和战区导弹的制造。1957 年 4 月，他的团队在美国陆军弹道导弹局的主管下开始研究设计能够将重达 39 690 磅（18 000 千克）的有效载荷送入轨道的火箭。这是美国国防部所规定的要求，远远超过了"阿特拉斯"和"泰坦"洲际弹道导弹等作为运载火箭预计的有效载荷质量——3 087磅（1 400千克），而这两款火箭当时也正在研发之中，尚未试飞。

美国的"先锋"火箭是作为"国际地球物理年"专用的卫星发射器而开发的，能够将20磅（9千克）重的卫星送入轨道，而苏联的"斯普特尼克"1号卫星的重量为184磅（84千克）。随着苏联于1957年11月3日发射1 121磅（508千克）重的"斯普特尼克"2号卫星，"先锋"火箭的差距更加明显了。"斯普特尼克"1号这颗哔哔叫的气象卫星只是一次演示型的发射，可苏联的第二颗卫星把一只名叫"莱卡"的狗送入了轨道。只不过这只狗再也回不来了，因为卫星无法在不燃烧的情况下返回大气层。

1957年12月6日，一枚火箭及其携带的3磅（1.36千克）重卫星升空仅两秒钟便坠毁在卡纳维拉尔角的18A发射综合体上，炸成了一团火球。事故的发生使得所有人的目光都集中于"先锋"火箭，给艾森豪威尔政府带来了巨大的压力。发射团队辩称这只是一次试射，但火箭上确实携带有一颗卫星，全世界都知道这次失败的隐含意义。媒体借题发挥，将这颗发射失败的卫星命名为"失败卫星"（flopnik），戏仿了苏联的"斯普特尼克"（Sputnik）。但此次失败给冯·布劳恩和他的陆军火箭工程师团队提供了在"民用"的"先锋"计划所失败的地方重获成功的机会。

冯·布劳恩从小就热爱航天。他于1956年宣称，他为美国陆军开发的"红石"弹道导弹经过修改，可以在"先锋"计划之前就将卫星发射到轨道上，而同时"先锋"计划则在研发方面遇到了一些问题。为了避免向外界发出"美国军方在幕后操纵卫星计划"的信息，冯·布劳恩的提案遭到了否决。但是，当"先锋"计划在12月6日失败后，陆军获得了批准，于1958年1月31日成功将美国的第一颗卫星"探险者"1号送入了轨道。公正地说，"先锋"火箭的最终表现也不错，分别在1958年和1959年将三颗卫星送入了太空。

然而，"斯普特尼克"1号和2号的冲击立即引起了以完全不同的方式表达的反应。尽管公众对此要么极为关注，要么基本无动于衷，但军方认为这就是他们抓住现有计划控制权的理由（本章前面概述了这些计划），还规划了更大胆的项目，与苏联人正面交锋，以争

上图：一颗"先锋"卫星被搭载在"先锋"运载火箭上。后者是"维京"探空火箭的升级版。（美国海军研究实验室供图）

上图：为推动美国进入太空时代，韦恩赫尔·冯·布劳恩（右侧）与电视大亨沃尔特·迪士尼和一架可重复使用的航天飞机的模型合影。布劳恩和迪士尼曾合作拍摄电影和电视节目。（NASA供图）

左图：在"先锋"火箭缓缓朝着试飞和发射卫星的方向开发时，美国空军则在研发一种名为Dyna-Soar的可重复使用的航天飞机。该飞机将通过改装后的"泰坦"火箭发射。（美国空军供图）

左图：虽然Dyna-Soar从来没有飞起来过，但它代表了空军对于飞行员如何驾驶航天器飞入轨道的理念。（美国空军供图）

右图：尽管宣传活动围绕着永远不会"上天"的未来主义项目进行，但美国太空活动的真正爆发式增长正体现在一系列高度机密的军事卫星项目中，其中最著名的就是"科罗纳"间谍卫星。它最初由"雷神-阿金纳"火箭发射，由一个照相系统组成，可将影像记录在胶片上，通过可回收的太空舱返回地球。（美国空军供图）

下图：当美国缓慢推进预期的"先锋"卫星发射计划时，苏联于1957年10月4日将第一颗人造卫星"斯普特尼克"1号送入轨道。图中展示的是R-7火箭。（大卫·贝克供图）

下图：美国公众对"斯普特尼克"1号的反应十分激烈，人们开始对一个可能突然袭击美国的潜在军事威胁感到担忧，而美国在1941年刚遭受过对珍珠港的突袭。（大卫·贝克供图）

取在这个新领域的霸权。政客们将两颗苏联卫星的发射视为对美国全球卓越地位的冒犯（"卓越地位"是美国在第二次世界大战结束和扔下原子弹之后不言而喻的成就），故而寻求各种方法以策划积极的响应行动，吸引美国的科学家和工程师参与其中。这些有组织的努力力图使美国重登巅峰。

　　NACA 是统筹上述所有的唯一核心组织。它由一个主要委员会组成，包括 17 名成员：5 名来自国防部，5 名来自其他政府部门，7 名来自非政府机构。5 个技术委员会及其 23 个小组委员会拥有 450 名来自政府机构、私营公司和主要学术机构的成员。这些成员不参与决策结构，决策完全由主要委员会负责。根据规定，NACA 设主席和副主席各 1 名，主席任命 3 名高层领导：主任、执行秘书和负责研究的副主任。

　　3 名高层领导既没有形成"三人统治集团"，领导层也没有各行其是。不过，1947 年美国标准局的休·德莱登博士加入 NACA 担任总监并与执行秘书约翰·维克多利（自 1915 年以来一直在 NACA 任职）产生分歧。最终，在组织中一些高级官员的帮助下，德莱登才得以发挥其领导作用，也因其领导力而受到认可。德莱登是一名通才，曾任执行主任和负责研究的副主任。

　　NACA 的工作在支持航天研究、工程和技术方面占了很大比例。尽管这些国家项目由其他更适合的政府部门执行，仍有人对于 NACA 偏离纯粹的航空研究持建设性的反对意见。NACA 吸引了许多工程师和科学家从事导弹项目的工作，解决了推进、再入大气层的气动热学问题以及临近空间飞行器的控

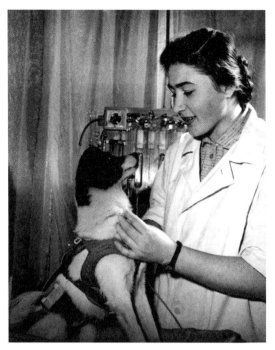

上图：在美国做出回应之前，小狗"莱卡"即于 1957 年 11 月 3 日被送入"斯普特尼克"2 号的轨道。"斯普特尼克"2 号重 1 121 磅（518 千克），证实了 R-7 火箭具有向美国发射核弹头的能力。（大卫·贝克供图）

下图：由于苏联无法将太空舱送返地球，"莱卡"也因此不能被回收。此举使全球动物保护团体出于恐惧与仇恨而将苏联的太空宣传视为"作秀"。美苏科学家都在高空试飞中使用动物，但一直以来都有办法将它们从亚轨道弹道飞行中回收至安全地带。（俄新社供图）

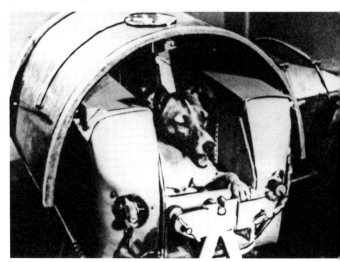

上图：1958年5月26日，NACA空间技术特别委员会在盖福德·史蒂弗领导下召开会议后，将该委员会称为史蒂弗委员会。从左至右为刘易斯实验室主任爱德华·R．夏普、美国空军诺曼·阿坡德上校、亚伯拉罕·海特、贝尔电话实验室的亨德里克·W．伯德、洛夫雷斯医学教育和研究基金会的兰道夫·洛夫雷斯、北美航空公司洛克达因部门的霍夫曼、拉莫—沃尔德里奇公司航空研究实验室主任米尔顿·克劳瑟、NACA艾姆斯实验室的朱利安·范艾伦、NACA兰利实验室的罗伯特·吉尔鲁思、康维尔航空航天公司的邓普西、NACA总部委员会秘书卡尔·帕尔默、盖福德·史蒂弗、NACA主任休·德莱登（按照职权）、康奈尔大学的戴尔·科森、NACA刘易斯实验室的阿贝·西尔弗斯坦、美国陆军弹道导弹局发展业务部主任韦恩赫尔·冯·布劳恩。（NASA供图）

制，X-15试验机和"先锋"计划就是其代表作。现在，"斯普特尼克"号的挑战使更多人转而面对太空探索的挑战，其间的各项事件稳固了他们的地位。

德莱登和主席吉米·杜立特坚信这些迅速升级的挑战会让NACA大展身手，因此于1957年12月18日在斯塔特勒酒店举办了晚宴。几名"第三梯队"员工作为备选的领导人应邀出席，为美国构建国家太空计划。在回顾了各种行动方案之后，德莱登的观点得到了压倒性的支持：太空将成为NACA的主要职能。

NASA 的成立

其实并没有什么国家级太空计划，只有一堆不相干的项目和各种可能性，由美国陆军、海军、空军、NACA和其他众多利益竞争方提出并相互竞争。在这样的背景下，在白纸上为未来制定结构化的计划是可行的。没有人比艾森豪威尔更了解这一点。艾森豪威尔在"斯普特尼克"2号发射两天后就向全国发表演讲，宣称美国已经取得了重大的"突破"——成功从弹道导弹上回收了一个鼻锥，解决了让洲际弹道导弹的弹头穿越大气层并返回打击其指定目标的问题。虽然不值得吹嘘，但这确实是一项成就。

然而，各种武装部队其实有充足的理由夸耀他们在航天领域的"经验"，也都在争夺国家级航天机构中的主导角色。"斯普特尼克"促使艾森豪威尔升级了1951年杜鲁门总统任期内成立的科学咨询委员会并在名称中加上了"总统"的前缀，成立"总统科学咨询委员会"，总统科学咨询委员会因而成为所有竞争机构与白宫之间最重要的沟通渠道。麻省理工学院院长詹姆斯·基利安被调用来领导这个充满活力的委员会，使总统科学咨询委员会在政府行政部门的高层中成为科学界的重要代表。

像这样对NACA如何应对"斯普特尼克"卫星挑战进行概括太过简略，无法囊括接下来几周中的所有会议和辩论。这些会议和辩论占据了所有人（甚至包括对太空只抱有最模糊的兴趣的人）的头脑。航天项目的发展方向分为两个具体类别：审视当前动态，以及探讨美国太空活动的长期计划。由于发展最顺利的现有项目（"科罗纳"）的高度机密性，只有极少数人知道其全部进展。但是，单一项目的具体细节所起到的作用远不及辩论所得的综合结果重要。后者迅速转向仅聚焦于两个问题：未来的太空活动在多大程度上由民间组织，或受军方管理。

1957年11月21日，美国国家科学院的火箭与卫星研究小组在其主席詹姆斯·范艾伦博士的主持下召开会议并支持国家级航天机构的建立。12月4日，美国火箭学会宣布其已于10月14日提议成立类似机构。火箭与卫星研究小组和火箭学会通过在1958年1月4日提交的联合提案合力推动了这一目标。十天后，NACA撰写了一份报告，建议由国防部、NACA、国家科学基金会和国家科学院联合组成跨部门机构。然后，政客们登场了。

1957年11月—1958年1月，参议院军事委员会军事准备小

上图：当美国国会批准将NACA重组为NASA时，NACA于1958年8月21日举行了最后一次会议：左边是基思·格伦南（即将上任的NASA局长），中间是NACA空气动力学委员会委员普雷斯顿·巴塞特，右边是钱斯沃特飞机公司的董事会主席查尔斯·麦卡锡。（NASA供图）

上图：随着NASA于1958年10月1日正式成立，NACA高速飞行研究站被移交，其NACA标志被摘下。一切都改变了，但业务照旧开展。

组委员会听证会一直努力于界定弹道导弹与地球轨道卫星之间的区别，认为两者有很大不同。这种观点为艾森豪威尔政府应对"斯普特尼克"挑战提供了与研发"国际地球物理年"卫星相同的解决办法——将卫星的研制工作保留在民用部门之内，以免在太空领域稳定发展前就将其"军事化"。但这并非艾森豪威尔政府的第一次选择。只是因为副总统理查德·尼克松和詹姆斯·基利安对其主张表示反对，艾森豪威尔才默许并同意使其成为一个开放的民用机构。

在连续不断的此类事件中，最重要的一次会议可以说是1957年11月25日举行的听证会。参议院军事委员会主席、参议员林登·约翰逊在20天内举行了多场听证会，有70多人参加，其中大部分来自国防部，提供了2300余页关于下一步行动的证词。听证会中产生了诸多不同观点，以至于大量提案被递交国会，其中包括参议员克林顿·安德森提出的议案：让原子能委员会在未来的太空计划中扮演主要角色。

白宫拒绝了该提案在内的所有提案，同时认为有义务提出自己的主张。艾森豪威尔于1958年2月4日宣布，他已指派詹姆斯·基利安和总统科学咨询委员会寻求解决方案。根据后来得出的结论，总统于1958年3月5日批准了政府组织咨询委员会的建议，即将太空研究的领导权赋予NACA，算是认可了基利安、总统科学咨询委员会和预算局一段时间的发展方向。

1958年1月16日，NACA主要委员会通过了一项决议，建议实施先前由德莱登博士所主张的联合项目，并建议在三年内将工作人员从8000人增加到17000人，预算也从8000万美元相应增加到1.8亿美元。在政府组织咨询委员会3月的提议中，对于未来结构化组织的设想几乎没有NACA最初概念的影子。NACA的负债被列举出来，为的是证明NACA"缺乏全面开展太空活动的能力"，而这都要归因于美国的大部分航天开发工作已经在军队中进行，导致NACA无法推进示范项目。NACA受到公务员制度的限制，工资支出受限，其结构和组织的支出水平要比美国国家航天开发工作必需的额度低得多。

3月5日的会议纪要建议将 NACA 重组为 NASA（美国国家航空航天局），其薪资水平应高于对政府薪酬的常规限制，负责人应由美国总统任命。会议纪要强调了国会立法的紧迫性，与国防部梳理关系的必要性，将一些在开发项目移交给新机构的需求，同时强调了赋予新机构"全权负责制定和安排执行民用航天计划"的权力。该立法草案于4月2日递交国会。

国会已经着手为即将到来的一系列立法活动做好了组织工作。参议院于1958年2月6日成立了航天与宇航特别委员会，由参议院多数党领袖林登·约翰逊担任主席；而众议院则于3月5日在众议院多数党领袖约翰·麦科马克领导下成立了航空航天探索特别委员会，其中一名成员就是后来的美国总统杰拉尔德·鲁道夫·福特。众议院听证会自4月15日开始，在之后的17天中，共有51人进行陈述，公开陈词长达1 541页。

当立法草案于4月2日递交国会时，艾森豪威尔以个人名义表示密切关注，要求 NACA 和国防部"共同审查（国防部——待建议）进行中或计划中的相关（航天）计划，决定其中的哪些计划置于新机构的指导之下"。德莱登和国防部副部长唐纳德·A.夸尔斯为实现这一目标开展了会谈。

NACA 和国防部立即就转让成立于1958年2月7日的高级研究计划局的航天计划达成了协议。高级研究计划局是对"斯普特尼克"号的另一种回应，根据总统的指令成立，负责通过整合大学、政府部门与工业界的研究活动，利用新技术的同时确保将其与实际应用相融合，从而保证美国不再有"珍珠港"这样的危急时刻。另据了解，与太空有关的国防设施将直接移交给新机构。

其时，高级研究计划局的项目包括"先锋"卫星计划和一些仍处于规划阶段的月球探测器。美国空军的"人类最早进入太空"计划则面临诸多意见和分歧。该项目拟在"红石"或"阿特拉斯"导弹改装成的火箭顶部装载太空舱，让飞行员乘坐太空舱进入太空。最初，NACA 和国防部同意联合管理"人类最早进入太空"计划，但预算局提出反对，理由是双重管理会导致成本过高，因此对该计划的移交也达成了共识。新成立的 NASA 将该计划重命名为"水星"，即美国第一个载人航天飞行计划。

开始运营

时任总统艾森豪威尔担心国内军国主义升级，于是采取了行动。美国国家航天计划将由一个民营组织负责运作。该民营组织建立于世界上最受尊敬的航空研究和咨询机构的基础之上，后者以推动飞行科学与工程学领域的前沿发展而闻名。

然而，当新机构从 NACA 脱胎而出，情况就大不相同。NACA 从未真正启动或管理过重大项目，而新机构有望在地球科学、空间科学、月球和行星探索以及载人航天飞行等领域确立广泛的目标并贯彻实施。这些目标很快会变得非常重要，会作为太空探索的极佳代表，确保美国处于先进科学和工程学最前沿的主导地位。

由于新机构——NASA 的组织结构将大不相同，领导层不得不发生变动。在立法草案于 4 月 2 日递交国会的几个月间，人们一直认为德莱登将继续任职。但是，在向新成立的众议院航天委员会陈词时，德莱登表示自己不愿意签署一项可能涉及巨大的资金投入而目标不够确定并可能永远无法达成的"紧急计划"。国会不想见到这样的态度，而是希望立即采取行动。此外，艾森豪威尔习惯于让共和党人担任重要的政府职位，而德莱登则是民主党人。

詹姆斯·基利安需要为新成立的 NASA 寻找新的负责人。1958 年 8 月 7 日，他邀请克利夫兰凯斯学院的前任校长基思·格伦南来华盛顿任职。凯斯学院在格伦南的领导下，已经发展为美国顶尖的工程院校之一。格伦南拥有五个名誉博士学位，可他要面对的是一个充满挑战的时代，还会常常因为缺乏连续性的航天政策而感到沮丧。德莱登不愿对自己无法交付的东西许诺，但未经考验的负责人可能会。艾森豪威尔将这份工作交给了共和党人格伦南，但他是根据功绩而非政治立场进行选拔的。

7 月 29 日，《美国国家航空航天法》(*Space Act*) 签署。NACA 的后继者将是 NASA，而不是最初计划的政府部门。作为政府职能机构中级别最低的一类，其负责人由白宫任命。这是有特定原因的。NASA 将会是一个负责

下图：韦恩赫尔·冯·布劳恩总监坐在马歇尔航天飞行中心的办公桌旁，指挥着一整代"土星"火箭的研发。军方虽然用不上这种火箭，但它们会为未来十年以及更多的杰出成就奠定基础，包括首次登陆月球。（NASA供图）

制定政策和长期规划的组织，它不是最高级别的"部"（例如国防部、国务院或内政部），也不是第二层级的"局"（例如中央情报局），而是一个行政部门（位于第三层级，例如后来的美国国家海洋与大气管理局）。

NASA 的领导人也称局长。首位在该职位上就任的人选于 8 月 9 日提交参议院确认，6 天后获得批准：格伦南任局长，德莱登任副局长。两人于 8 月 19 日在白宫宣誓就职。有大量的工作亟待完成，而从 NACA 重组为 NASA 的日期确定为不早于 1958 年 10 月 1 日，因为该日期是 1959 年财政年度第二季度的开始（当时美国的财政年度从 7 月 1 日开始），这样可以使会计和立法工作整齐划一。

但是此外仍有许多其他事情需要处理，因为 NASA 准备从美国国防部接收价值为 1 亿美元的航天项目（不包括当时由中央情报局和其他组织提交审议的绝密的"科罗纳"或相关项目），还为美国的民用航天计划进行布局。然而，考虑到繁杂的文书工作和已经签署的文件，移交工作需要几个月才能完成，而实际操作中的工作量只会更大。但这是一个历史性的转变。员工于 9 月 30 日从 NACA 下班后，第二天就作为 NASA 的新员工前来报到。

除了"先锋"计划，在制定长远规划之前，NASA 从美国空军接手的最先进的活跃项目是"人类最早进入太空"计划，它为美国——这个渴望成就、雄心勃勃的国家做出了载人航天飞行的承诺。当然，"人类最早进入太空"计划需要开发运载豚鼠所需的弹道太空舱，用于在有翼 Dyna-Soar 助推滑翔器开展持续、长期的任务之前，研究太空飞行对人体的影响。NACA 并不认为弹道太空舱是载人航天飞行未来长期发展的方向，然而在 Dyna-Soar 项目于 1961 年取消后、航天飞机于 1981 年首飞之前，弹道飞行恰恰是航天员进入太空的主要方式。

其他移交事项包括美国陆军的两个月球探测器和三个卫星项目。10 月 14 日，格伦南着手将这些责任设施进行转移。陆军将其导弹计划合并到了陆军军械导弹司令部。美国陆军军械导弹司令部总部位于亚拉巴马州亨茨维尔附近的红石兵工厂，包含三个指挥部：陆军弹道导弹局、陆军火箭和制导导弹靶场和位于新墨西哥州白沙的白沙导弹试验场。冯·布劳恩是陆军弹道导弹局业务发展处技术开发主任，负责一些军事导弹计划以及"木星"和"土星"运载火箭。

美国陆军还拥有喷气推进实验室。该实验室由加州理工学院配备人员并管理，直接向陆军军械导弹司令部汇报。他们共同研制了美国第一颗在轨运行的卫星"探索者"1号。喷气推进实验室和陆军弹道导弹局希望将一半的业务发展部门移交给NASA。虽然国防部支持这一要求，陆军却表示坚决反对，还在国会议员中大力游说，希望保留他们认为符合美国国家安全利益的部分。当喷气推进实验室在1958年底移交给NASA时，陆军最终同意允许NASA使用陆军弹道导弹局和陆军军械导弹司令部开展民用航天活动，但终究会再有变化。

1959年元旦，NASA共有8 420名员工：从"先锋"卫星计划中接收150人，从海军研究实验室接收50人，从其他机构接收200人。直到20世纪60年代中期，才大量进驻一批人员。到1959年1月底，NASA已经完成总体组织架构。NASA的预算安排很复杂，因为它是从1959年财年第二季度开始运行的，而此时预算局大体已经开始讨论1960年财年的预算了。美国总统在1959年1月向国会提出的要求包括为NASA拨款4.85亿美元。有关预算以及预算随时间变化的更多信息，参见本书第四章。

1959年全年，NASA制定了包括月球和行星飞行任务以及载人绕月飞行在内的长期计划。NASA协助国防部将一系列现有火箭改型成为卫星发射器。NASA设计和开发了全固态推进的"侦察兵"卫星发射器，对名为"新星"的超大型超级助推器进行了概念研究，还接管了非常强大的F-1火箭发动机（由洛克达因公司研发，后从空军移交给NASA）。这一年，NASA共发射了八颗卫星和两个月球探测器，其中只有三次发射成功。

NASA的旗舰产品是单座的"水星"飞船，即空军转移给NASA的"人类最早进入太空"计划。该计划改变了名称，雇用承包商进行建设工作，还选拔了七名候选宇航员。该计划也被赋予DX优先等级，在确保资源、人力和原料优先调用的所有政府项目中等级最高。7月，NASA与西部电气公司签署了全球电力跟踪网络合同，由后者开发用于月球和

下图：美国前总统杜鲁门（左）收到NASA局长詹姆斯·韦伯正式赠送的一套美国运载火箭展品，从固体推进剂火箭"侦察兵"（右）到最终将进入总统图书馆的强大的"新星"火箭（左）。（NASA供图）

右图：NASA掌管了先前由陆军和空军启动并管理的计划和项目，还完成了进入太空的首次尝试。促成"先锋"4号成功发射的是冯·布劳恩（左）和朱利安·范艾伦（右）。范艾伦是一名来自艾奥瓦州立大学的科学家，为1958年1月31日美国发射的第一颗卫星"探索者"1号提供了仪器。（NASA供图）

行星飞行任务的深空通信能力。少有人知的是 NASA 还从美国国防部获得了 TIROS 气象卫星计划。

扩张

1959 年，项目、计划和人员的稳定增长扩大了 NASA 的体量，也确定了其在太空探索中的核心作用。到年底，员工增加到 9 567 人，NASA 也制定好了一项有关未来太空探索和空间应用的计划。可以说，1959 年 NASA 最重要的决策之一是建造了一座专门用于航天研究和科学卫星开发的地面设施。

早在 NACA 重组为 NASA 之前，这座地面设施就已经开始规划，并且在新机构开始运营后不久就紧急实施。它的名字是戈达德航天飞行中心，是 NASA 首座专门为航天研究和应用而建造的设施。于 1960 年完成的兼并更显著增加了 NASA 的运营能力。

1958 年 12 月，美国政府将"陆军弹道导弹局留由陆军管理"的决定下达 NASA，这一举措预示了两机构未来几个月的合作。格伦南高度评价了陆军对 NASA 这个民用机构的态度。但是，国会对于让 NASA 从陆军

右图："先锋"4号卫星由图中这枚"朱诺"2号火箭发射，它是原红石兵工厂的另一款产品。1959年3月3日，目标进入太阳轨道的"先锋"4号卫星发射，第二天飞到离月球只有36 650英里（58 983千米）的地方。（NASA供图）

上图：NASA的首要任务是继承美国空军的"人类最早进入太空"计划并将其转变为"水星"载人飞行计划。该计划需要使用改装后的新型火箭，才能将宇航员送入轨道。相关工作包括：研制"小乔"航天器测试火箭（右），为亚轨道测试飞行开发的改装型"红石"火箭（中），以及用于轨道飞行的"阿特拉斯"运载火箭（左）。（NASA供图）

弹道导弹局"撬走"航天相关功能的抗拒态度逐渐消退。1959年夏天，美国国防部准备进行一次重大改组，结果最终于同年9月23日揭晓。

鉴于上述管理结构的变动，陆军没有使用冯·布劳恩团队研发的"土星"系列大型火箭。"土星"1号的故事在海恩斯出版社的另一本图书中亦有详细介绍，其中包括这款火箭的发展过程，但本书的重点是描述"土星"火箭诞生故事的脉络，尤其是因为这款火箭将成为NASA"皇冠"上的一颗"宝石"。读者可以在本书的第二章中找到详细信息，此处仅需说明的是，冯·布劳恩的团队及其开发的"土星"火箭项目于20世纪60年代中期移交给了NASA，而NASA将该火箭的研发中心更名为马歇尔航天飞行中心。

一年后，NASA启用了米丘德测试场，又于1962年开始在佛罗里达州卡纳维拉尔角的梅里特岛上建造专门的发射场，用以执行"土星"5号的飞行任务，为"阿波罗"登月计划提供支持。这座发射场后来更名为肯尼迪航天中心。"马歇尔""米丘德""肯尼迪"三座设施是美国向大型火箭的设计、制造和运行以及相关宏伟目标发展的阶段性产物。

仅仅在四年前，NASA 还只是个由一小批工程师和科学家组成的小团体，通过三个实验室推动飞行科学和飞行技术的发展；现在，这个机构已经深入到激动人心、刺激不断且精彩纷呈的事务中，其中大部分在机构运行的第一年就已确定。太空探索没有蓝图，但韦恩赫尔·冯·布劳恩已经通过广泛宣讲太空旅行和月球、火星探索（远远超出了他自己的研究领域）获得了崇高的地位。

韦恩赫尔·冯·布劳恩不仅担任沃尔特·迪士尼等电影大亨的顾问，也担任军方和政府部门的顾问。因此，在《科利尔周刊》等著名杂志中发表的文章使他的名气不断上涨，引起轰动。自 20 世纪 30 年代初，年轻的冯·布劳恩就开始规划月球和火星飞行。他制定了一系列逐步演进的能力，将人类送往太阳系深处。他认为，首先是在地球轨道上组装空间站，其次是飞往月球的航行，再次是作为殖民火星前奏的月球基地。

所谓的"冯·布劳恩范式"已成为非官方的蓝图，满足着公众兴奋不已的好奇心，吸引着希望美国在太空竞赛中首屈一指的政客。冯·布劳恩的构想看似非常合乎逻辑，是一系列循序渐进的步骤，而每一步都以前一步的能力为基础，构建将人类的驻留活动扩大到太空的计划。冯·布劳恩的设想与在红石兵工厂进行的多级火箭测试的基本原理保持一致：在最初阶段，先测试第一级，然后将两级相连进行测试，最后将火箭的三级连在一起测试（或因发射台上火箭的具体级数和有效载荷的数量而异）。

NASA 制定的第一个长期计划遵循了这一范式，在执行过程中开发了规模较小的支持性项目。但是到了 20 世纪 50 年代后期，人类在太空中的驻留活动被认为是必不可少的。人们认为，除了最基础的任务，机器是不可能按照预先编程的指令自动运行的，自决或人工智能被强硬地归为科幻小说领域。要想在太空中做任何事，都必须有人的参与，例如科学家、工程师、探险家、飞行员、技术人员和医生。人类身处太空而实现的航天进步是探索太阳系的必经之路。

上图：1959 年 2 月 20 日，约翰·格伦成为第一个进入地球轨道的美国人。这是 NASA 启动其人类太空飞行计划的四次"水星"任务中的首次发射。（NASA 供图）

这就是宇航员从被选中之初就大受称赞的原因，也是载人航天竞赛被认作衡量航天进步的有力标准的原因。忘掉卫星和不太成功的月球探测器吧，给全世界报纸撰写头条新闻的是人而不是机器！这就是当苏联宇航员尤里·加加林击败美国人，第一个进入太空时，在全球范围内产生巨大影响的原因。白宫受到的影响尤其深刻。在入侵古巴、企图推翻菲德尔·卡斯特罗领导的共产主义政权的一次失败尝试之后，白宫很快就变得聪明起来。

正是由于加加林在 1961 年 4 月 12 日首先完成了太空飞行，加之五天后臭名昭著的 "美国入侵古巴猪湾" 行动的失败，白宫才做出了反应，希望抢过苏联人的风头，同时将对技术优势的追求推动成为全面的太空竞赛。约翰·肯尼迪于 1961 年 1 月 20 日就任美国总统，还为 NASA 任命了一位新的负责人，但他对太空计划的兴趣不大，仅仅为距离首飞还有几个月的 "土星" 1 号火箭适度增加了预算。詹姆斯·韦伯于 2 月 14 日接受了总统的任命后，成为 NASA 的第二任局长。

在接下来的几周中，肯尼迪要求副总统林登·约翰逊（他在促成《美国国家航空航天法》和建立 NASA 等事项中起到了很大作用）确定击败苏联的最佳方法。肯尼迪希望在一系列雄心勃勃的目标中，选择美国可以实现但苏联在相同的时间内无法企及的那个。备选方案包括轨道空间站和登陆火星等多项基础提案，但只有登陆月球一项似乎较为可行，因为根据评估，登月在中期内超出了苏联人的能力。

NASA 内部在这个问题上也存在分歧，因为在 1959 年和 1960 年的长期规划中只有登陆月球的模糊构想，他们原本设想这一大胆的行动不会早于 20 世纪 70 年代初。经过原子能委员会、预算局和国会高级领导人的深入讨论，得出了在 60 年代末实现载人登月的提议。有人希望登月能提前到 "1967 年之前"，即十月革命 50 周年前，理由是苏联人将会以登上月球为该纪念日锦上添花。考虑到登陆月球这一挑战的艰巨性，肯尼迪

下图：NASA 在行星探测领域最早取得的 "第一" 是 "水手" 2 号的飞行。1962 年 12 月 14 日， "水手" 2 号进行了对金星的近距离飞越，带回了有关金星环境的信息，使科学家感到震惊。这些信息改变了人们对于金星高温、高密度的大气层的认识，从而得出了后来应用于地球的关于 "温室效应" 的结论。（NASA 供图）

在 1961 年 5 月 25 日的国会联席会议上宣布这一目标时，谨慎地没有将"1967 年"定为最终行动日期。

可以说，这是 NASA 自成立面临的最大挑战。1961 年，关于如何实现登月目标，他们毫无把握，而距离 NASA 将宇航员送上月球只有八年多一点的时间。没有人确切地知道如何完成任务，甚至没有设计出实现该目标所需的火箭。只有苏联把人类送到了地球轨道上，可美国还没有任何能够把人类送出地球的航天器，更别说哪项可以将人类安全地送到月球表面的重要设计。

荒谬的是，唯一对登月进行过严肃技术研究的组织还是英国行星际协会。该协会成立于 1933 年，其成员包括一些火箭领域最杰出的人才。在 1939 年第二次世界大战爆发之前，以及在 1945 年战争结束后，英国行星际学会的科学家和工程师立即制定详细计划，构想了一种可以使人员着陆在月球表面的四足着陆器。他们准备了工程图纸，通过合乎逻辑的结论预言了 NASA 的月球着陆器最终中选的那种设计。像往常一样，在解决工程难题和寻找宏伟目标的解决方案等方面，英国行星际学会走在了时代的前列。

虽说已经做出了登月决策，但飞去月球的方式仍未确定。研究人员提出了三种解决方案：一种是使用巨型"新星"超级助推器，采用直接上升式飞行法，直接升离地球表面并到达月球，此后助推器与火箭末级分开降落在月球表面，最后升空返回地球；一种是几枚较小的"土星"级火箭在地球轨道上组装成单个飞行器，然后可以执行直接上升模式的步骤，该计划被称为"地球轨道交会"（还有一种是"月球轨道交会"模式）。

下图：为了回应苏联宇航员尤里·加加林的太空飞行，肯尼迪要求 NASA 在 20 世纪 60 年代末实现载人登陆月球。这一决定引发了 NASA 寻求合适登陆器的研究，这张概念图中就是未来"阿波罗"登月舱的雏形。（NASA 供图）

"月球轨道交会"是一个相对较新的概念，较少为人所知，并且受到许多人的质疑。但是，这个概念在一些圈子中得到了讨论，更是通过兰利研究中心工程师约翰·霍伯尔特坚持不懈的努力脱颖而出。在"月球轨道交会"概念中，主航天器停留在月球轨道上等待宇航员返回，而副航天器将宇航员运送到月球表面。最终，在做出登月决定的 14 个月后，NASA 于 1962 年 7 月签署了采用"月球轨道交会"模式的决议。

"月球轨道交会"需要两架而非一架航天器来完成任务。1962年11月,格鲁曼公司被选中建造最初名为"登月探测舱"的航天器,可该项目不到两年就被放弃了。在展望未来时,NASA曾设想开发一种供三人乘坐的航天器,又于1960年将其命名为"阿波罗",但艾森豪威尔政府拒绝让刚成立两年的NASA研制航天器来取代单座的"水星"飞船。直到早期的任务表明人的能力远远超过机器,政府才撤销了限制。

艾森豪威尔关心的始终是账目的平衡问题,因此一直拒绝将太空计划变成昂贵的永久性政府计划。他宁愿采取简单、合理的步骤,而不是急于实现宏伟的目标。他的继任者则没有此般克制。当宣布"登月"目标时,NASA围绕三座"阿波罗"飞船的已有研究制定了计划,将这些设计变为现实并在1961年11月28日与曾制造X-15高超声速试验机的北美罗克韦尔公司签订了开发合同。接下来的七个月里,NASA和北美罗克韦尔公司一直坚信"阿波罗"号将成为把宇航员送上月球的航天器,直到"月球轨道交会"模式改变了这一切。

然而,NASA最终意识到,无论选择什么模式,都需要一架过渡航天器来开发用于登月任务的操作技术。1961年12月7日,NASA与麦克唐纳飞机公司签署合同,将NASA的单座"水星"飞船开发为双座"双子座"飞船。它将成为NASA有史以来进行得最迅速的计划之一,包括在五年内完成研发、制造和全部十二次飞行。

"水星"飞船能够在轨运行的时间仅略长于一天,而登月任务将持续两周,因此对人员和机器进行长时间飞行测试是一项非常紧迫的任务。交会和对接必不可少,因为需要在太空中让两个各自发射的运载工具实现靠近和连接;而为了离开飞船,航天员将需要穿着宇航服;特殊的救生背包对于维持太空行走人员的生命更是至关重要。在1965—1966年进行的"双子座"计划中,就通过十次载人飞行对上述问题成功地进行了测试。

重新定义 NASA

由于登月目标突然下达,伴随着NASA的资金大规模增加(参见第四章),这些扩大的计划和业务需要NASA自1961年底开始对管理结构进行重大变动。没人能预见到NASA的扩张及其面临的巨大挑战。肯尼迪总统宣布这一消息后，NASA 几乎立即就需要用一座新设施——载人航天器中心——来取代位于佛罗里达州卡纳维拉尔角空军基地"水星"计划的任务控制中心。新的设施将为兰利研究中心的航天任务组（策划有美国的第一个载人航天飞行计划）提供办公场所。载人航天器中心将位于得克萨斯州休斯敦附近，作为 NASA 的载人航天飞行基地而在世界范围内享有盛誉。

9 月 1 日引入的改革方案是为了适应未来几十年不断变化的要求所进行的首次结构性改革。虽然未来还会有多次改革，但这一次为 NASA 的持续发展设定了标准。时任局长詹姆斯·韦伯促成了这次改革，使 NASA 的工作重点更加明确，也更加强调了 NASA 的主要计划。此次改革还将使各中心主任"在政策制定和项目决策中拥有更大的发言权"。为了实现这一目标，所有中心都将由 NASA 副局长领导（时任副局长为罗伯特·西曼斯），由助理副局长协助。此时，NASA 还拥有四个计划办公室：高级研究计划办公室、航天飞行计划办公室、运载火箭计划办公室和生命科学计划办公室。

从 11 月 1 日起，这四个计划办公室被废除，而在其原址上设立了以下总部办公室：高级研究与技术办公室（由艾拉·阿博特负责）、航天科学办公室（由霍默·纽厄尔负责）、载人航天飞行办公室（由布雷纳德·霍尔姆斯负责），以及应用办公室（负责人暂缺）。此外，还增设了辅助性的追踪和数据采集办公室（由埃德蒙·巴克利负责）。NASA 传播信息的重要职责则由直接向局长汇报的管理公共事务的副局长负责。

上述改革开始让 NASA 逐渐弃用从 NACA 继承来的管理团队，并逐渐引入工业界的管理人员，如布雷纳德·霍尔姆斯就来自美国无线电公司。这种安排是刻意的。其他被指任更高职位的人则拒绝了邀请，因为他们认为自己无法在新的组织结构下担任更高的职务。例如，阿贝·西尔弗斯坦接受了刘易斯中心主任一职，而没有担任载人航天飞行办公室的最高职务。

下图：为了准备登月任务，NASA 以较早的单座"水星"航天飞船为基础开发了双座的"双子座"飞行器。"双子座"号于1965年3月首飞。在其第二次飞行中，埃德·怀特于1965年6月3日成为第一位在太空中行走的美国人。（NASA 供图）

上图："双子座"计划的第二个要求是验证宇航员可以在太空中停留14天，继而可以完成"阿波罗"登月计划。这一要求由"双子座"7号于1965年12月完成，图中所示的"双子座"6号与之进行了交会。（NASA供图）

下图：如果登月舱要在登月后与"阿波罗"母船重新联结，则交会和对接必不可少。"双子座"8号飞船证明了在两架航天器之间进行对接是可行的。（NASA供图）

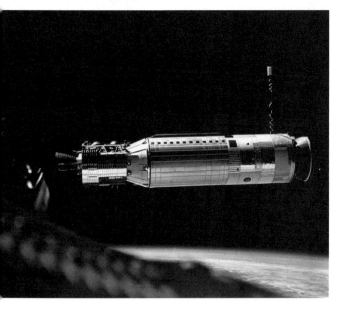

行政改革从来都不像火箭发射或登月那样引人注目，但它们可以帮助人们理解：为什么有关权限和控制的特定决策会逐渐演变而引发某些情况。在 1961 年 11 月的改革之前，每个外地中心都要向总部汇报，与它们在 NACA 的组织架构下的做法相同。现在，外地中心将集中精力管理自己的项目，但自由度更大，因为它们将获得更大的自主权并向级别更高的总部汇报。但外地中心仍然希望 NASA 的总体管理人员为它们提供资源。

除了上述所有组织变革，NASA 还有效地确定了汇报活动的任务，并向公众通报了选择性计划的进展情况。如今，任何熟悉 NASA 公共信息人员的人都不再能理解 20 世纪 60—70 年代盛行的那种文化。大多数公共事务人员来自军方，他们参与过冲突，并在第二次世界大战或 1950—1953 年的朝鲜战争中参战。他们了解太空行动的动力以及告知人们真相的需要，而不受"企业用语"或隐秘意图的影响。他们畅所欲言，赢得了他们所召集和动员的电子与印刷媒体的信任，而后者一直试图寻找真相。

然而，美国法律要求，NASA 必须向控制最终预算决策的立法机关（国会）全面解释其行动，并让执行这些法案的机构（白宫）全面参与，以满足公开信息的要求。NASA 定期举办新闻发布会，向公众通报特定计划、项目或预算的进展情况。最初在卡纳维拉尔角办公时，NASA 的研发重点是导弹和巡航武器，是与媒体有一定距离感的项目；而今，这种距离感逐渐消失了。甚至连美国空军也看到了与新闻界保持密切互信关系的价值，开始在任何可能的情况下公开发布信息。

每个外地中心和特定项目办公室每季度发布一次影像报告，其片长通常为 15 分钟，用于总结特定计划的进度。这些短片对电视台来说很有用，可以播放给观众，既作为一种展示方式，也能满足观众对这些激动人心的项目进行深入了解的日益增长的需求。这些拍摄下来的季度报告可以在线上观看，亦可从众多网站上下载。它们详细而深入地记录着 20 世纪 60—70 年代技术研究与开发的情况，是其他资料无法比拟的，而且也远比今天的影像资料丰富得多。公共关系机构一度是提供信息和技术的场所，现在却通过"形式盖过实质"的广播来增加受众的兴奋度。

1961 年末 NASA 重组的重要成果之一是 PERT（计划评估和审查技术）的普遍采用。PERT 取代了从 NACA 沿袭下来的旧有计划管理系统。在项目规划、监督和控制方面的重大突破之一是对巨型项目（例如研发美国原子弹的曼哈顿计划）管理方式的转变。PERT 功能更先进，可以进行计算机化处理；它可以容纳大量变量，同时可以设定进度图标的里程碑。它能够处理多个链条中的多种复杂事件，并能够绘制带有专门标识的节点的关键路径。

PERT 是项目经理的"里程碑检查器"和"早期预警网络"，可用于识别关键路径中可能出现的障碍，或提供备选路线以避开可能阻碍进度的障碍。它无法帮助评估管理决策的质量，也不能帮助更有效地制订计划，但它是可用于改善系统或计划整体管理的最佳工具。

PERT 由美国海军专家沃尔特·哈塞引入 NASA。哈塞在 1961 年 1 月 17 日与罗伯特·西曼斯会晤时，概述了采用这种系统对行政机构的好处。它是为海军的"北极星"弹道导弹计划而开发的，该计划作为美国"三位一体"核威慑的海基力量组成部分，在将构想带入战备状态这一方面显示出了无与伦比的速度。海军使用的完整版本 PERT 是针对"北极星"计划量身定制的，哈塞推荐给 NASA 的是经过改编的版本。该版本于 1961 年 9 月 1 日被 NASA 完全采用。但由于 PERT 的正式应用遇到困难，NASA 最终于 1962 年聘请管理系统公司实施了培训计划。

如果上述内容听起来有些过于学术化，又与 NASA 故事的主线不相关，那么只需举出一个例子即可证明 PERT 的重要性：1961 年 6 月的《弗莱明报告》充分利用 PERT 研究了载人登月的选项，对于

上图：在执行"双子座"计划的紧张日子里，NASA成功地完成了首次飞越火星的探测任务，并于1965年由"水手"4号发回了21张照片。（NASA供图）

NASA 拟定在 20 世纪 60 年代末之前实施登月的现实时间表有一定帮助。但是，当霍尔姆斯于同年 11 月被任命为 NASA 载人航天飞行办公室的负责人时，他非常不喜欢 PERT，对它的优点不以为然，故而没能正确加以利用。反过来，这又促成了 NASA 的第二次重大组织变革。这一变革将扭转疲弱的"阿波罗"计划，并最终通过 1963 年的决策，遵照肯尼迪的意愿，实现美国人登月。

对于在 20 世纪 60 年代末实现载人登月至关重要的是 NASA 预算的爆炸性增长。尽管第四章中对此进行了更全面的论述，但必须承认，对远高于 NACA 设想的一笔预算进行管理是载人登月成功的关键要素，它与所有更加令人兴奋的技术发展同等重要。但这只是 NASA 日益复杂的"金字塔"结构的一个尖端。NASA 在这样的结构下将扩展到 3 万余人，用以协调数万名承包商和分包商的产品；承包商和分包商则直接雇用了 45 万余名工程师和科学家从事 NASA 的项目，其中大部分人都为载人飞行的目标服务。

从 1962 年 11 月格鲁曼公司获得建造"登月探测舱"的合同到 1963 年 5 月"水星"计划结束，其间时间紧迫，但 NASA 负责研发了四种载人航天飞行器："水星"、"双子座"、"阿波罗"和登月舱。此后，直到 1966 年 12 月"双子座"计划结束，NASA 一直在同时进行三项工作。这是对组织基础架构的重大挑战，但当 NASA 的规模在"阿波罗"计划后缩减，又将反过来产生挑战。载人登月只是 NASA 在这些紧张日子里执行的众多项目之一，而它本身就使 NASA 的高层领导与白宫产生了意见分歧。

肯尼迪从未对多样化的航天计划展现过太大的兴趣。他入主白宫后的唯一举措就是为加速"土星"1 号运载火箭的研制而提供了少量预算。自从"斯普特尼克"1 号卫星发射升空以来，太空竞赛的速度衡量标准就已经是火箭的效能和起飞推力，而"土星"1 号将达到与苏联火箭相当的水平。肯尼迪资助 NASA 的依据似乎仅此一条标准。在 1961 年 10 月 27 日"土星"1 号首飞之后，他开始质疑自己提出登月挑战的决定。

相关意见通过联合国会议传达。肯尼迪在会上否定了与苏联"一起登月"的选项，并召集 NASA 高级领导人进行秘密讨论，研究其可行性。肯尼迪对火箭和航天飞行器技术没有任何实在的了解。对他来说，航天计划就是一种政治工具，可以根据需要捡起或放下。在这一点上，他与其他总统并没有显著不同。但是肯尼迪缺乏远见卓识，对于"阿波罗"计划之外的任何航天项目都不予关注。他与詹姆斯·韦伯在白宫讨论时，谴责了韦伯"建立全面的航天计划"的企图。肯尼迪认为，NASA 开展的任何其他活动都不应优先于登月目标。他也是这样要求韦伯的。

登月计划的优先地位在一定程度上是必然的。随着 NASA 总支出的猛增，分配给载人航天的资金占比也从 1962 年的 51% 增至 1963 年的 61% 和 1964 年的 66%。在 1961 年 5 月做出登月决定之前就已经开始的许多科学计划被吸收和转移，用于实现登月目标，首当其冲的是无人月球探索计划，因为人们那时对月球的地面条件知之甚少。具有讽刺意味的是，直到约翰·肯尼迪遇刺的第二年（1964 年），苏联才批准登月计划，而苏联境外的人都不知道。

与此同时，有人对 NASA "阿波罗"计划的管理决策表示怀疑。这些疑虑最初由中层管理人员提出，然后传达到最高层。1961 年末开展的组织改革引发了一系列问题，没有实现总体预期进度。仅仅由于管理观念冲突的原因，就有无法实现登月目标的潜在危机。1962 年，肯尼迪第一次对登月计划产生严重的疑虑，而白宫提交给国会的 NASA 预算申请却又大大高于预期，于是变革就此开始。是时候以更有效的发展方式取代"旧的" NASA 了。

上图：林登·约翰逊曾策划立法，成立一个独立于NACA的机构NASA，并说服肯尼迪将人员送上月球。他从喷气推进实验室主任威廉·皮克林那里收到了"水手"4 号传回的照片集。（NASA供图）

NASA 的演变

乔治·米勒（George E. Mueller）承诺自己可以将 NASA 完全重

组。他同意辞去工业界的高薪职位，加入 NASA 并担任载人航天飞行办公室负责人，接替在疑云笼罩中离职的霍尔姆斯。霍尔姆斯离职的部分原因在于他面临的挑战超出了其个人的解决能力。米勒于 1963 年 9 月 1 日接任，NASA 的命运就此发生了重大变化。

米勒引入了以他姓名首字母缩写命名的"GEM 盒子"，着手大幅改善各个外地中心之间的关系。此时，这些外地中心俨然"封地"一样各自为政，并非在总部纪律严明的限制下开展业务。米勒通过定期组织周日会议，以对管理人员表现出毫不妥协的态度而闻名。他还策划了萨姆·菲利普斯少将麾下大量人员的调动。菲利普斯少将曾将"系统工程"方法传授给 NASA。美国空军曾经利用该方法快速、高效地成功交付了"雷神""阿特拉斯""泰坦"等弹道导弹计划。菲利普斯少将本人则于 1963 年 12 月 30 日调入 NASA。

1964 年 1 月，菲利普斯少将把 55 名空军高级官员带到了 APO 项目（其非正式名称为"55 项目"）下。此前从未有如此高水平的空军高级领导人穿上常服聚集在一起的情况，他们将帮助 NASA 重组并重回正轨：大卫·琼斯准将成为菲利普斯的副助理，博朗代上校担任"阿波罗"计划的总监，奥康纳上校担任马歇尔航天飞行中心工业运营总监，萨姆·亚尔钦上校担任"土星"5 号办公室主任。此外，菲利普斯还强制实施了新版 PERT，设立了配置控制委员会，通过规范共同项目使所有外地中心的工作标准化。

令人惊讶的是，冯·布劳恩位于亨茨维尔的团队仍在通过壁挂式瀑布图进行管理流监控，但也很快发现了更加先进的 PERT 系统管理例行程序的优势。不过，这也带来了一场文化冲击。原本有气无力的新火箭认证测试计划也得到了改善。"土星"1 号的前几次飞行仅试飞了第一级，而工程师在增加上面级并对其进行测试之前，必须根据需要收集尽可能多的数据。

菲利普斯的全系统测试法取代了这种烦琐的方法：从第一次发射开始，就按照顺序对火箭的各级进行组装和发射。菲利普斯的团队认为，只有这样，才能充分厘清整枚运载火箭的全部互动响应。其理论的基础在于

下图：1968 年 12 月，在"阿波罗"的第二次载人飞行中，宇航员博尔曼、洛弗尔与安德斯绕月飞行，传回由手持摄像机拍摄的地球图像。这是人类第一次绕其他天体飞行时拍摄的地球图像。（NASA 供图）

火箭第一级的结构响应会与添加上面级时的响应有很大不同。这种全面的测试方法代表的是一次大胆的转变。冯·布劳恩曾就此进行过长期而艰苦的驳论，但最后还是遭到了否决。他很快就接受了这种方法，将其认可为前进的最佳方式。

正是这种方法使强大的"土星"5号火箭在1967年11月4日首次发射，火箭各级都正常运行。"土星"5号还将无人驾驶的"阿波罗"号航天飞船沿大椭圆轨道送入太空并返回，验证了火箭和"阿波罗"指令舱高速返回并模拟在月球表面快速降落的能力。

除了并行系统开发（火箭或航天器的所有元器件同时开发和测试），菲利普斯的团队还主导了对传统的、以串列主导的故障分析和故障缓解序列的转型，转向并行的系统串分析。这种方法对于提高可靠性、完善系统工程学（其理论较为简洁）向实际应用的转换具有巨大优势，在实际应用中故障更少并显著提高了可靠性。正是这种方法使NASA平稳度过了载人航天飞行中最痛苦的一些事件，其中包括1970年4月对"阿波罗"13号危机的处理。

到如今，我们怎样强调这些美国空军军官对NASA的价值都不为过，因为他们彻底改变了NASA的文化，通过强硬方法解决颇具挑战性的管理问题和复杂的技术解决方案，使NASA具备军事化的效率。NASA原本根本没有开展大型项目的经验。在项目最繁忙的时期，NASA借调了400多名美国空军军官融入"阿波罗"计划的各个方面。詹姆斯·韦伯一直是这个借调流程的核心。他本人得到国防部长罗伯特·麦克纳马拉的默许，将这些军官从备受瞩目的职业道路上"引"出来去从事与他们中很多人几乎没有任何关联的计划。而且，有一点不得不提：当军官们在空军内部的升职机会被搁置，转而被要求为美国率先登月的野心服务时，这样做的主观意愿是很薄弱的。

随着米勒、菲利普斯以及大量新上任人员带来管理的变革、革新的技术和解决方案，一个新的NASA诞生了。这是一个充满活力的新机构，仍在向着登月的目标前进。1963年，肯尼迪一直在谈论与苏联人达成"一起登月"协议或者缩小目标的可能性，而在1964年，美国人坚忍地决定继续并实现肯尼迪的遗愿。如前所述，只有苏联人意识到在肯尼迪被暗杀后美国加快推进"阿波罗"计划的认真态度之后，他们才下决心不再让美国人单独"领跑"。

然而，NASA在即将开始"双子座"试飞之前，滞后情况就已经

上图：杰克·金是一位传奇人物。他于1960—1971年担任新闻主管，此后掌管公共事务方面的工作直至1975年。在他的指导下，NASA的形象一飞冲天。他为新闻界提供了大量材料，供他们更好地理解技术。除了NASA自己的媒体，其他媒体都经历了一个迅速的学习过程。（NASA供图）

超出了计划的时间表。整个计划的不确定性不断上升。韦伯极其担心"双子座"试飞会妨碍"阿波罗"的飞行。他知道这是已故总统的夙愿，而且他本人也签署了协议。他的担心主要不是出自对目标的认同，而是出自将公务看作对总统效忠的一种心态。如今很少有人还能怀有这种心态。总统令已经明确美国人民决定了登月就是未来的前进道路，而韦伯却要反驳这道法令。在往后的几十年中，他这类人将越来越被孤立。

乔治·米勒将"阿波罗"计划看作人类探索深空和更广阔的太阳系环境的一扇门。他在时任总统林登·约翰逊的领导下获得了一些鼓励。约翰逊曾于1958年在幕后操纵国会通过了《美国国家航空航天法》，并作为时任副总统鼓动肯尼迪将登月设为目标。但是，出于对"双子座"计划发展缓慢的担忧（这种担忧更多是1963年之前不良的行政控制产生的连锁效应所致），约翰逊将"双子座"飞行阶段的截止日期定为1967年1月1日。最后一次"双子座"载人飞行任务于1966年11月15日完成后返回地球。

当公众醉心于登月竞赛时，NASA的航天器于1962年飞越金星，随后于1965年成功飞越火星并发回了火星贫瘠地表的第一批照片，取得了令人瞩目的成就。NASA还获得了资金，用于启动两艘飞越木星和土星的无人飞船的研制任务。同时，"徘徊者"号撞击探测器在坠毁前拍摄了月球的特写照片，"勘测者"号探测器降落在月球表面，而轨道飞行器已经开始绘制"阿波罗"号的潜在着陆地点。然而，正是对月球的探索紧紧抓住了人们的想象力和热情，使NASA成功完成了十次"双子座"飞行任务。

"阿波罗"的首次飞行定于1967年2月21日进行，但米勒和菲利普斯正忙于解决航天器和"土星"5号火箭的严重问题以使韦伯免受航天器制造商——北美航空公司糟糕表现的负面影响（后者同时也在研制问题重重的S-2月球运载火箭的第二级）。此外，北美航空公司的检举人警告说：火箭做工低劣，品控不佳。菲利普斯已写信给北美航空公司对其进行警告并一直在努力改善他们的表现。

1967年1月27日，"阿波罗"1号航天飞船在卡纳维拉尔角进

上图：尼尔·阿姆斯特朗拍摄的埃德温·奥尔德林（后改名为巴兹·奥尔德林）的照片。图中，奥尔德林正在"阿波"11号的着陆点部署被动地震仪。两名宇航员于1969年7月20日登陆月球，完成了肯尼迪的指示。（NASA供图）

行模拟发射时突发大火。飞船上的三名宇航员格里索姆、怀特和查菲在火灾中丧生。虽然也有一些宇航员在车祸和飞行事故中丧生的先例，但格里索姆等人是第一批在航天器中丧生的人。不到两个月后，苏联宇航员弗拉基米尔·科马洛夫在乘坐"联盟"1号从太空返回时丧生，事故的原因是苏联急于研发第二代航天飞船。太空竞赛正在付出代价。但是，如果可以通过放慢步伐和加大努力来避免这些悲剧性的灾难，那么NASA随后在调查过程中的表现就应受到高度赞扬，也最终将其从更加严格的审查中解放出来（更严格的审查只会拖延登月计划）。

从灾难发生的那一刻起，NASA便采取了开放的处理方式：举行多次新闻发布会，既没有转移责任，也没有分摊责任。在韦伯的巧妙处理下，NASA被允许进行内部调查。弗兰克·博尔曼作为NASA外交部门一颗冉冉升起的新星、国会和白宫许多官员可信赖的朋友，成为NASA的代言人。与此同时，他也是一名宇航员，来自NASA这个刚刚失去了三位成员的群体。对于等待新闻的公众和外行人来说，博尔曼的冷静观察令人放心，也容易建立信任。

NASA从"阿波罗"火灾事件中走出来后，比以往任何时候都更有力量，能够更坚定地纠正错误、收拾残局并继续工作。在火灾发生30个月后，两名宇航员就登上了月球。此时，NASA攀上了名誉的顶峰，成为美国国内"乐观进取"精神的象征。对于一个竭力与东南亚的战事达成妥协、因国内各地在种族骚乱袭击中精疲力竭的国家而言，NASA成了光辉的典范。在很大程度上，这些因素使太空计划陷入了一段后缩和自我诊断的时期，从而最好地利用了NASA成立十二年来通过技术创新、工程改良、科学探索和人类奋斗积累的巨大宝藏。

NASA曾打算将"阿波罗"任务作为跳板以实现从月球到火星的进一步探索。自1964年来，NASA一直开展的是低水平研究，利用为"阿波罗"计划采购的剩余硬件以及多余的航天飞船、火箭向上述目标推进。最初，NASA订购了20套"土星"5号与"阿波罗"飞船的组合，以及搭载在较小的"土星"1B号火箭上发射的其他航天器。在1969年7月"阿波罗"11号成功将阿姆斯特朗和奥尔德林送上月球表面后，NASA又使用这些飞船和火箭规划了另外九次飞行，但"阿波罗"计划中的第三次载人登月尝试失败了。"阿波罗"13

号飞船遭遇了一场近乎灾难的事故，而 NASA 只能设法使三名乘员安全返回地球。

由于预算大幅减少，公众对继续登月的兴趣不大，NASA 取消了三次"阿波罗"登月任务，由四艘飞船完成原定的登月任务。为了对登月舱进行重大升级以支持在月球表面完整工作三天的需求，后三艘飞船的工期延长了。NASA 还将月球巡逻车送到了每个登月地点。最后一次登月任务由"阿波罗"17 号飞船于 1972 年 12 月完成。

上图：在人类首次登陆另一天体时，公众的敬畏和崇拜之情激增。这些情绪在商业世界中得到了体现，甚至延伸到迪卡唱片公司发行的月球登陆录音带中。（迪卡唱片公司供图）

NASA 利用冗余的硬件，在 1973—1974 年对临时空间站"天空实验室"进行了三次访问，并于 1975 年将最后一艘"阿波罗"号飞船停靠在"联盟"号飞船的一个特殊舱段上，与苏联人进行了联合飞行。在首次载人登陆月球之前，NASA 一直在寻找一种支持载人航天飞行计划的全新方法，而总统尼克松（1969 年 1 月上任）一度考虑过彻底废除 NASA。尼克松在担任副总统时（艾森豪威尔任期内）从未支持过永久性的航天计划，并在八年后将这种观念带入了自己的总统任期。

在预算削减、白宫支持减少的情况下，NASA 开始寻求削减成本和保留载人航天计划的方法，研发可重复使用的航天飞机，作为度过拮据时期的一种相对廉价的方式。等到好日子回来，NASA 就可以再次获得足够的资源来建造一个空间站，并重新考虑将美国人送往火星的可能性。通过访问太阳系中的每颗主要行星，NASA 取得了卓越的进步，但它无法实现最初的设想——在月球上永久驻留并进行火星旅行。所有设想都必须等待。

1972 年 1 月 5 日，尼克松批准了对航天飞机的研发支持，但否定了最初的计划：以可重复使用的地球—轨道航天飞机、用于访问和维修太空中卫星的"太空拖船"、一个永久空间站、在地球和遥远的太空目的地之间快速运行的核动力航天飞机以及载人火星

右图：作为NASA的旗舰计划，两次"维京"火星任务是具有突破性的，因为它们开创了工程师至今仍在研究的技术，并且雄心勃勃地拓展了科学任务的广度。自1976年6月和8月两次到达火星以来，这些轨道飞行器一直围绕着火星轨道运行，测绘行星表面的细节以提供最终着陆点选项，并连续多年回传图像。（NASA供图）

登陆的承诺为基础，开发一个"后'阿波罗'"计划。仅剩的航天飞机计划用于为尼克松的家乡——加利福尼亚州提供就业支持。这使 NASA 蒙受了重大损失。直到 1981 年 4 月 12 日，第一架航天飞机才将宇航员送入轨道。

新的黎明

1961 年 5 月，肯尼迪总统改变了 NASA 的中期目标并重新设定了 NASA 的发展方向，令其立即全力投入登月工作中。NASA 的改革及其按照顺序进行的空间站—登月—火星任务发展规划已遭破坏。为了恢复最初的长期计划，NASA 虽然没有资金用于航天飞机和空间站的并行开发，但它通过航天飞机的前几次飞行使白宫做出了大胆的决策。1984 年 1 月 25 日，新上任的罗纳德·里根总统重新构想了这一愿景，并授权 NASA 开发一个永久性载人空间站，且必须"在十年内实现"。

NASA 的时任局长吉姆·贝格斯通过一次巡回演讲，招募了欧洲人、日本人和加拿大人一起建立伙伴关系，共同为建立原名为"自由"的空间站研发必要的舱段和物理结构。

彼时的世界仍然处于冷战的阴霾中。里根希望将轨道飞行作为宣扬意识形态的旗帜。国会并没有被彻底说服，未能提供到 1994 年将"自由"号空间站投入运营所需的资金。事实上，一些事件改变了空间站的性质。

在开发"自由"号空间站的决定做出后不久，NASA 遭遇了第二次灾难。1986 年 1 月 28 日，"挑战者"号航天飞机在升空不久后，因极低的温度导致固体火箭助推器各部分之间的密封失效，从而发生爆炸。这一事件严重打击了美国的航天政策。NASA 希望使用可重复利用的航天飞机取代所有旧的消耗型运载火箭，而其中大多数是从早期的弹道导弹改装而来的。由于航天飞机开始接管从前由常规火箭承担的所有卫星发射任务，导致"德尔塔"火箭的产量减少，到最后仅剩下两枚待交付。

在事件调查的结论中，NASA 决定航天飞机不应再为付费客户携带商业卫星。据 NASA 载人航天飞行办公室主任詹姆斯·亚伯拉罕森称，这项服务迫使 NASA "每次都准时"发射。"挑战者"号的事故导致了国家政策的一次转变，因为美国卫星发射业与政府使用航天飞机的决策紧密相连。但是，在发射频次达不到预期的情况下，航天飞机将面临更大的压力并在忽视温度限制的情况下发射。从逻辑上讲，温度限制本应可以制止"挑战者"号在寒冷的一月早晨发射，从而避免事故发生。

上图：这两台着陆器分别于1976年7月和9月成功抵达火星表面，分别持续运行3.6年和6.25年。在这段时间内，它们经历了几次季节更替，通过物理和化学方法对火星表面进行了采样，但没有发现生命。（NASA供图）

由于"挑战者"号的事故，NASA经历了另一次变革，放弃了使用航天飞机替代消耗型运载火箭的愿景。不过，NASA没有只限于让航天飞机携带政府有效载荷（如科学卫星和一些军事有效载荷），而是将其用于把国际空间站的组件送入轨道。此时，距离"挑战者"号事故调查结束仍有一段时间。"挑战者"号的损失阻碍了许多有效载荷和科学卫星乃至哈勃望远镜等任务的发射。这种情况一直持续到这些积压的任务得以完成，消耗型火箭产业重新开始发展为止。矛盾的是，尽管美国空军已经预订了航天飞机的几次卫星发射任务，却从未完全相信航天飞机是真正可靠的运输方式。最后，甚至连国际空间站也陷入了危机。

苏联解体的危机始于20世纪80年代后期，苏共亦于1991年因米哈伊尔·戈尔巴乔夫的辞职而瓦解。这为美国与新诞生的俄罗斯合作提供了契机：俄罗斯为国际空间站提供了一条救生索。比尔·克林顿总统让俄罗斯人分担了空间站计划的一部分任务。此时，国际空间站计划仍在挣扎中求生。为了获得国会的批准，空间站不得不面临多处设计变更和削减成本的境况。

俄罗斯在发射和运行空间站方面已有二十年的经验，而美国则前往月球并重新施展旧时冯·布劳恩范式的工作态度。俄罗斯人提供了很多知识和经验。NASA的许多员工仍然记得美苏于1975年的联合飞行，并且认识到有很多事物值得学习，这对以美国

下图：每台"维京"着陆器均由放射性同位素热电发生器提供动力，并利用钚源产生的热量发电。着陆器携带的生物分析包、表面采样器和铲子可将土壤转移至着陆器上的各种设备。（NASA供图）

上图："天空实验室"由冗余的"阿波罗"硬件组装而成，是世界上第一个接受多位宇航员访问的空间站，其中有三次人员访问是1973年和1974年"天空实验室"运行期间进行的。（NASA供图）

下图："天空实验室"十分宽敞，配备了用于研究地球、太阳、其他天体以及长时间太空飞行对人体影响的各种仪器。"天空实验室"提供了关于长期在太空中生活和工作的宝贵经验。（NASA供图）

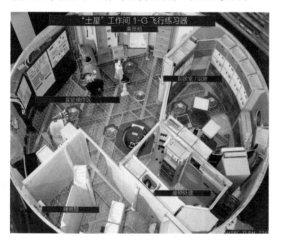

为首的空间站将非常有利。那时，俄罗斯仍在运行大型的"和平"号空间站综合体，不愿放弃。NASA与俄罗斯人由此产生了摩擦，因为NASA希望后者关闭"和平"号空间站，专注于成为美国主导的项目的合作伙伴。

此外，白宫在NASA和俄罗斯人之间巧妙周旋，目的是将美国的利益最大化，同时将进一步开发和装配的成本分担出去。将俄罗斯人吸纳到国际空间站项目中具有政治、金融和技术方面的意义。俄罗斯人在意识到几乎没有资金支持用于开发本国的载人航天飞行计划后接受了美国人的提议，并于1993年12月7日（里根首次命令NASA建造空间站的近十年后）最终确定了空间站的路线图。于是，就有必要为空间站另取一个名字，"自由"号空间站因而变成了国际空间站。它由美国、欧洲、俄罗斯和日本建造的舱段组装而成，加拿大则提供机器人装置——这是一个合理的选择，因为该国曾负责为航天飞机操纵机械臂。

这是具有"报复性"的国际合作新时代，但这种合作模式已经发展了很长时间。当NASA发现自身无法负担航天飞机和空间站的费用时，在20世纪70年代初，它就恳求欧洲人参与"太空实验室"（Spacelab）的建造。这是一种加压的实验室舱，可以在航天飞机的货舱内携带，让宇航员在其中开展实验。另有一个托盘组件，既可以单独运转，也可以在可居住舱外进行露天实验。欧洲方面于1973年8月签署了建造"航天实验室"的协议。1983年11月28日，"哥伦比亚"号航天飞机发射了第一个加压舱，开启了这项长期且算得上成功的科学任务。它为 NASA 提供了使用微型空间站的机会，也为欧洲宇航员提供了乘坐 NASA 制造的航天飞机航行的机会。

　　1998 年 4 月 17 日，"哥伦比亚"号将"航天实验室"的最后一个加压舱送入了太空，而同时国际空间站已经开始萌芽。鉴于国际社会为实现国际空间站的目标早已投入了大量努力，它被证明是一项难以管理的项目。为制定所有合同安排，解决本质上将

下图：航天飞机改写了将人类送入太空的规则，也向NASA施加了最大限度的压力。事实证明，航天飞机的适应性强、可靠性高，只发生过两次本可避免的事故。它们在135次飞行中不幸地发生过两起灾难，夺走了14名宇航员的生命。（NASA供图）

上图：1975年7月，"阿波罗"号与苏联"联盟"号飞船的对接任务是"阿波罗"计划的绝唱。但是，俄罗斯与国际伙伴一起在轨道上建立了永久性的工作空间——国际空间站。距离下一次联合飞行，则还有二十年的时间。（NASA供图）

两个大型航天计划整合在一起的技术难题，每个国家都花费了比预期更长的时间。他们曾经是意识形态上的对手，扮演着各自立场的政治霸主和领袖的角色；而现在，他们的科学家和工程师正在共商难题。

1998 年 11 月 20 日，俄罗斯在哈萨克斯坦拜科努尔发射场进行了用于空间站建设的首次发射。拜科努尔就是"斯普特尼克"1 号和尤里·加加林的航天飞船曾经发射的地方。随后是一系列接连不断的发射，包括：欧洲航天局使用自己的"阿里安"5 型火箭从法属圭亚那的库鲁发射场发射货运舱，日本从种子岛发射场进行发射，俄罗斯继续从拜科努尔发射场发射自己的舱段，NASA 从卡纳维拉尔角发射美国、欧洲航天局和日本的加压舱段。

进入 21 世纪以来，宏伟的装配工作不断开展着，直到 2003 年 2 月 1 日"哥伦比亚"号航天飞机从与国际空间站无关的科学任务中返回时在再入大气层的过程中被烧毁。事故起因是大约十六天前"哥伦比亚"号在发射过程中外部推进剂贮罐的绝缘层破裂后，撞上了航天飞机的左翼前缘，导致脆弱的热保护装置被损坏。国际空间站的组装工作在事故后的休整期一直处于停顿状态，直到 2005 年 7 月 26 日航天飞机复飞为止。"哥伦比亚"号事故对美国航天计划的影响远比十七年前的"挑战者"号事故大得多，而且这种影响还将持续下去。

自 2000 年以来，NASA 着力于航天飞机计划的研究，评估该计划应在国际空间站建成后退役，还是对每架航天飞机投入资金进行全面翻新，将新的、更安全的系统与改进后的逃生方法置入，尽管它们自身会受到限制。"挑战者"号的失事使美国人下定决心投资建造"奋进"号航天飞机作为替代品，同时也将航天飞机专门用于建设空间站和商业卫星发射等较慢节奏的例行工作。但是，"哥伦比亚"号的失事减少了选择的余

下图：2007 年 6 月，"亚特兰蒂斯"号航天飞机飞往太空中的一处建设场地，向国际空间站交付了大质量的桁架组件和一组太阳能电池板。（NASA 供图）

左图："亚特兰蒂斯"号共贴有 3 万余块热保护瓦，使其免受再入大气层时产生的高温的影响。从它的前方和下方仅能看见一部分热保护瓦。（NASA 供图）

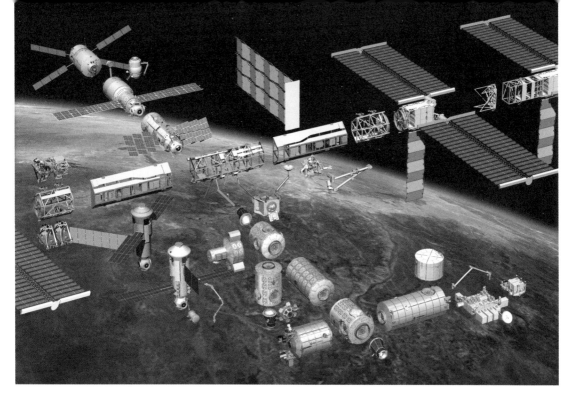

地。总统布什决定在 2004 年国际空间站建成后支持航天飞机的退役工作，并将 NASA 的注意力转移到载人重返月球上。

自 20 世纪 90 年代初，NASA 的预算一直稳定，几乎没有增长的迹象，因此每项计划或长期规划都必须在固定的资金额度内进行。NASA 同时开展四艘载人飞船研究的日子已经一去不复返；而现在，在前一架航天器退役之前不可能开始建造后继项目。NASA 构想的"星座"计划要求建造两枚新的运载火箭——"战神"1 号和"战神"5 号，以及一艘名为"猎户座"的载人飞船，用以支持人类最晚于 2020 年重返月球。它将通过航天飞机退役和美国撤出国际空间站而节省下来的资金进行运作。

从概念上说，这两枚"战神"火箭的命名是对"阿波罗"时代著名的"土星"1 号和"土星"5 号火箭的认可，但它们的含义不仅限于此："战神"1 号将有一台单独的固体火箭助推器作为第一级，并装配有液体推进剂上面级；"战神"5 号将有两台航天飞机用固体火箭助推器，每台助推器包括五段，第一级芯级是航天飞机贮箱的加长型，但包括五台 RS-68 发动机，是为"德尔塔"4 型重型运载火箭开发的。"战神"火箭将有能力向低地球轨道发射质量为 414 000 磅（188 000 千克）的载荷或向月球发射 157 000 磅（71 000 千克）的载荷，而"土星"5 号火箭的月球轨道发射能力则为 99 000

上图：国际空间站是当代最伟大的成就之一。它由大量的组件、桁架、太阳能电池板、散热器、气闸和观测用穹顶组成，由接连不断的商业货运飞船提供补给。

磅（45 000 千克）。

　　对"星座"计划（该计划被视为登陆火星的垫脚石）实际成本的担忧促使奥巴马总统要求成立一个委员会审查资金状况。委员会认为，在总统任期确定的固定预算内无法实现这一目标，而奥巴马也没有被说服增加预算。2010 年 2 月 1 日，奥巴马宣布取消"星座"计划，但叛逆的国会对这一决定感到愤怒，投票支持 NASA 开发一种名为"太空发射系统"的新型运载火箭并恢复"猎户座"的研制工作。虽然没有明确的目标，但美国将保留重型火箭发射的能力和能够执行各种雄心勃勃的任务的载人深空探测飞行器。

　　同时，在布什政府确立的政策下，NASA 继续向商业公司投资，以建造能够在航天飞机退役后向国际空间站提供货物和补给品的运输系统。两个主要竞争者出现了：SpaceX（太空探索公司）和轨道科学公司。NASA 将借这些承包商为国际空间站提供补给，并期望它们在 21 世纪 20 年代后期提供商业载人发射服务。然而，国会担心两家承包商会造成重复，也不愿为商业货运能力的快速发展提供必要的资金。最终，国会在欧洲和日本的无人货运服务结束时才投票通过了必要的预算。

　　2011 年 7 月 21 日拂晓前，"亚特兰蒂斯"号航天飞机返回地面，航天飞机计划的运行就此结束。在三十多年的时间里，航天飞机共进行了 135 次发射。这种飞行器在初期曾被错误地分配以"降低任务成本并替代消耗型火箭"的任务。从 1981 年 4 月 12 日首次大胆试飞以来，在尤里·加加林成为进入太空第一人的仅仅二十年后，航天飞机就被证明具有挑战性，而且运行难度比所有人在项目筹备阶段所预估的都更大。

　　航天飞机工程师、技术人员、管理人员和宇航员面临的挑战是前所未有的。航天飞机所采用的多项技术在计划启动前根本不存在。没有先例，就没有可以汲取教训的历史基础；没有对比，就没有比较的依据，继而辅助设计和可操作性决策。"航天飞机"一词的完整定义也是独一无二的，而且这种类型的航天器可能永远不会再出现。航天飞机构想于冷战的高峰期，在"阿波罗"飞行任务最后一次造访月球之前就已获得批准，它将永远是"让可能变成现实"的光辉典范。但是，航天飞机也付出了自己的那一份代价。

　　两架航天飞机的爆炸共夺走了十四条生命。可航天飞机的成就也是极不寻常的：它们完成了哈勃太空望远镜的发射和维修、国际空间站的组装，与欧洲"航天实验室"一起用作完成众多独立科学任务的基地，为国际空间站上的合作开辟了先河，尤其是发挥出了让昔日对手团结起来的作用，引导了持久的和平合作。这种可重复使用的有翼航天飞机是美国人梦寐以求数十年的概念，最终通过举国上下的共同努力得以实现。它与当时的"阿波罗"计划几乎一样具有挑战性。

NASA 经历过两次连续的巨变，胜利和灾难增强了它的适应能力。当航天飞机最后一次降落时，NASA 还没有明确的未来目标，只有一种非常大的火箭（太空发射系统）和类似"阿波罗"号的"猎户座"飞船。太空探索回到了消耗型火箭和弹道导弹的时代。出现这种问题的部分原因是总统奥巴马和国会之间的关系在总统的施压下失调。奥巴马想迫使 NASA 脱离载人航天业务，依靠商业运载器实现国际空间站的持续运行。他希望保留国际空间站并利用私人承包商保持其运行，但不愿给 NASA 布置一个只有大型政府计划才能完成的深空探测目标。

下图：自世界标准时的2000年11月2日9时21分完成组装，国际空间站至今全面运作，为其内人员留驻提供了不间断的支持。

今天和明天

在 NASA 成立的很多年之前，人类就梦想着去火星旅行。这也成为全世界航天国家梦寐以求的目标。尽管人们对火星的理解已经发生了巨大变化——如今火星看起来似乎是一个贫瘠的世界，可能从来没有过生命，但登陆火星仍被视为下一步技术发展的基准，并满足了人类探索和攀登下一座"山峰"的冲动。这种愿望推动着人们继续使用机器人航天飞船进行火星探索，并保留了倡导者对于人类驻留火星的希望和梦想。

2017 年 1 月，在特朗普举办总统就职典礼之前，NASA 一直坚持着由前任政府批准的路线图。这份路线图基本上尚未确定由国会发起的"太空发射系统-猎户座"计划的任务目标。任务选项包括：与小行星交会，以取回样品在地球上进行分析；进行绕月飞行任务，与先前由无人飞船捕获并转移到月球附近的小行星对接。在某种程度上，这些任务是"面子工程"，除了挥霍更先进的新型重型发射或深空探索硬件能力，一无所成。

2018 年初，特朗普批准了一项计划，用以扩展通过国际空间站计划形成的国际伙伴关系，并通过以"将宇航员送往火星"的长期目标为重点的一系列连续进程，为"太空发射系统-猎户座"提供有意义的目标。俄罗斯、欧洲航天局和日本已与 NASA 达成协议，共同开发月球轨道上的小型国际空间站，其组装工作将于 21 世纪 20 年代中期开始。"猎户座"将成为在地球和月球轨道平台——"门廊"之间运送宇航员的工具，它本身将包含所有合作伙伴提供的组件。

NASA 的计划是使用"门廊"平台将宇航员送到月球表面，并利用该平台在深空中的位置来测试和评估登陆火星所必需的各种系统，尤其是能够在整个太阳系内移动大型有效载荷的电力推进系统。但是，"门廊"的核心价值是让宇航员在月球轨道上停留更长的时间，从而研究长时间暴露于地球磁层保护范围之外的外部空间辐射中对人体生理的影响。

任何前往火星的旅程都将要求人类在这一无保护的环境中生存两年之久，而关于人体如何应对这些状况，我们仍缺乏相应知识。尽管私人企业将接管更多现有基础设施的长期运维，国际空间站仍不太可能在 21 世纪 20 年代之后还保持活跃。这种安排始于 NASA

最初在地球上成立之时，随着对国际空间站的支持需要而扩展到了太空。NASA 利用这样的商业支持结构维护"门廊"，最终将在未来几十年内，在火星上保持永久驻留。

NASA 作为世界上第一个民用航天局，在过去六十年间取得了辉煌的成就，将探索的足迹遍布整个太阳系。自 1962 年第一次成功飞越金星、1965 年第一次成功飞越火星，NASA 一直引领着人类对整个太阳系的探索活动，相继飞越了木星、土星、天王星和海王星，于 2015 年 7 月 14 日近距离飞越柯伊伯带的主要矮行星——冥王星。NASA 已成功向火星发送了十七架航天器，其中三架飞越火星、七架进入火星轨道、三架降落于火星表面、四架在火星表面漫游探索。

自 2000 年 10 月以来，地球上空的国际空间站里一直有人员驻留。从那时起，地球轨道上在任何时刻都至少有两个人。人类已经开始从地球迁移到太阳系的近端，最终将实现在其他世界的永久驻留——或许先是月球，再是火星。这种能力在人类社会中得以实现的最理想的情况是各小组共同和平努力，分享穿越时空的旅程，飞向遥远的目标——将太阳系抛在后面并开始向银河系中的其他行星系统迁移。NASA 也将始终伴随左右。

"肉丸"还是"蠕虫"？

每个人都认得 NASA 的徽记，更恰当地说，它应当称为"标志"。但有谁知道它是如何设计出来的，谁还记得那个更换标志的灾难性决定，谁又记得它是如何在抗议和公众压力之下恢复了原来的模样？下面的故事追踪了 NASA 标志设计趋势的变化，也标志着整个社会的文化变革。

詹姆斯·莫达雷利于 1959 年辞去了他在刘易斯研究中心报告部门的带薪工作，着手设计 NASA 的标志，最终使其成为美国政府部门中最具象征性的标志之一。人们结合视觉上的隐喻，给 NASA 的标志起了个昵称叫"肉丸"。标志上的球体代表行星，而星星代表宇宙空间；红色的 V 形线条代表飞行状态，形状参考了超声速空气动力学外形；运行中的人造卫星则代表椭圆形的卫星轨道。标志的构图较为保守，顺应于当时 NASA 在 NACA 的基础上做出改变的时代潮流。

1974 年，在响应美国国家艺术基金会的"联邦图形改进计划"

上图：NASA的原始标志代表了1958年《美国国家航空航天法》所确定的"航空研究"和"太空探索"两个主题。（NASA供图）

时，NASA 错误地认为旧标志已经过时。那是一个时代的终结：最后一艘"阿波罗"号航天飞船即将起航，与苏联的"联盟"号飞船对接；两年来，工业界也一直在努力建造世界上第一套可重复使用的运输系统——航天飞机。当然，现在是时候把 NASA 带入一个新的时代了。

NASA 聘请理查德·丹内和布鲁斯·布莱克本设计了一个新徽标，以适应新时代。结果，设计出来的是个"蠕虫"模样，四个红色字母中的两个字母 A 被简化成了假圆锥形。NASA 总部对此设计感到惊愕，高级管理人员内部则意见各异：有些人喜欢，有些人讨厌。但是，艺术和文化方面的主管（大概）喜欢它。该设计还获得了令人艳羡的"总统设计奖"下的"卓越设计奖"。公众之间也有分歧，但他们的实际行动没有喜欢的意思。大多数人选择支持"讨厌它"的游说团体，还发起了一场找回"肉丸"的运动。

"蠕虫"状的 NASA 标志或许适合 20 世纪 70 年代典型的高品位的大厅装潢，但大多数人表示这正是拒绝它的决定性原因。但是，在 NASA 用纳税人的钱换掉建筑物、火箭和航天器上的所有贴花之后，"蠕虫"标志仍然到处出现，甚至还出现在 1976 年为纪念美国建国 200 周年而举行的庆祝活动中。最终，反对者才如愿以偿。1992 年，NASA 恢复了"肉丸"的使用。不论你喜欢与否，"肉丸"对 NASA 目标的永恒诠释——拥抱航空和航天，都是"蠕虫"无法比拟的!

第二章
NASA 外地中心

本章列举了各个外地中心，其中一些已因任务分配、负责管理的项目以及职能的变化而发生了彻底改变。有些外地中心较为著名，其他的除了最热忱的航天爱好者不太为人所知。本章对它们作了概述，我们会通过编写时的字段名称进行标识。

跨页图：美国民众认为NASA是维持美国在世界上技术领先地位的最重要的政府机构之一，而美国政府本身则将NASA视为最受欢迎的政府机构。（NASA供图）

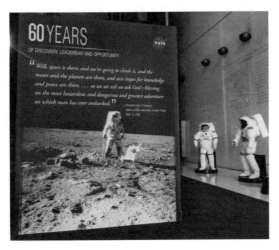

上图：2018年是NASA成立60周年。美国的所有外地中心都举行了庆祝活动。（NASA供图）

自1958年成立以来，NASA一直运营并维护着专门用于太空和深空环境的探索和开发所需的各类机构和设施。NASA的成立是为了推动美国走出地球。随着时间的推移，NASA已经发展壮大，各种事件决定了它的发展方向和速度。当NASA在1958年10月1日开始运营时，它继承了一些已有设施和相对较少的预算。但它的发展将远远超出其创始者的期望，并将成为世界上最著名的政府组织之一。

NASA成立最初十年的扩张之势令人震惊。至1968年6月，NASA所有设施面积从5 179英亩（2 095公顷）增加到142 000英亩（57 465公顷）；总工作面积从5 071平方英尺（471.1平方米）扩大到31 040平方英尺（2 883.7平方米）；房地产投资总价值从2.68亿美元增至44亿美元。在最初十年中，NASA从无到有建造了四座新的外地机构（戈达德航天飞行中心、载人航天器中心、肯尼迪航天中心和电子研究中心）。由于NASA的大部分工作都被外包，它对美国工业的价值也不容小觑。NASA在这十年中安装了由2万家主承包

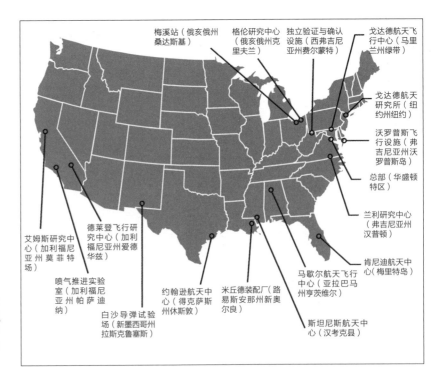

梅溪站（俄亥俄州桑达斯基）

格伦研究中心（俄亥俄州克里夫兰）

独立验证与确认设施（西弗吉尼亚州费尔蒙特）

戈达德航天飞行中心（马里兰州绿带）

戈达德航天研究所（纽约州纽约）

沃罗普斯飞行设施（弗吉尼亚州沃罗普斯岛）

总部（华盛顿特区）

兰利研究中心（弗吉尼亚州汉普顿）

肯尼迪航天中心（梅里特岛）

马歇尔航天飞行中心（亚拉巴马州亨茨维尔）

斯坦尼斯航天中心（汉考克县）

米丘德装配厂（路易斯安那州新奥尔良）

约翰逊航天中心（得克萨斯州休斯敦）

白沙导弹试验场（新墨西哥州拉斯克鲁塞斯）

喷气推进实验室（加利福尼亚州帕萨迪纳）

德莱登飞行研究中心（加利福尼亚州爱德华兹）

艾姆斯研究中心（加利福尼亚州莫菲特场）

右图：在成立于1915年的NACA的基础上，NASA通过遍布美国的外地中心和机构网络提高了运营水准。（NASA供图）

商和分包商生产的设备，总价值 4 亿美元。

　　随着时间的流逝，NASA 获得或临时运营了一些各具特色的办公场所或小型设施。它们原本早已交由其他用户使用。其中一座设施于 1962 年 7 月由 NASA 投入运营，时称"东部运营办公室"，即后来于 1964 年 9 月 1 日正式成立的电子研究中心。它最初是作为研究生培训机构成立的，但主要功能是发展电子专业知识，以应对"阿波罗"计划迅速拓展的挑战。电子研究中心位于马萨诸塞州剑桥市，在麻省理工学院的主楼对面。NASA 预期该中心可容纳 2 100 名员工，其中 1 600 名是专业技术人员。它的重要性将与兰利研究中心、马歇尔航天飞行中心相提并论。

　　电子研究中心的故事过于复杂，其中充斥着高层政治和阴谋诡计，此处便不赘述。它的历史和最终关停的命运可见于其他著作中。但是，电子研究中心在历史上是一个特别的存在，因为它是 NASA 唯一一座已关停的机构。它曾在 NASA 最困难的一段时期中幸存（当时NASA 预算崩溃，其他中心都裁员并减少开支）。电子研究中心可以说是 NASA 最重要的机构之一，得到了韦伯局长的大力支持，却在政治内斗和党派问题中惨遭瓦解。它于 1970 年 6 月停止运营，原建筑现为约翰·沃尔普国家交通系统中心的大楼。

　　本章概述的所有外地中心，构成了 NASA 波澜壮阔的历史，为我们提供了许多项目的记录——其中一些非常著名，而另一些则鲜为人知。每个中心都有其存在的特定原因，而某些中心的角色和职责会随着时间而改变。它们都有悠久的历史和重要的故事。由于篇幅的限制，我们只能牺牲一部分内容，因为完整的故事不免连篇累牍。

兰利研究中心

　　NASA 刚成立时，兰利研究中心还叫兰利航空实验室。它是 NACA 最早建立，也是规模最大的机构。它位于华盛顿特区以南约 150 英里（241 千米）处，雇用有 3 200 名员工，每年的运营成本为 1.26 亿美元。传统上，兰利航空实验室负责研究空气动力学、飞机结构以及飞机和物体在上层大气中飞行并返回地球的运行问题。实验室大约 40% 的工作为各种类型的航天研究。不过，在 1958 年，"航天"一词的使用范围相当宽泛，兰利航空实验室的大部分工作其实是围

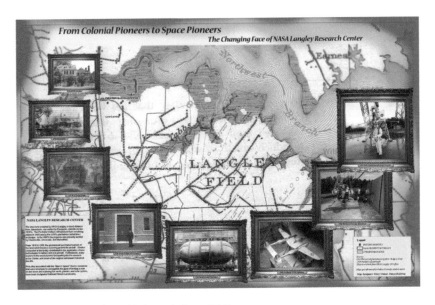

右图：兰利研究中心从事航空研究和开发已有一百多年的历史，但悠久的历史并没有使其脱离尖端的科学和工程技术。（NASA供图）

下图：兰利研究中心位于兰利空军基地和切萨皮克湾之间，拥有多种测试设施，可用于支持航天和航空领域的多项工作。（NASA供图）

绕了解与飞行有关的高层大气开展的。

1958 年，兰利研究中心在罗伯特·吉尔鲁思的领导下成立了航天任务组，专门管理从空军接管的"人类最早进入太空"计划，并协调 NASA 新继承的载人航天计划的设施活动。航天任务组前身为二战后刚成立的无人驾驶飞机研究部，负责研究火箭及其在载人飞行方面的潜力。但是，无人驾驶飞机研究部早在 1956 年便涉足火箭技术领域，彼时就决定开发多级固体推进剂火箭，并将其逐步发展成为"侦察兵"运载火箭。

兰利研究中心的几个叛逆人物——麦克斯·费格特、小约瑟夫·蒂博多、罗伯特·皮兰和小威廉·斯托尼组成了一个口风很紧的小团体。他们曾想抢过"先锋"计划小组的风头，率先将卫星送入轨道以支持"国际地球物理年"的活动。苏联首先发射"斯普特尼克"1 号后，美国紧接着使用冯·布劳恩研发的"朱诺"1 号火箭成功发射了"探险者"1 号卫星和"先锋"卫星，效果很好。于是，"侦察兵"火箭的研发获得了授权。第一次发射选在 1960 年 7 月 1 日，虽然失败了，但 1960 年 10 月 4 日的第二次尝试取得了成功。"侦察兵"火箭于 1991 年 1 月 1 日转移到戈达德航天飞行中心。它此后又取得了卓越的成就，在完成 94 次轨道发射后，于 1994 年 5 月退役。

　　兰利研究中心的工程师负责的是载人航天飞行计划中的几个关键步骤：开发能够将宇航员带入太空的航天器，为 NASA 首创载人月球着陆的选项，并为"阿波罗"计划提供支持登月飞行的基本方法。兰利研究中心的工程师从"水星"计划的开发工作中迅速抽身，决定全力以赴进行月球着陆研究，并使用英国人福里斯特·莫尔顿的著作自学了轨道力学的数学计算。

　　工程师克林顿·布朗对这项工作特别热心。他在"阿波罗"计划开始之前就对飞往月球的轨道路线着迷。众所周知，行星际飞行首先要从轨道飞行开始，然后是载人空间站，此后才能飞向月球，但布朗想在地球轨道飞行测试之后直接进行地月飞行，并着手规划如何以最好的方式实现这一目标。早在 1959 年 2 月，布朗和他的团队就成立了一个工作小组，为实现这一目标进行游说，两年后肯尼迪才选择了他们的方案。在罗伯特·"鲍勃"·加斯特罗担任一把手的情况下，该小组分离出一个在布朗领导下的"月球探索"工作小组，而游说小组将全力推动布朗的目标。

　　在"直接飞往月球"成为正式目标之前，还发生了许多事，尤其是美国总统的更替和尤里·加加林已成为进入太空的第一人这样令人震惊的消息。布朗的研究成为 NASA 领导层满怀信心地提出登月目标这一关键提议的核心，而此时，继任总统林登·约翰逊正在四处寻找能够击败苏联人的点子。

　　兰利研究中心对于将人类送上月球起到了举足轻重的作用，其影响体现在许多方面。除了麦克斯·费格特带领的团队以及克林顿·布朗的研究工作，约翰·霍伯尔特还率先设计出了月球轨道交会模式。该模式最终于 1962 年末被采用，"阿波罗"的演进路线就遵循该模式。在正式宣布登月目标后，兰

上图：兰利研究中心的月球轨道和着陆进场模拟器协助"阿波罗"号的宇航员开发了用于操控航天器接近月球的控制系统。（NASA供图）

下图：兰利研究中心"月球着陆研究设施"的落地实验台采用了多种配置，以模拟航天器降落到月球表面的最终进场阶段。（NASA供图）

利研究中心将许多相关人员移交给了新成立的载人航天器中心，而它也转而专注于研究如何控制载人飞行器从最后 150 英尺（45.7 米）的空中降落到月球表面。

由此衍生出了月球着陆研究设施的建设工作。该设施包括一个 400 英尺（120 米）长、250 英尺（76.2 米）高的 A 形门架，桥式起重机从中支撑登月舱模拟器，为宇航员提供"驾驶"登月舱降落于月球表面的经验。当登月目标实现后，这座设施更名为"冲击动力学研究设施"，用于对飞机进行碰撞测试，以提高其抗毁能力。现在，它被称为"着陆和撞击研究设施"，用于对"猎户座"航天器开展水面溅落测试。

兰利研究中心对载人航天飞行计划也做出了其他贡献，其中包括 1963 年完成的六自由度交会对接模拟器。利用该模拟器，宇航员可手动将"双子座"飞船与"阿金纳"火箭上面级对接，以及后来完成"阿波罗"飞船与登月舱的对接。该模拟器位于中心的 1244 号大楼中，内部有一个巨大的空间——水平方向长 210 英尺（64 米）、侧向长 16 英尺（4.8 米）、垂直方向高 45 英尺（13.7 米），可以使用相应航天器前部的全尺寸模型进行三维模拟。模拟器的支撑结构是一个三轴万向架框架，由与模拟计算机相连的高架滑车／滑台系统伸出的八根电缆悬挂起来。

在决定通过月球轨道交会模式实现登月后，飞船的研发活动转移到了载人航天器中心（现为约翰逊航天中心），马歇尔航天飞行中心负责生产"土星"5 号火箭，肯尼迪航天中心负责飞行操作。之后，兰利研究中心投入到了空间站概念开发的共同努力中来，并在该领域处于领先地位。1963 年，兰利研究中心提出了"载人轨道研究实验室"的概念，波音公司和道格拉斯公司为此签订了研究合同。然而，NASA 的预算中并没有任何资金推动空间站的高效发展，该计划不得不等到登月计划结束才得以重新开展。

由于手头上有更紧急的任务，兰利研究中心率先开发了一种用于对月球表面进行摄影侦察的航天器，以便向"阿波罗"号着陆选址小组提供高分辨率的月球表面状况。在"月球轨道器"项目下，兰利研究中心制定了首个月球研究计划，取得了 100% 的成功。继"徘徊者"号系列撞击式照相探测器（共发射九架，只有三架成功完成任务）之后，兰利研究中心又研制了七架"勘测者"号软着陆航天

右图：美国第一位宇航员、"阿波罗"14
号飞船指挥官艾伦·谢泼德与月球着陆
研究设施合影。他是第五个在月球上行
走的人。（NASA供图）

下图：兰利研究中心14英尺×22英尺
（4.26米×6.7米）的亚声速风洞全景
图。（NASA供图）

上图：兰利研究中心的材料研究实验室的全景。该实验室用于各种测试和开发计划。（NASA供图）

器（其中五架成功完成任务）。1966—1967 年，美国的五次"月球轨道器"飞行任务无一失败。这些任务传回的图像构成了当今最好的图库之一，并且仍然是很有用的影像参考来源。

除了载人航天飞行和使用无人飞行器进行月球探索，兰利研究中心在无人火星探索中也有尤为傲人的成绩，最著名的就是为完成 1975 年"维京"火星探测任务而设立的管理项目。这项任务最终成功将两架航天器送入火星轨道，使两架着陆器登陆火星表面。兰利研究中心于 1960 年提出了预期由"土星"5 号重型火箭发射的超大型航天器"旅行者"的构想（不要与同名的外行星飞行任务相混淆）。

"旅行者"项目被取消后，兰利研究中心于 1968 年获得了简化后的项目管理领导权。这不仅是因为兰利研究中心成功地管理了月球轨道飞行器的任务，还因为它凭借技术开发方面的出色能力研发了"维京"系列飞行器，辅以再入大气层动力学方面的研究，都对理解影响受控着陆火星的问题非常有价值。

20 世纪 80 年代初，兰利研究中心基本已经回归初心——在空气动力学、飞行以及新型或创新型号飞机试飞的挑战等方面，进行

下图：兰利研究中心与阿姆斯特朗飞行研究中心密切协作，在飞行实验、研究和开发等计划中运营着NASA的多架飞机。（NASA供图）

了重要的原创性研究。载人飞行被牢牢掌握在了载人航天器中心的手中，而绝大多数行星飞行任务则交由喷气推进实验室管理。

如今，兰利研究中心虽然并不以开创性的航天任务而闻名，但如果没有它，就无法实现 NASA 在载人航天飞行中取得的杰出成就。此外，它还通过开展风洞测试，为下一代"航天发射系统"的运载火箭提供支持；为 NASA 管辖下的所有计划，以及工业界承包的航天科学和工程项目的测试、评估工作提供各种科学和工程方面的支持。

兰利研究中心拥有约 1 800 名员工，目前主要致力于航空研究、先进材料研究、电子束无模成形制造以及塑料转化工艺的应用等关键领域。

艾姆斯研究中心

艾姆斯研究中心是 NACA 最早的机构之一，在 1958 年 NASA 成立时被称为艾姆斯航空实验室。整个中心拥有 1 450 名员工，年度预算约为 8 700 万美元。它维护着各种多功能设施，重点支持高速空气动力学研究。根据艾姆斯研究中心的自我评估，该中心有 29% 的工作投入航天活动。

1939 年 8 月 9 日，美国国会授权建立艾姆斯航空实验室，作为 NACA 的第二个实验室。由查尔斯·林德伯格上校（独自驾驶飞机飞越大西洋的第一人）领导的委员会对 54 个候选设址地点进行了审查，最终选择了加利福尼亚州圣克拉拉县芒廷维尤的莫菲特场。莫菲特场最初是美国海军的飞艇基地，于 1935 年 10 月移交给陆军用作训练基地；1942 年 4 月，它被海军收回，成为莫菲特海军航空站；1939 年 12 月 20 日，NACA 的第一座大楼在此破土动工。

艾姆斯研究中心的原名为艾姆斯航空实验室，由爱德华·沃纳博士提出，以纪念于 1927—1939 年担任 NACA 主席的约瑟夫·艾姆斯博士。艾姆斯研究中心的第一座 7 英尺 ×12 英尺（2.13 米 ×3.05 米）的风洞于 1941 年 3 月 13 日起运行，之后又建造了一座长 16 英尺（4.8 米）的风洞，后者

下图：艾姆斯研究中心是NACA的第二座外地中心，致力于航空研究。在被NASA吸收后，它在NASA的旗舰飞行任务方面树立了良好的声誉。（NASA供图）

于 1955 年改建为 14 英尺（4.26 米）。1944 年 6 月 8 日，一座 40 英尺 ×80 英尺（12.19 米 ×24.38 米）的风洞正式竣工。艾姆斯航空实验室则于 1958 年 10 月 1 日 NACA 改组为 NASA 之时更改为现有名称。

随着 1956 年"统一规划风洞"的建成，综合体风洞的数量继续增长，而"统一规划风洞"也成了美国最受欢迎的设施。建造这座风洞的原因是美国缺少一座可以满足多方面需求的单一风洞。艾姆斯风洞综合体具有三个独立的测试区，均由一个中央电源供电。风洞的跨声速部分的面积为 11 英尺（3.3 米）×11 英尺，两段超声速部分的面积分别为 9 英尺 ×7 英尺（2.7 米 ×2.1 米）和 8 英尺 ×7 英尺（2.4 米 ×2.1 米）。这些设施很快就被用于开发道格拉斯 DC-8、DC-9 和 DC-10 等型号的客机，以及 F-111 战斗轰炸机、B-1"枪骑兵"战略战术轰炸机和 C-5A"银河"重型运输机。

艾姆斯研究中心最雄心勃勃、最实用的一座风洞占地 80 英尺 ×120 英尺（24.38 米 ×36.57 米），也是世界上最大的风洞。这座风洞承接过整架飞机（最大的机型为波音 737）、多种航天器和用于行星际飞船的降落伞装置的测试。NASA 已于 2003 年将这座风洞退役，现由美国空军阿诺德工程开发中心管理。

使用艾姆斯研究中心的垂直射击靶场，可对降落到月球和行星体表面的物体进行撞击分析，进而为相关科学分析提供支持。艾姆斯垂直射击靶场也支持 NASA 内外各类地球物理项目，所以美国地质调查局有时也是艾姆斯研究中心的客户。靶场腔室的直径为 8.2 英尺（2.5 米），可以容纳各种形状和结构，亦可保持近真空的状态以模拟太空环境。该靶场还可用于进行航天器或空间站模块的空间结构穿透研究。

NASA 艾姆斯研究中心从 1961 年 2 月开始致力于生命科学研究，此处的第一个航天项目是 1962 年 11 月 9 日的"先锋"计划，随后是 1963 年 2 月 13 日的"生物卫星"项目。尽管这些计划获得了公众的赞赏和媒体的认可，但艾姆斯研究中心真正的工作重点是在其他领域积极进行着各种形式的动力／无动力飞行研究计划。正是艾姆斯研究中心的空气动力学专家朱利安·范艾伦在 1952 年提出了"钝体"概念，解决了"如何从太空中回收导弹弹头"的严峻空气动力学挑战。

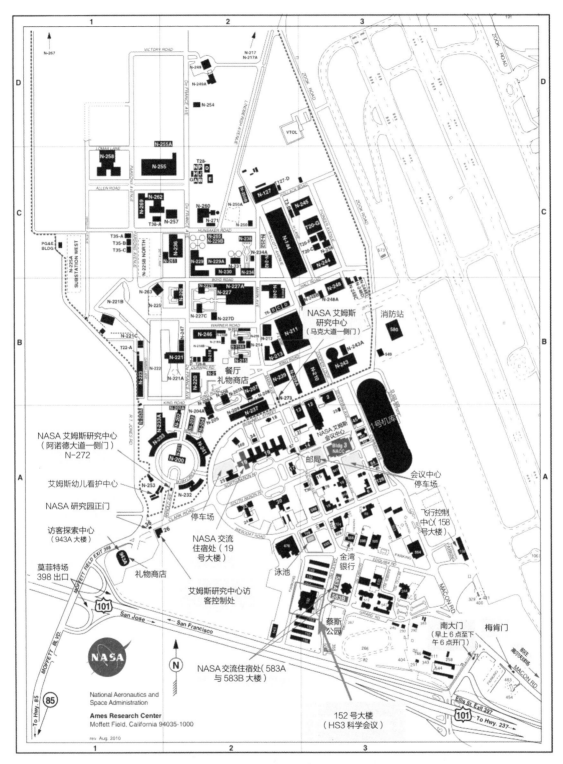

上图：多年来，艾姆斯研究中心的规模不断扩大，因其独有的风洞设施而与兰利研究中心和阿姆斯特朗飞行研究中心合作开展了多个项目。（NASA供图）

这项研究对于美国实现核威慑的可行性至关重要。它必须使再入物体安全地穿过大气层，哪怕高速物体具备的动能会产生超出任何已知物质可承受范围内的高温。艾伦提出了一种解决方案：改变再入物体的方向，使其以平坦（钝）的一面朝向行进方向，再入物体前方由此产生不与其表面接触的冲击波，而免于向再入物体传导能使金属熔化的高温。这一方案解决了再入大气层的问题，此后被广泛用于从地球轨道或从更远区域返回的任何物体。

上述研究直接推动了对圆锥形"升力体"的研究。这些钝形结构具有平坦的或高高凸起的底面，一部分还带有从圆锥体两侧呈锐角向上延展、用以进行空气动力学控制的小升力面。正是这项研究使大多数工业界机构建议"阿波罗"飞船采用这种配置，因为针对圆锥体形状的研究已有多篇论文发表，其中涉及不同程度的上拉阻力。但是，"阿波罗"飞船采用的是纯圆锥体构型。"升力体"在20世纪60年代就已被建造出来并完成测试，正是这项工作为研发可重复使用的空天飞机和航天飞机做出了巨大贡献，并成为20世纪70年代NASA航天飞机的先驱。

艾姆斯研究中心使用轻型炮向流动方向相反的高速射流中发射飞行器模型，以模拟高速再入大气层的场景，或在由卵石床、电弧或快速压缩法加热的气体中使用固定模型实验。艾姆斯研究中心于1956年始创的电弧射流法为空气动力学研究做出了持久的贡献。中心还利用1961—1962年的额外资金和资源继续此项研究，提供了广泛的数据，直接用来支持以极快速度向行星大气发射的探测器的

左图：1号机库也成了这座优美而讲究的紧凑型设施的视觉标志。（NASA供图）

再入活动，使它们能够幸存下来并传输数据。

自艾姆斯实验室成立之时，NASA就一直保持对它的投资，增设风洞，强化了实验室的功能。1946年增设的一条长12英尺（3.65米）的风洞是用来研究湍流极小的气流中，亚声速飞行器的空气动力学特性。同年，实验室增加了一条1英尺×3英尺（0.3米×0.9米）的超声速风洞。为满足研究高超声速和超声速飞行器空气动力学的特性的需求，艾姆斯实验室又于1948年引入了6英尺×6英尺（1.83米×1.83米）的风洞，随后是激波风洞，用于研究航天器的空气动力学和再入飞行器的热传导。

基本上，艾姆斯研究中心已成为物理和生命科学领域的首选研究设施。艾姆斯研究中心的科学家在这两个领域都起到了非常重要的作用，包括为NASA于20世纪70年代中期的"维京"火星计划所开发的生物仪器和进行的实验。"维京"计划成功地在火星表面降落了两台配备有检测仪器、用于检测通过惰钳从地面收集的样品中生命的着陆器。在此之前，NASA在1965—1978年间成功完成了8次"先锋"任务，以"先锋"10号和"先锋"11号航天器成功探索木星和土星告终。

利用先前任务的经验，艾姆斯研究中心赢得了"月球探测"计划的合同，并于1998年1月6日将探测器发射到月球，绕月球极地轨道进行了一年的科学研究。

然而，在艾姆斯研究中心，开拓性工作

上图：艾姆斯研究中心的80英尺×120英尺（24.38米×36.57米）的风洞是世界上最大的风洞，通常用于收集全尺寸飞机（最大可容纳小型客机）的流量和分离数据。（NASA供图）

上图：艾姆斯研究中心最大的风洞在图中显得更加宽敞，谷仓般的大小给游客留下了深刻的印象！（NASA供图）

右图：大型风洞可用于降落伞的减速和分析。在火星科学实验室，"好奇"号着陆器和"火星2020"着陆器使用的直径51英尺（15.5米）的降落伞的衬托下，艾姆斯风洞的空间之大可见一斑。（NASA供图）

左图："统一规划风洞"测试设施群是艾姆斯研究中心的一套重要综合设施。它们是使艾姆斯研究中心在空气动力学研究、开发和鉴定方面成为世界领先机构的又一独有的功能。（NASA供图）

才是当务之急。自 2010 年 5 月，该中心一直与德国航空航天中心开展"平流层红外天文观测台"的合作研究项目。该项目驾驶一架改装过的波音 747SP 飞机观测银河系中的磁场，研究恒星诞生，同时在飞机上通过一架长 8.2 英尺（2.5 米）的望远镜，以其直径为 8.9 英尺（2.7 米）的超大镜面进行红外观测并观测银河系的中心。"平流层红外天文观测台"项目沿袭了人类驾驶飞机飞到高空、在大气较稀薄的地方使用望远镜观测的悠久传统。

艾姆斯研究中心还从事前沿开发研究，包括尖端的超级计算和人工智能开发。这些项目为国际空间站、NASA 的各种太空科学任务、"猎户座"飞船的研发以及 NASA 人为因素计划（该计划为人类在航天飞行各个方面的生理学研究奠定了基础）提供了支持。艾姆斯研究中心还运行着"昴星团"超级计算机。它是世界上最快的超级计算机之一，于 2012 年实现了 10 千兆级的处理能力。

NASA 艾姆斯探索中心位于艾姆斯研究中心的入口，其中有多件标志性展品：由"阿波罗"15 号飞船乘员带回地球的探月火箭，1960 年的"水星"1A 探测器，以及拥有 14 英尺 ×36 英尺（4.26 米 ×10.97 米）屏幕的沉浸式剧院（会循环播放一系列介绍 NASA 主要任务的影像资料）。

上图：经过特殊改装的波音747SP飞机为艾姆斯研究中心提供了一个独特的机载研究平台，用于研究天体物理学现象。（NASA供图）

下图：艾姆斯访客中心包含一些手工艺品和展品，以及一个1∶1的国际空间站舱体的模型。（NASA供图）

格伦研究中心

格伦研究中心是 NACA 最初设立的第三座实验室，其变更名称的次数比大多数 NASA 机构都多。美国国会于 1940 年 6 月 26 日批准设立一个新的飞行研究机构，对 62 个城市的 72 个候选地点进行了考查。最终于 1941 年 1 月 23 日，在俄亥俄州克里夫兰市的克里夫兰·霍普金斯机场附近，一片 199.7 英亩（80.8 公顷）的场地破土动工。这一机构最早被命名为飞机发动机研究实验室，后于 1948 年 9 月 28 日更名为刘易斯飞行推进实验室，以纪念曾于 1919—1947 年担任 NACA 航空研究部主任的乔治·刘易斯博士（1882—1948）。

第二次世界大战期间，随着发动机、润滑油、燃料和增压器以及各种发动机部件的改进，NACA 在这些方面的研究活动显著增加。战争结束后，NACA 很快就将工作重点放在了喷气发动机、加力燃烧室和燃烧效率上，以适应喷气式飞机的新时代。到 20 世纪 50 年代初，刘易斯飞行推进实验室增加了火箭推进研究，在使用氟和氢（而非液氧）作为氧化剂方面进行了一些开创性工作。几项研究检验了使用氟-氢组合的可能性，但由于这种易反应、高毒性的推进剂后续难以处理，它从未实际用于火箭推进。

随着 1958 年 NASA 成立，刘易斯飞行推进实验室又更名为刘易斯研究中心。该中心拥有 2 700 名员工，每年的预算为 1.2 亿美元。

下图：格伦研究中心是 NACA 设立的第三个机构，成立之初名为飞机发动机研究实验室，后更名为刘易斯飞行推进实验室。它是飞机发动机和火箭发动机的研发中心。（NASA 格伦研究中心供图）

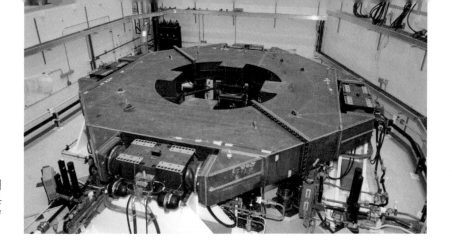

右图：机械振动装置测试台安放在固定夹具中。（NASA格伦研究中心供图）

尽管刘易斯研究中心主要研究飞机的推进及各种动力装置，但36%的工作仍属于航天研究范畴，研究重点继而转向使用新方法推进航天飞船，并减少前往遥远地点的航行时间。有关离子推进的初始工作由此开启，刘易斯研究中心也建造新设施作为支持。1961年，刘易斯研究中心拥有了世界上第一台汞轰击离子发动机的实验室模型。

随着刘易斯研究中心在航空和航天推进领域的影响力日增，中心于1962年9月30日从马歇尔航天飞行中心接管了低温"半人马座"火箭第二级的研发工作，随后于1962年12月12日开始管理"阿金纳"上面级的项目。"半人马座"和"阿金纳"两个项目都将在运载火箭技术中发挥开创性和推动性的作用，其自身的功能也将显著拓展。"半人马座"火箭是将"勘测者"号无人月球探测器发射到月球表面的工具，而技术已经成熟的"阿金纳"上面级将确保更多项目的进一步发展。

研发"雷神"和"阿特拉斯"导弹第一级组件的职责随着"阿金纳"上面级一起到来。由于刘易斯研究中心在研发活动中展现出了卓越的能力，M-1火箭发动机的管理权于1962年10月由马歇尔航天飞行中心移交给了刘易斯研究中心。1964年9月10日,260英寸（660厘米）固体推进剂发动机的项目管理权也转移到了刘易斯研究中心。最终，在1966年4月1日，刘易斯研究中心获得了RL-10发动机的管理权。这一型发动机成为多种运载火箭的"宠儿"，尤其是当前的"太空发射系统"就装载了RL-10发动机。

下图：带有工作台的机械振动装置可将仪器舱、卫星和航天器安装在上面。（NASA格伦研究中心供图）

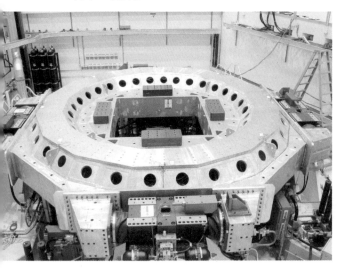

M-1 项目在多个方面都达到了刘易斯研究中心产品开发组合的顶峰。M-1 火箭发动机是一种具有巨大发展潜力的低温液氧-液氢发动机，最初的设计推力为 120 万磅（5 337.6 千牛），后来升级为 150 万磅（6 672 千牛），随后又增加到 180 万磅（8 006 千牛），最终在减少比冲的情况下达到 200 万磅（8 896 千牛）。M-1 火箭发动机曾被考虑用作升级版"土星"5 号火箭的第二级以取代五台 J-2 第二级发动机，后者的级推力为 100 万磅（4 448 千牛）。M-1 火箭发动机真正的潜力本应发挥在"土星"系列火箭的后续型号上，但这种可能性在 20 世纪 60 年代中期 NASA 全面削减预算中烟消云散，M-1 火箭发动机项目于 1965 年 8 月 24 日被取消。

此前，刘易斯研究中心就已经开始考虑替代方案，NASA 也已经与包括波音公司在内的数家制造商签订了合同，购买了名为"土星"2 号的后续火箭。这项工作推动了对 M-1 火箭发动机替代品的研究，HG-3 发动机被设计出来，但从未实际制造。不过，HG-3 发动机以高压低温发动机为基础，后来成为洛克达因公司建造的航天飞机的主发动机，并由通用航空喷气发动机公司改进（该公司最初未获得开发合同）。

NASA 在核推进方面进行了大量开发工作，通过在"土星"5 号火箭上的潜力应用，显著提高了向深空目的地运送有效载荷的能力。马歇尔航天飞行中心热衷于推动核火箭项目的发展，认为这项技术可让现有重型运载火箭的性能达成显著的提升。刘易斯研究中心获得了"火箭飞行器用核发动机"（NERVA）计划的管理权，该计划的实验工作则在内华达州的杰卡斯平原进行。

核推进可以有多种形式，但在最简单的应用中，它并不需要氧化剂，因为提供强大反作用力的能量来自核反应堆的热能，可将燃料的温度升高到化学燃烧通常可以达到的温度。在 NERVA 计划中，液氢是唯一的推进剂。它被输送到反应堆，然后进入相当于燃烧室的设备中，自常规的收敛 / 发散膨胀室或喷嘴排出。

NERVA 计划原本由 NASA 总部的航天核推进办公室管理，是与原子能委员会的合作项目，也是早在太空时代到来之前就一直在进行的项目。早期的核动力理论家、空间站电气系统的核电理论家——英国行星际学会的莱斯利·谢泼德博士在英国核电行业的工作中累积了丰富的工作经验。从 1949 年开始，他就发现了核在太空项目

上图：格伦研究中心的雇员托德·施罗德正在使用测试设备工作，测量热真空室内的机电干扰。（NASA格伦研究中心供图）

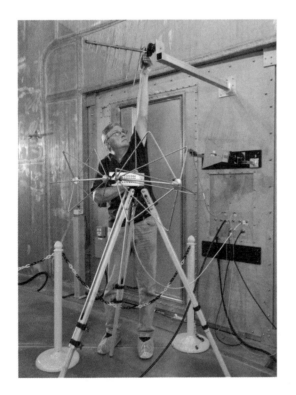

中的优势，并与英国行星际学会的另一位研究员、火箭工程师瓦尔·克利弗撰写了关于该主题的论文。

NERVA 计划成为 NASA 撤回经费、"阿波罗"计划之后载人深空飞行计划突然消失的牺牲品。虽然核能火箭发动机在深空项目中表现优异，但 NERVA 计划失去了自己的舞台，最终于 1972 年取消。刘易斯研究中心则多年从事航天器电力系统的研发工作。在国际空间站于 20 世纪 80 年代初获准开发后，刘易斯研究中心就负责开发空间站的电力生产系统。这是一个恰如其分的选择，因为刘易斯研究中心负责多项光伏研究，还与工业承包商合作开发、管理迄今为止在电力需求方面最具挑战性的太空项目。

国际空间站的电源管理和配电系统通过一系列开关提供 160V 直流电压。这些开关内置集成的微处理器，由与整个国际空间站上运行的计算机网络连接的软件控制。降压变压器将电压调节至 120V 直流，形成次级电源，为适当的负载服务。这些变压器还将次级系统与主系统隔离开来以在整个空间站内部实现统一的供电质量。

太空时代刚刚启幕之时，刘易斯研究中心关于空间站电源概念的早期进展就已为承包商的研究提供了支持，并通过"和平"号空间站太阳能电池阵列合作项目逐渐发展出有效的电力供应能力。"和平"号的太阳能电池阵列在 1995 年 11 月美国航天飞机执行 STS-74 任务、与空间站对接时交付。俄罗斯人在飞行任务中记录了数据并将其发送

左图：格伦零重力设施在最初为低温"半人马座"开发计划而建造的井中提供减速和冲击测量。（NASA供图）

给刘易斯研究中心，以便美方与计算机的预测数据进行对比分析。这些数据有助于验证国际空间站电力系统不断发展的设计配置。

刘易斯研究中心开发了"促进能力演化的系统功率分析"计算机代码，用于预测在太阳能电池板和镍氢可充电电池连续切换期间（也包括日食期间和空间站运行到地球背面时的昼夜循环之间），国际空间站上可持续实现的最大功率水平。

根据刘易斯研究中心的设计，国际空间站包括 8 个太阳能电池阵列，每个阵列长 112 英尺（34.1 米）、宽 12 英尺（3.6 米），包含 25 万余块光伏电池。包括俄罗斯所造阵列在内的完整电力系统的总功率为 110 千瓦，其中约 46 千瓦可用于科学实验和相关设备。刘易斯研究中心还负责设计了七片式散热器系统，用于冷却空间站上的系统和组件。该系统在俄亥俄州桑达斯基市的梅溪站进行了测试。梅溪站有世界上最大的太空模拟舱（热真空实验室），其高度为 122 英尺（37.2 米），直径为 100 英尺（30 米）。

梅溪站是专门为了研究飞机的核动力和推进而成立的，使用了 60 兆瓦反应堆。1956 年 3 月，NACA 在向美国陆军租用了 500 英亩（202.3 公顷）的土地用以建设梅溪站。在此之前，已对大约 18 个地点进行

右图：格伦研究中心收藏有一系列太空纪念品，包括于1974年将最后一批"天空实验室"乘员送回地球的"阿波罗"指令舱。（NASA格伦研究中心供图）

过勘测。设施用地以一条从中穿过的小溪命名，曾被用作 TNT 制造工厂。1956 年 9 月 26 日，梅溪研究反应堆设施破土动工；1961 年 6 月 14 日，开始投入运营。但随后，梅溪站将工作重点转移到为火箭提供推力，以及为大型轨道设施提供电力。

1993 年 3 月 1 日，刘易斯研究中心改名为格伦研究中心，以纪念这位曾经的测试飞行员、NASA 第一位绕地球轨道飞行的宇航员约翰·格伦的成就。如今，格伦研究中心是一个多样化、充满活力的机构，可以开展多种研究活动，其中包括梅溪站提供的一些独特功能。

零重力设施对格伦研究中心而言最为重要，建筑体的一部分深入地下 510 英尺（160 米），其内封装了直径为 20 英尺（6.1 米）的钢真空室，可使测试对象下落 460 英尺（140.2 米）的高度、进行 5.18 秒的自由落体运动，提供最高为 32g 的负加速度。测试设备通过零重力设施底部膨胀的聚苯乙烯泡沫塑料珠床实现减速。零重力

右图：格伦研究中心收藏的太空展品现已转移至大湖科学中心，那里接待的游客比NASA机构可接待的游客多得多。（NASA格伦研究中心供图）

设施建于1966年，旨在通过研究流体在失重条件下的特征辅助"半人马座"开发计划。零重力设施于1985年被授予"美国国家历史地标"的称号。

　　令人遗憾的是，NASA格伦游客中心于2009年9月关闭，大部分展品被已转移到大湖科学中心。在那里，格伦研究中心的展品与新展品合并展示。这座同名的新"格伦游客中心"综合区域每年可以吸引30万余名访客，而原本的NASA设施只有6万人次的客流。

上图：当NACA刚开始在沃罗普斯岛的建设时，这里还是一片沙滩，工地没有什么舒适的设施，但它是美国专门为火箭发射建立的第一个发射点。（NASA沃罗普斯飞行中心供图）

沃罗普斯飞行中心

　　沃罗普斯飞行中心位于兰利研究中心东北方向75英里（120千米）处。自1945年成立之日起，它就被NASA称为"无人飞机研究站"。它由兰利研究中心管理，拥有80名员工，年度运营预算为350万美元。尽管评估认为沃罗普斯飞行中心的90%工作与太空有关，可它仍是高空探空火箭以及获取上层大气的遥测数据的实验测试场。它是源自兰利研究中心的许多想法而诞生的"实验场"，直接促成了NACA对载人航天的研究，而所有研究又是得到了如前文所述的美国空军

下图：2011年6月23日，沃罗普斯飞行中心发射了一种由"小猎犬"防空导弹改进而成的"猎户座"亚轨道探空火箭，火箭上搭载了几所大学及其学生提供的17项实验设计。（NASA沃罗普斯飞行中心供图）

左图：在2013年9月7日发射LADEE卫星之前，轨道科学公司研制的一枚"米诺陶"5型火箭矗立在沃罗普斯飞行中心的发射台上。LADEE卫星将绕月球运行，并获取有关月球结构和成分的科学数据。（轨道ATK公司供图）

"人类最早进入太空"计划的启发。

　　沃罗普斯飞行中心的起源可追溯到火箭弹刚刚出现，而关于高速导弹研究的技术信息几乎完全缺乏的时期。兰利航空实验室成立了"特种飞行武器小组"。小组于1944年12月9日举行会议，决定制定研究计划以填补工程界的已有成果与美国陆军需求之间的巨大空白。

　　NACA于1945年1月25日批准设立相关研究机构。国会于4月25日拨款，将美国海军原本相中、要建造主要制导导弹基地的沃罗普斯岛作为机构选址。这是弗吉尼亚州东海岸以外的一块狭长的土地，宽6英里（9.7千米），以约翰·沃罗普的名字命名。（1672年，约翰·沃罗普从英王查理二世处获得王室授予的对这座岛的专利权，整座岛屿则于1889年被沃罗普斯岛协会收购。）1945年5月11日，美国政府租下岛上1 000英亩（404.7公顷）的土地。尽管海军有意购买整座岛屿，NACA还是于9月18日获批得到了岛上84.87英亩（34.3公顷）的土地，不过场地建设并未在1947年前完成。

　　1945年5月7日，沃罗普斯飞行中心作为兰利实验室下属的辅助飞行研究站而正式成立。研究站的建设进度相当迅速，在1945年6月27日即可发射第一批8枚3.25

左图：沃罗普斯飞行中心发射了许多"侦察兵"火箭，成为美国发射机构名单中的重要一项。（NASA沃罗普斯飞行中心供图）

英寸（83毫米）的火箭弹。名为"提亚马特"的导弹于7月4日开始试验，于10月17日进行了研究用导弹1号模拟弹的试射，于10月18日进行了搭载仪表的发射程序以及研究用导弹2号模拟弹的试射。1946年5月，通过研究用导弹5号的试射，沃罗普斯研究站开始对高速火箭的空气动力学控制进行研究。1947年，研究用导弹6号至10号项目也开始了对超声速飞行的测试。

1946年6月10日，研究站更名为无人驾驶飞机研究部。（现名为无人驾驶飞机研究站，一般简称"沃罗普斯"。）沃罗普斯对航空研究的直接支持始于1947年4月25日，使用共和XF-91"雷电截击者"火箭/喷气动力混合截击机的火箭动力型开展实验。数月之内，空军和海军的几乎所有新型战斗机都在沃罗普斯进行了模型测试。为了在现有飞机样机的飞行包线之外进行研究，沃罗普斯研制

了一种名为"执事"的火箭，用于研究高速空气动力学。

到 1952 年年中，NACA 正式确定了飞行包线的边界条件，主要关注的是 12—50 英里（20—80 千米）的高度范围、10 马赫—地球逃逸速度的速度范围。NACA 的所有实验室都得到了对此信息的通知。这项事业的前沿已成为 NACA 在推动美国以高超声速飞出大气层、向太空迈进所做出的巨大贡献的重要组成部分。兰利研究中心与沃罗普斯的合作是顺理成章的。一项全局范围事业的优势在于，可以建立广泛的共识和提供支持的基础设施。

艾姆斯研究中心进行的钝体研究就是极佳的例子。钝体研究的目的是为携带复杂弹头的弹道导弹制造可幸存的再入装置。随着速度的增加，再入弹头的动能也会增加，所产生的高温超过任何已知材料的熔点。研究如何在再入时极高的近轨道速度产生的高温中幸存，将为研发洲际弹道导弹创造机会，因为它们的弹头可穿越大气层，飞向位于另一个半球的目标。

无人驾驶飞机研究部使用多级固体推进剂火箭进行了飞行实验，研究了再入大气层时的动能传热机制。这种在极端条件下幸存的能力也为人类的太空旅行打开了大门，因为当人类飞向太空时，乘坐的飞船就是弹道导弹弹头的放大版。1954 年 4 月 29 日，三级火箭首次进行试飞；1956 年 8 月 24 日，无人驾驶飞机研究部进行了五级火箭的试飞，火箭速度达到 15 马赫。这项成果直接通过兰利研究中心反馈给了 NACA 的其他外地中心，为空军的高性能运载火箭计划和弹道导弹弹头再入计划提供了信息，从而彻底鼓动了太空探索计划。

下图：沃罗普斯的游客信息中心。照片的右侧是"小乔"1 号火箭，左侧是探空火箭和发射器。（NASA沃罗普斯飞行中心供图）

1958 年 10 月 1 日 NASA 成立后，无人驾驶飞机研究部得以保留，14 名员工被调任到负责组织"水星"计划的航天任务组。"水星"计划继承自美国空军的"人类最早进入太空"计划，得到了 NACA 的支持。随着工作的继续，为满足"水星"计划优先事项的需求，NASA 增拨了额外的资源。1959年 10 月 4 日，沃罗普斯开始使用"小乔"固体推进剂助推火箭进行飞行实验，在"水星"舱段的开发过程中对其进行测试。

上图：位于北极圈以北挪威斯匹次卑尔根岛新奥勒松的沃罗普斯跟踪站。（NASA沃罗普斯飞行中心供图）

1959 年 3 月 3 日，沃罗普斯继续向再入物理学这一新领域深入，发射第一枚六级固体推进剂火箭（其最大速度达到 26 马赫），并且在一年内就开始规划使用这枚刚送上天的低成本小卫星发射器执行首次"侦察兵"任务。仅在 20 世纪 60 年代，沃罗普斯每年就开展有关大气和太空环境的实验 300 余次。沃罗普斯共有五座发射场，可进行探空火箭、实验飞行和小卫星发射，并且有一系列复杂而齐全的通信和遥测设施支持。

20 世纪 60 年代末，沃罗普斯飞行中心的总面积已增长到 6 613 英亩（2 767 公顷），雇员增加了一倍以上，达到 400 余人。"阿波罗"计划实施后，沃罗普斯与 NASA 其他机构发生了同样的变动。在接下来的几十年中，沃罗普斯在广泛的领域上开展科研活动，包括承担美国国家海洋与大气管理局的研究工作，以及代表其他国家开展工作。沃罗普斯飞行中心对世界其他地区的探空火箭提供支持，进而增强了自身跟踪和数据收集设备的能力。沃罗普斯飞行中心现在拥有约 1 000 名员工，从事多种领域的工作，而所有工作的核心都是研究。

阿姆斯特朗飞行研究中心

在 NASA 于 1958 年成立时，阿姆斯特朗飞行研究中心还被称为"高速飞行研究站"，拥有 300 名员工，年度预算为 1 650 万美元。高速飞行研究站的使命是研究飞机和飞行的最前沿。著名的 X 系列研究型飞机就是在这里接受了飞行评估，航空领域许多重要的里程碑也在此立下。根据当时的自我定义，高速飞行研究站 42% 的工作与太空研究有关，而这部分工作几乎完全是使用各种实验飞机进行高速、高空飞行，以及开发飞行控制系统和相关设备，将飞行包线的理论边界进一步突破。

阿姆斯特朗飞行研究中心的故事则始于 1946 年 9 月。当时，NACA 兰利航空实验室的十三名工程师和科学家被派往位于加利福尼亚州穆罗克的美国陆军航空部队飞行试验场。他们此行的目的是执行一个临时任务。作为穆罗克飞行试验小队，他们主导了贝尔 XS-1 飞机突破"声障"的尝试。贝尔 XS-1 飞机于 1946 年 12 月 9 日进行了首次动力飞行。NACA 一直致力于研究使飞机超越声速（1 马赫）的方法，而穆罗克飞行试验小队是这项计划的核心。

贝尔 XS-1 飞机于 1947 年 10 月 14 日首次成功通过速度为 1 马赫的飞行测试，驾驶飞机的是查尔斯·耶格尔上尉。1947 年底，穆罗克飞行试验小队获得官方地位，并于 1948 年底增加到 60 名员工。1949 年，NACA 高速飞行研究站组建而成，作为兰利航空实验室的一个部门。为了纪念试飞飞行员格伦·爱德华兹上尉（他在 1948 年 6 月 5 日的诺思罗普 YB-49 飞翼轰炸机原型机坠毁事故中丧生），穆罗克场于 1950 年 1 月 27 日更名为爱德华兹空军基地。

自 1933 年以来，美国陆军就一直将穆罗克场作为靶场。当时，马奇场的指挥官亨利·阿诺德上校希望利用这个荒凉的地点进行轰炸和炮击练习。他认为，罗杰斯干湖周围广阔而与世隔绝的莫哈韦沙漠是一片理想场地。后来，阿诺德成为陆军航空部队司令，并了解到喷气发动机在英国的发展情况。他将美国喷气式战斗机 P-59A "空中彗星"的测试工作分配给了穆罗克场，而不是传统的空军研发中心——位于俄亥俄州代顿市的赖特场，因为后者位于人口稠密区域内。

穆罗克场的重要性渐渐超过了赖特场，并开发了北基地作为先进的飞行测试中心，与以训练士兵为目的而保留的南基地分开。喷气机时代的到来和冷战的压力使穆罗克等地成为秘密项目开发的重要场所。在爱德华兹空军基地北部的内华达山脉一侧，建立了中国湖海军武器中心。在另一个地方，距帕姆代尔不远的 42 号工厂则成为军用飞

下图：爱德华兹空军基地和毗邻的罗杰斯干湖一直是 NACA 成功的摇篮，已有 70 多年的历史。NACA 在此地于飞机和飞行领域取得了里程碑式的成就，并支持了许多旨在将飞行员送出大气层的研究项目。（NASA 阿姆斯特朗飞行研究中心供图）

右图：访客进入总部大楼时，大楼前方的是安装在基座上的贝尔X-1E飞机。这架飞机见证了飞行员首次在水平飞行中进入超声速和高超声速状态。（NASA阿姆斯特朗飞行研究中心）

机的生产和研发设施基地。很快，51区将使这种高性能、机密项目的组合体变得更加神秘。

1954年7月1日，位于爱德华兹空军基地的NACA机构更名为高速飞行站，从兰利研究中心脱离并成为自主的NACA机构。250名NACA员工获准从共享办公地点转移到自己的研究设施（位于北基地和南基地之间）。四年后，NACA改组成为NASA，而高速飞行站于1959年9月27日更名为飞行研究中心，其实验飞行业务也开始进入新的研究和实验活动阶段，越来越多的科学家和工程师参与其中。

最初，飞行研究中心最大的高性能飞行测试机是北美X-15。这是一种由火箭推进的高超声速研究飞行器，能够冲出大气层、短暂进入太空，然后返回地面，采用常规方式着陆。然而，就像之前的许多X系列实验研究飞机一样，X-15飞机会由母机运载升空（母机在两架改装过的B-52轰炸机——B-52A和B-52B之间选择一架，以N为前缀重新编号）。X-15飞机的首次滑翔飞行于1959年6月8日进行，首次动力飞行则于9月17日进行。

NASA共建造了三架X-15飞机，累计飞行199次。最后一次飞行是在1968年10月24日，它以超过5马赫的速度，在354 000英尺（107 900米）的高度上对空气热环境进行了评估。共有8名飞行员在50英里（80千米）的高度以上进行

上图：地勤人员的珍贵影像。这些无名英雄经常将XS-1等型号的试验机送入险境，而飞行员的安全就取决于他们的工作是否做得完备。XS-1飞机的这张照片拍摄于1949年9月。（NASA阿姆斯特朗飞行研究中心供图）

下图：1953年的机库"女王"们（但统治时间不长）！从左到右顺时针依次为三架道格拉斯D-558-2火箭动力研究飞机，道格拉斯D-558-1（没有鼻锥），波音B-47"同温层喷气"轰炸机以及共和YF-84A的一只机翼。后侧是无尾的诺思罗普X-4"矮脚鸡"和北美F-51（根据其最初的战时型号P-51重新设计）。（NASA阿姆斯特朗飞行研究中心供图）

上图：四十年后，一组新机型远远超越了20世纪50年代的机型。从左到右顺时针方向依次为罗克韦尔MBB X-31、麦道F-15 ACTIVE "敏捷鹰"、洛克希德SR-71、通用动力F-106、洛克希德F-16XL、NASA X-38。中间的是麦道X-36和无线电遥控飞机模型。（NASA阿姆斯特朗飞行研究中心供图）

了 12 次飞行。当时人们武断地将这一高度设定成了大气层与太空真空之间的分界线。虽然后来国际航空联合会决定将这条线划在距离地面 100 千米（62.1 英里）的高度上，NASA 试飞员乔·沃克执行的两次飞行任务仍被认定为太空飞行。1962 年 11 月 9 日，三架 X-15 飞机中的一架坠毁，飞行员杰克·麦凯不幸遇难。

载人航天飞行环境远远超出了普通飞机可以实现的持续升空飞行的高度。对载人航天飞行环境的测量将为后来 NASA 航天飞机的研发铺平了道路，而这项研究对于熟练飞行员掌握穿越大气层的可控降落能力至关重要。自 1954 年以来，NASA 一直在与空军合作研发 X-15 飞机，并将其过渡到由 NASA 管理的研究计划中。飞行研究中心的其他事务则会直接得到其他外地中心研究活动的促进。

飞行研究中心的一项任务是从 1963 年开始使用 M2-F1 升力体进行载人飞行。1966 年 7 月 12 日，较重的 M2-F1 升力体进行了首次飞行测试；12 月 22 日，HL-10 升力体也进行了载人飞行测试。

美国空军的 X-42A 飞机于 1969 年 4 月 17 日开始加入飞行研究中心的飞行测试。升力体的概念源自艾姆斯研究中心，研究人员在寻找一种可完全控制、可在地面着陆的可重复使用航天器（而不是像"水星""双子座""阿波罗"等弹道飞船采用的溅落式着陆）时提出了这个概念。升力体飞行试验一直持续到 1975 年 11 月 26 日，共进行了 144 次试飞，其中几次的试飞速度超过 1.5 马赫，且有多次飞行在高空进行。

飞行研究中心还开展了许多其他研究计划，包括使用两架北美 XB-70A 洲际轰炸机的原型机进行飞行测试。XB-70 是 20 世纪 50 年代中期开发的战略轰炸机，能够以 3 马赫的速度巡航，可飞到 77 350 英尺（23 600 米）的高度。它由 6 台 YJ93 发动机提供动力，每台发动机的净推力为 19 900 磅（88.5 千牛），最大航程为 4 288 英里（6 900 千米），载有目前效率最高的热核武器。飞机的翼展为 105 英尺（32 米），长度为 185.9 英尺（56.6 米），重 550 000 磅（250 000 千克）。XB-70A 计划于 1961 年 3 月取消，但作为研发项目保留。在 1967 年 4 月 25 日至 1969 年 2 月 4 日之间，NASA 为飞行研究中心 1 号飞机的 23 次飞行提供了支持。此后，1 号飞机又进行了 49 次飞行，而 2 号飞机在 46 次飞行后的一次飞行事故中坠毁。具有讽刺意味的是这次事故发生在 1966 年 6 月 8 日的一次公关摄影活动中。

可以说，NASA 评估过的最先进的常规

上图：飞行研究中心的几间控制室之一。照片中的工作人员正在监视格鲁曼 X-29 飞机的飞行活动。（NASA 阿姆斯特朗飞行研究中心供图）

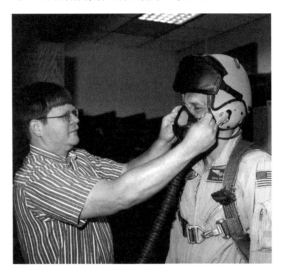

上图：技师杰夫·格罗伊利希在试飞之前，使用新型头盔设计调整了飞行员的装备。许多这样的动作通常不会引起公众的注意，但它们必然会为飞行员带来巨大的便利。（NASA 阿姆斯特朗飞行研究中心供图）

右图：月球着陆研究飞行器具有垂直安装的喷气发动机，可支撑其六分之五的质量，并提供了通过油门踏板控制登月终末下降阶段飞行的真实模拟。（NASA 阿姆斯特朗飞行研究中心供图）

上图：杰罗尔德·金特里少校立于HL-10升力体旁。升力体的研究计划始于20世纪60年代，为可重复使用的有翼航天器（如航天飞机和X-37B飞机）的设计提供了宝贵的空气动力学数据。（NASA阿姆斯特朗飞行研究中心供图）

飞机是洛克希德 YF-12。它能够以略高于 3 马赫的速度持续飞行，升限为 85 000 英尺（25 900 米）。该型飞机由 A-12 飞机演变而来。关于 A-12 飞机的构想于 20 世纪 50 年代末提出，它是一种快速侦察机，具有低可观测性（隐形性），因此不易被敌方雷达侦测到。由于工业界开展了大量高速飞行器研究计划，而 NASA 也在飞行研究中心获取了超声速飞行的基本数据，高马赫数军用飞机的数量一度激增。A-12 飞机本质上是洛克希德 U-2 侦察机不携带武器的后续型号，但美国空军采用了该型飞机作为先进的拦截机，并命名为洛克希德 YF-12A。洛克希德 YF-12A 于 1963 年 8 月 7 日在 51 区（格鲁姆湖）首次飞行。

NASA 从未将洛克希德 YF-12A 作为作战拦截机投入使用，而是接收了三架 YF-12A 中的两架以及一架经改装的 SR-71（也从 A-12 飞机演变而来，被重新命名为 YF-12C）。NASA 在 1969—1979 年共进行了 297 次飞行，总计飞行 450 小时，其中 37 个小时的飞行速度达到 3 马赫或以上。项目飞行员是菲茨休·富尔顿和唐纳德·马利克，飞行测试工程师是维克多·霍顿和雷·扬。洛克希德 YF-12A 的最后一次飞行是在 1979 年 11 月 7 日，由沙利文上校和阿普斯特罗姆上校驾驶，飞往位于俄亥俄州代顿的赖特－帕特森空军基地的美国空军博物馆。

飞行研究中心对升力体的测试研究以及在兰利研究中心和艾姆

右图：世界上速度最快的飞机——北美X-15共进行了199次飞行。它的最后一次飞行是在1968年10月，悬挂在B-52载机右舷翼下的吊架上升空。（NASA阿姆斯特朗飞行研究中心供图）

斯研究中心进行的空气动力学和热力学研究相结合，产生了 20 世纪 60 年代中期的一种设计方向：设计一种可重复使用的火箭，用于将卫星和航天器送入轨道。有两种方法可以实现重复使用：一种是利用降落伞或类似于充气式帆板的装置将助推火箭及其发动机带回；一种是设计可来回穿梭的航天飞机，像传统的消耗型火箭一样垂直发射到太空中，利用机翼再入大气层，进行受控下降，并以常规方式降落于机场跑道上。

到了 20 世纪 60 年代后期，当"阿波罗"号宇航员准备登陆月球时，航天飞机成为 NASA 下一个重大的载人航天飞行计划。这需要新的技术，也需要先提出未经检验的设计计划。如前文所述，时任总统尼克松在 1972 年 1 月批准研制航天飞机，而在短短几个月内，航天飞机的构型就被确定：航天飞机尾部采用双三角翼式构造的轨道器，大小类似于一架小型客机（如波音 737-400）；将由可重复使用的航天飞机主发动机推进，其中三台安装于机尾；机身附接外部推进器贮箱，为轨道器主发动机提供推进剂；另有两台固体火箭助推器，安装在贮罐两侧。

航天飞机轨道器将在首次发射之前进行飞行测试，因此 NASA 决定在飞行研究中心进行的一系列测试中，尝试让它从经过特殊改装的波音 747-100 飞机上起飞。无论如何，爱德华兹空军基地都将至少作为航天飞机执行前几次轨道飞行任务并从太空返回的基地，主要是为了利用该基地广阔的开放区域，以防止末段下降制导和着陆时出现差错。在模拟末段飞行路径时，使用爱德华兹空军基地评估轨道器的性能可验证飞行器的设计，并让飞行员体验到操控轨道器的感觉。改装后的波音 747-100 飞机将作为常规载机，将轨道器运回肯尼迪航天中心，因此高效使用这两架载机具有相当的价值。

自从 X-1 飞机悬挂在改装后的 B-29 飞机下方、X-15 飞机悬挂在 NB-52 的右舷机翼下方升空以后，轰炸机就一直被用作实验飞机的载机。但航天飞机轨道器搭乘载机的方式有所不同。航天飞机轨道器被固定在载机的机身顶部，使用夹具与载机连接（夹具的原本用途是将轨道器与发射台上的外部贮

下图：在1977年进行的一次空中发射测试中，"企业"号航天飞机与改装过的波音747飞机的顶部分离。（NASA阿姆斯特朗飞行研究中心供图）

箱连在一起，直至其发射入轨）。为了模拟航天飞机再入地球大气层后的飞行路线，载机将释放轨道器并俯冲向一侧，让无动力的轨道器自行向下滑翔到爱德华兹空军基地的跑道上。

空中发射测试计划始于 1977 年 2 月 18 日。当时，OV-101 "企业"号航天飞机搭乘载机进入空中，执行了首次"受控－不运转"飞行（共计五次），评估了航天飞机与载机合体构型的操控特性。随后几次试飞达到的海拔越来越高，3 月 2 日的最后一次试飞达到30 000 英尺（9 100 米）。接下来是 6 月 18 日至 7 月 26 日开展的三次"受控－运转"飞行。"企业"号的驾驶舱已上电，由两位宇航员（弗雷德·海斯和查尔斯·富勒顿或约瑟夫·恩格尔和理查德·特鲁利）驾驶。海斯曾在"阿波罗"13 号的飞行任务中死里逃生，而恩格尔曾是 X-15 飞机的飞行员，后来在"阿波罗"17 号的乘员选拔中落选，为地质学家哈里森·施密特在月球上工作让出了乘位。

空中发射测试计划的第三阶段（最后阶段）包括五次从载机顶部起飞的自由飞行。第一次飞行发生在 1977 年 8 月 12 日，这是航天飞机首次飞行的历史性时刻。由海斯和富勒顿驾驶的航天飞机的飞行速度达到了 311 英里／时（500 千米／时），下降高度为 24 100英尺（7 346 米）。随后，在 9 月 13 日和 9 月 23 日，航天飞机又从大约相同的高度进行了两次自由飞行。

"企业"号航天飞机由载机运载升空进行飞行时，其尾部的圆锥体形成了流线型的外观，从而减少了波音 747-100 的晃动，也减少了航天飞机轨道器自由飞行时的阻力。最后两次自由飞行测试则是在撤除尾锥并在尾部安装三台模拟发动机的情况下进行的。这使得航天飞机的尾部变钝，从而大大增加了与载机分离后的阻力。这样的效果更真实地模拟了轨道器从太空返回后终末阶段的下降过程，显著增加了下滑航线的坡度，"企业"号因而能够以每分钟 9 000 英尺（2 740 米）的速度向地面降落。

第一次不安装尾锥的自由飞行在 10 月 12 日进行。随后，10月 26 日的第二次飞行（也是最后一次）同样进行了一次上述飞行演示。所有五次下落试验全部成功，收集了大量数据，航天飞机于是在飞行研究中心的协助下向轨道飞行更近一步。不过，由于"企业"号太重且缺少运行所需的多种系统，因而无法真正实现太空飞行。这位航天飞机的先驱从来没能进入太空。

"企业"号航天飞机原定于 1978 年 3 月交付后在马歇尔航天飞行中心进行振动测试，并于 1979 年 4 月从马歇尔航天飞行中心运抵肯尼迪航天中心，以便与第一个外部贮箱（专为首飞而设计）以及两台固体火箭助推器进行配合检查。正是在这种配置下，1979 年 7 月 23 日，全世界目睹了航天飞机从火箭装配大楼中驶出，起竖于 39A 发射综合体——十年前将"阿波罗"11 号飞船发射到月球的发射台。之后，航天飞机搭乘载机飞往范登堡空军基地进行发射台检验测试。NASA 曾计划在范登堡空军基地将航天飞机发射到极地轨道上，但从未实践。

此时，飞行研究中心已更名为德莱登飞行研究中心，以纪念休·德莱登——NACA 重组成为 NASA 之前的最后一位负责人。挂牌仪式于 1976 年 3 月 26 日举行。更名后的十年间，虽然德莱登飞行研究中心的飞行测试和评估采用了新的例行程序（因为 NASA 的航空研究活动发生了过渡性的变化），但试验测试计划一如既往的重要并且具有挑战性。

在航天飞机计划执行期间，德莱登飞行研究中心在执行空中发射测试后，于 1981—2011 年支持着航天飞机的在轨运行。在 133 次轨道器着陆任务中，爱德华兹空军基地负责了 54 次（40.6%），其中 7 次在夜间进行。第一次着陆由"哥伦比亚"号（STS-1 任务）于 1981 年 4 月 14 日执行，而最后一次着陆由"发现"号（STS-128 任务）于 2009 年 9 月 11 日执行。航天飞机在执行最后七次飞行任务时，德莱登飞行研究中心作为紧急着陆点而保持待命状态。

2014 年 3 月 1 日，德莱登飞行研究中心更名为阿姆斯特朗飞行研究中心，以纪念第一位在月球上行走的宇航员。如今，阿姆斯特朗飞行研究中心继续为新一代高性能飞机提供支持，并被 NASA 视为主要的飞机研发中心。阿姆斯特朗飞行研究中心集合了其他科研机构的大量基础研究，为现代航空环境奠定了基础。

上图：这个结构有一个不太上台面的名字：配对-解配设施。它将航天飞机固定在改装的波音747飞机顶部。如果航天飞机降落在爱德华兹空军基地，波音747也可以将它运回卡纳维拉尔角。如图所示，配对-解配设施也在STS-126任务之后启用于检查主发动机。（NASA阿姆斯特朗飞行研究中心供图）

下图：奇特的研究计划对于阿姆斯特朗飞行研究中心来说并不陌生。这架洛克希德SR-71飞机配备了测试台，可以测试航空发动机羽流中的空气动力流。（NASA阿姆斯特朗飞行研究中心供图）

NASA 总部

上图：NASA总部依靠美国国会提供的资金执行多种科学和研究计划。它在总统领导的行政部门提出的建议与两院立法机关做出的选择之间取得平衡。（大卫·贝克供图）

自 1915 年成立以来，NACA 就一直通过位于华盛顿特区的总部进行管理，约翰·维克多利担任书记。至 1958 年，NACA 总部共有 170 名员工。NACA 总部负责 NACA 的总体管理，允许各个独立的外地办事处在各自委员会的领导下管理自己的日常活动。总体而言，总部与外地办事处之间的关系良好。在 NASA 组织架构大幅扩展的前提下，这种情况并不总会存在。总部还负责与位于俄亥俄州代顿（赖特－帕特森空军基地所在地）的两个联络处和位于加利福尼亚州洛杉矶的西部协调办事处联络。

NASA 成立后，总部并不具备参与日常计划和项目运行的技术或

下图：NASA的组织架构已经发展了数十年，形成了不断变化的一系列研究计划。NASA当前的架构平衡了人类和机器人活动、科学、生命科学、技术和工程等多个方面。（NASA供图）

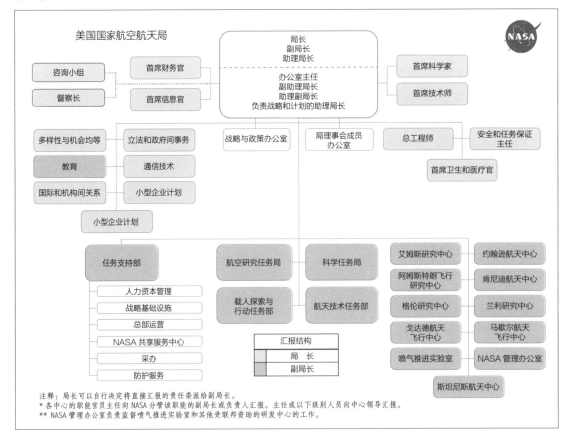

科学实力，只有 30 名工作人员从事过专业的航空研究，但他们确实保持着非常紧密的工作联系。老 NACA 的三位负责人能够把总部作为一个大型员工办公室来运作，管理外地中心开展的工作。但是，随着外地中心强烈反对总部某些强加的要求，他们对独立的渴望开始出现，这种渴望也在 NASA 的历史中阴魂不散。

因为 NACA 是由国会拨款和授权资助的，所以 NACA 的总部设于华盛顿特区，而且与当时的预算局相邻，后者的地位同样举足轻重。后来，尤其是在 NASA 成立之初，原 NACA 总部成为立法机关与外地中心之间的节点，对政府的行政部门负责，但其组织架构和职能主要由国会立法机关决定。它经常会被困在白宫指出的不同方向和国会提出的质疑之间左右为难。

1954 年 6 月以前，NACA 的地址是西北 F 街 1724 号，此后搬到西北 H 街 1512 号的威尔金斯大厦。当"斯普特尼克"卫星的发射升空开启太空活动的新篇章时，NACA 就在威尔金斯大厦办公。自 1958 年 7 月 29 日签署《美国国家航空航天法》起，负责组建 NASA 的规划小组开始寻找更多的建筑空间。9 月，格伦南局长搬进了新收购的杜利·麦迪逊之家，位于西北 H 街 1520 号。这座建筑由本杰明·泰洛建于 1830 年，并在 1837—1849 年由詹姆斯·麦迪逊总统的妻子居住。

19 世纪末 20 世纪初，杜利·麦迪逊之家被称为"宇宙俱乐部"，并用作莱特兄弟的临时住所。它从 1958 年 10 月 1 日起成为 NASA 的正式办公地址。在 1961 年 7—10 月，NASA 总部的一部分部门搬到了新落成的联邦 6 号办公楼，与卫生部、教育部和福利部共用一栋楼。1963 年 11 月 8 日起，NASA 开始与其他机构共用联邦 10 号办公楼，而自 1963 年起就在西北康涅狄格大道 1875 号环球大楼北座办公的人员则于 10 月搬入

下图：NASA管理人员定期在国会特别委员会的听证会上和负责管理每个财年授权与拨款的国会议员的会议上阐述重大的航天问题。每个财政年度始于10月1日，如2019财年从2018年10月1日开始。（NASA供图）

右图：美国国家航天委员会由时任总统唐纳德·特朗普恢复，时任副总统迈克·彭斯担任主席，围绕军事计划与民用计划之间的平衡、商业航天计划如何节省纳税人的钱、刺激工业、提高效率等问题展开了有活力的讨论。（NASA供图）

上图：NASA局长詹姆斯·布赖登斯坦向NASA总部的部分工作人员致辞。他是NASA的第13位局长（不包括正式任命决定之间的临时代理局长）。（NASA供图）

下图：对NASA局长工作的要求之一是不仅要充满信心地将整个NASA团结在一起，包容不同的观点，而且还必须向政府和公众报告辖下各机构的研究进展。可这些要求经常与NASA自己的管理模式相冲突。（NASA供图）

了联邦10号办公楼，又于1965年11月搬到了东北第7街300号位于两座联邦办公楼附近的记者大楼。

采购部门于1966年4月从环球大楼迁至联邦10号办公楼。1968年4月，"阿波罗"计划办公室从联邦10号办公楼开始了一系列搬迁活动，最终迁至朗方广场北座。这些搬迁活动增加了复杂性，让笔者感到头痛。矛盾的是，预算逐渐减少，又发生了数次行政方面的变动，使维持稳定和无故障搬迁的工作变得混乱。

NASA总部的大部分工作与预算有关，这一部分历史可以在第四章读到。初期的挑战来自将老NACA和海军研究实验室整合成一个新的机构的需求以及管理喷气推进实验室与陆军弹道导弹局发展业务部的移交事宜。最初的组织架构图规定了如前文所述的"三驾马车"，第一章对NASA的组织架构已经进行过更全面的描述。到肯尼迪于1961年5月25日发表登月目标的演讲时，NASA总部作为中心协调机构承担了更大的责任。

突如其来的扩张需求促使NASA设置了四个主要办事处：载人航天、空间科学、应用、高级研究与技术。它们将帮助NASA度过成立以后的第一个十年。从尤里·加加林进入太空，到肯尼迪在给副总统约翰逊的备忘录中宣布登月目标、寻找超越苏联的方法，其间只有短短的43天。突然之间，NASA就需要建造更大的总部，扩充人员编制。只有最高层的管理人员知道接下来要发生的事情，许多人都大吃一惊。

1958年10月NASA刚成立时，总部仅雇用了180名员工，约占员工总数（不到8 000人）的2%。常驻人员包括9名特殊岗位员工、37名科研人员和工程师。1961年12月，总部的人员编制扩大到922人，一年后则达到1 641人。到1966年12月，为NASA工作的总人数达到峰值——33 722人。当时总部拥有2 152个固定职位，占NASA员工总数的6%以上。随着预算开始减少，1968年6月30日，总部员工减少到了2 077人。

与往常一样，NASA 总部始终是规划与计划的决策中心，负责与国会保持联络、向国会汇报，并响应总统办公室确定的方向。它由局长（现为吉姆·布赖登斯坦）领导，副局长、助理局长、副助理局长、办公室主任以及负责战略和计划的助理局长在局长办公室之外开展工作。

NASA 咨询委员会（NAC）和航空航天咨询安全小组（ASAP）直接向局长办公室汇报。NAC 定期开会以审查和汇报 NASA 的活动与动向，并定期发布各种报告，以确定各种航空计划和与航天活动直接相关的关键异常值。NAC 下设的若干委员会主要关注航空，载人探索与运作，科学、技术与工程以及 STEM（科学、技术、工程和数学）教育。

特别行动组关于 STEM 教育的报告以及战略规划和拟议预算也均由 NAC 管理。NAC 通过分析和观察确定总体概况，其成员在各个专业领域都拥有深厚的背景。

ASAP 成立于 1968 年"阿波罗"1 号火灾事故之后，负责监督NASA 的安全绩效，对各种计划进行检查以监督 NASA 项目中的安全和质量保证水平。该小组还经常针对关键计划进行汇报，例如"太空发射系统"和各种载人航天飞行计划，以及与 NASA 签订服务合同的商业部门的计划。该小组经常表达对安全的关注，指出与安全相关的关键问题，并观察 NASA 的总体运营理念在减少风险方面的效果。

NASA 总部设有负责航空研究、载人探索与运作、科学和航天技

上图：前宇航员、NASA 局长查理·博尔登在从航天飞机时代向新型深空探索时代（目的是让宇航员重返月球并登陆火星）的艰难过渡期间负责管理 NASA。照片中，博尔登正在向肯尼迪航天中心的工作人员致辞，他的左边是前宇航员、肯尼迪航天中心主任罗伯特·卡巴纳。（NASA肯尼迪航天中心供图）

下图：由埃米尔·德库担任指挥的美国国家交响乐团于 2018 年 6 月 1 日在华盛顿特区的约翰·肯尼迪表演艺术中心演出，庆祝NASA成立60周年。（NASA供图）

术领域的任务委员会。通过这些委员会，NASA 得以管理各种项目和计划，而各个外地中心则根据其专长和技能、所拥有的设施以及与工业承包商的联系情况接受工作分配。

NASA 通过其信息系统、与各种计划和项目基于网络的连接以及在全世界范围内免费播放的 NASA 电视台向公众发声。NASA 的"历史办公室"拥有与 NASA 总部和 NASA 的一般活动有关的资料，可向研究人员、作家和记者提供用于非险恶目的的资源。"历史办公室"还委托有关方面出版了有关各类项目的一系列书籍和专著，并为尽可能多地将这些内容在线发布而付出了巨大的努力，其中不少都可以免费下载。

NASA 总部负责每年根据白宫和总统确定的拨款和计划支持需求，向国会委员会汇报。国会负责在他们认为的符合国家最大利益的原则与总统的要求之间取得权衡。由于 NASA 是一个政府机构，它的发展方向是由白宫和国会之间的微妙平衡所决定的。在很多情况下，总统的要求会被国会的一院乃至两院拒绝或推翻。

喷气推进实验室

在美国境内，不少地方成了美国"太空竞赛"故事的发生地。美国的"太空竞赛"始于 20 世纪 30 年代。这一时期，疯狂的发明家、发烧友和第一批火箭工程师开始尝试研发推进剂，梦想着有一天可以飞往月球和行星。开展这些活动的关键地点则是喷气推进实验室。提起美国的第一颗人造卫星或使用机器人对月球和太阳系进行探索，就很难避开喷气推进实验室。它也真正实现了其创始人的梦想。然而，喷气推进实验室并不属于 NASA 管理。

喷气推进实验室的起源可以追溯到 1936 年。这一年，加州理工学院的古根海姆航空实验室（通常被称为 GALCIT）开始实验。加州理工学院立志成为美国航空类院校的佼佼者，并在西奥多·冯·卡尔曼博士的领导和鼓励下开展喷气推进和火箭研究。通过早期研究，实验室获得了美国陆军的一份合同。这份合同于 1940 年 6 月 25 日授予，内容是研发可用于飞机的固体和液体推进剂火箭，最初目的是提高短跑道上的起飞速度。

这项工作让 GALCIT 在研发使用红色发烟硝酸苯胺发动机的固体

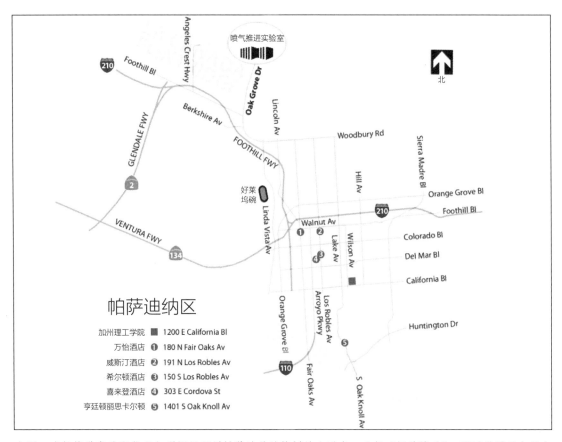

帕萨迪纳区

加州理工学院 ■	1200 E California Bl
万怡酒店 ❶	180 N Fair Oaks Av
威斯汀酒店 ❷	191 N Los Robles Av
希尔顿酒店 ❸	150 S Los Robles Av
喜来登酒店 ❹	303 E Cordova St
亨廷顿丽思卡尔顿 ❺	1401 S Oak Knoll Av

上图：喷气推进实验室位于加利福尼亚州帕萨迪纳的橡树林大道旁，毗邻"好莱坞碗"，那里的露天音乐会经常在凉爽的夜晚为人们送来音乐的享受。喷气推进实验室在NASA所有的业务中心中独树一帜，它具有田园风光和美学特质，是研究和探索太阳系边界的理想场所。（NASA喷气推进实验室供图）

左图：喷气推进实验室坐落在洛杉矶以北风景秀丽的乡村地带，一直是美国和世界各地的行星科学家关注的焦点。在这里，国际团队通力合作，研发能够飞遍太阳系、飞向宇宙更远处的飞行器。（NASA喷气推进实验室供图）

上图：喷气推进实验室在成立之初于固体推进剂火箭推进领域拥有多项重要发现，并针对液体发动机的异质推进剂开展了多项测试。图中，弗兰克·马利纳与一枚"WAC下士"火箭合影。这枚火箭将被用作"缓冲器"火箭的上面级，并直接使得喷气推进实验室制造的固体推进剂应用于"朱诺"运载火箭的上面级，从而将美国的第一颗卫星送入轨道。（NASA喷气推进实验室供图）

下图：1962年成功飞越金星后，时任总统肯尼迪收到了喷气推进实验室负责人威廉·皮克林博士送给他的"水手"2号航天器模型。两人中间靠窗站立的是时任NASA局长詹姆斯·韦伯。（NASA喷气推进实验室供图）

推进剂火箭和高混合动力发动机方面处于领先地位。从1942年起，GALCIT开始将产品交付给航空喷气工程公司，之后该公司更名为通用航空喷气发动机公司。与固体推进剂火箭相比，液体推进剂火箭发动机具有更高的效率和工作潜能，因此具有更大的远距离飞行的潜力。GALCIT注意到德国的液体推进剂V-2火箭后，对远程导弹进行了详细研究，并游说陆军提供资金以支持该类型实验火箭的研制。

1944年6月22日，GALCIT收到了一份有关研发V-2型火箭以及相应发射设备的合同，引起了高层对该型火箭的关注。这种关注程度之高，以至于有人提议将实验室更名为"火箭推进实验室"。鉴于漫画英雄巴克·罗杰斯使公众和学术界都在火箭技术方面受到启发，而喷气式战斗机技术此时已经成为现实，因此GALCIT改名为"喷气推进实验室"。新名称于1944年11月1日起正式启用。

这份合同促成了美国第一枚战术导弹"下士"和探空火箭"WAC下士"（用于将仪器运送到高层大气和太空边缘）的成功研制。这种命名方式源于陆军命名顺序，因而反常：随着火箭体积的增大，按照士兵军衔的迁升顺序命名，例如新兵、列兵、中士和下士等。但是，较小的探空火箭却反其道而行之，没有采用更大更有力的设计。因此，在名称前加上有性别歧视意味的前缀WAC，即"妇女军团"（Women's Army Corps）的首字母缩写，表明没有进一步的发展。

军用"下士"导弹是美国陆军的第一种战术核战场导弹，射程为86英里（139千

右图：在这座世界上最著名的行星探索中心的开放日，"旅行者"号飞船的复制品正在欢迎游客。（弗兰克·瓦利斯供图）

米），于 1954 年出售给英国，1955 年起由美国陆军部队调配。较小的"WAC 下士"探空火箭于 1945 年 9 月 16 日首飞，并于 1946 年 5 月 22 日达到 50 英里（80 千米）的高度——当时被认为是大气与太空之间的分界线。1949 年 2 月 24 日，一枚被缴获后略经改造的 V-2 导弹作为"缓冲器"火箭的上面级从白沙导弹试验场发射升空，达到 244 英里（393 千米）的高度。这是当时人造物体发射后能够达到的最大高度。在试验移至远程试验场之后，"缓冲器"-"WAC 下士"火箭于 1950 年 7 月 24 日在此地进行了首次发射。

喷气动力实验室建立了广泛的跟踪和数据网络，率先采用无线电和惯性制导系统，以及 FM-FM 遥测技术。这些技术已被应用于"下士""中士"火箭，并最终为"木星"中程弹道导弹所吸收。喷气推进实验室支持了冯·布劳恩为国际地球物理年发射人造卫星竞标。这项工作原先属于"先锋"卫星项目，这是"维京"探空火箭计划之外的一个民用项目。"先锋"项目设想使用在顶端固定有一簇喷气推进实验室研发的固体推进剂火箭的"朱诺"1 号火箭进行发射，已经准备就绪，可以投入使用。当"先锋"卫星首次发射入轨失败后，冯·布劳恩和喷气推进实验室接手了这项工作并成功完成任务，于 1958 年

下图：接替皮克林担任喷气推进实验室负责人的布鲁斯·默里博士坐在卡尔·萨根右边，桌上摆着"维京"航天器模型。（行星学会供图）

When you were a kid, science fiction gave you a sense of wonder. Now you feel the same just by going to work.

In fact, you've got what the great science-fiction heroes never had so good: the excitement of discovery. If you want to be part of the action, we can help.

Right now openings exist in: Spacecraft Structural Design · Temperature Control Materials & Processing · Application of Microelectronics & Transistors · Guidance & Control Systems · Electro Optics · Propulsion Systems Analysis · Space Vehicles Design · Trajectory Design & System Analysis · Systems Design & Integration · Deep Space Support Systems · Electromechanical Spacecraft Instrumentation · Scientific Programming · TV Image Processing and Electronic Packaging

Send your resume to:
JET PROPULSION LABORATORY
California Institute of Technology
4802 Oak Grove Drive,
Pasadena, California 91108
Attn: Professional Staffing Dept. 11

JPL

上图：登月和行星任务的巨大成功使喷气推进实验室在刊登招聘广告时有足够信心。（NASA 喷气推进实验室供图）

1 月 31 日将美国的第一颗卫星送入轨道。

将喷气推进实验室移交给 NASA 的行政命令于 1958 年 12 月 3 日签署，于当月底生效。但其实 NASA 本就与加州理工学院签订了喷气推进实验室服务合同，并将保持这种状态。喷气推进实验室显然具备行星科学研究的资格，因此很早就制定了向月球、金星和火星发射探测器的计划，后来又开始对外太阳系进行深空探索。喷气推进实验室负责管理"徘徊者"号和"勘测者"号月球探测器，使用"水手"号航天器探测内太阳系行星，使用"旅行者"号航天飞船对木星、土星、天王星和海王星进行飞越观测。喷气推进实验室还负责开发深空网，该网络将与在太阳系最远端的航天器保持通信。

喷气推进实验室在美国的太空计划中崛起的主要推动力是威廉·"比尔"·皮克林博士的尽职尽责。他出生于新西兰，拥有双重国籍，于 1954 年 10 月 1 日至 1976 年 3 月 31 日负责管理喷气推进实验室。在 NASA 成立的前二十年中，皮克林是一位传奇人物；他离任后，一位同样干劲十足的管理者布鲁斯·默里博士接班，任职至 1982 年 6 月 30 日。在行星系列计划取得重大成就之后，喷气推进实验室成为小行星探测和测绘项目的牵头机构，95% 的已知近地天体由喷气推进实验室发现。

喷气推进实验室对于女性参与航天计划的支持是一项不为人知的成就。在 20 世纪 60 年代初的"徘徊者"号和"水手"号任务中，实验室雇用了一个全部由女性组成的计算机小组计算飞行器轨迹。然而，对女性工程师的支持可以追溯到 20 世纪 40 年代。当计算机在 20 世纪 50 年代开始流行时，这些女性工程师受聘于学校和大学，指导员工操作计算机程序。雇用女性的关键人物是梅西·罗伯茨和海伦·林。在芭芭拉·鲍尔森成为发射"探索者"1 号（美国第一颗通过网络跟踪站采集数据的卫星）的重要角色后，女性参与的传统一直在延续。

在喷气推进实验室设计早期的火箭时，当时的"弗里登"机械计算器无法进行对数运算，而芭芭拉·鲍尔森使用由美国工程进展管理局编制的大量大气密度书籍开展工作。工程进展管理局成立于大萧条和经济紧缩时期，目的是保持人们的工作能力。工程进展管理局总共对约 900 万人进行了再培训，以便在时代变迁时随时准备动员。鲍尔森领导的妇女们处理了大量的手册和汇编，并使用整理后的数据自己进行计算。

如今，喷气推进实验室拥有近 6 000 名员工，还有一些人员在根据服务合同或外部供应商协议下工作。它为高中生、博士后和师范生提供实习机会，并为许多实习生提供工作机会。喷气推进实验室还协助建立了"博物馆联盟"，为美国教育团体和其他与航天相关的展览提供材料和手工制品的存放场地。它的知名度也扩展到了电影领域。制片人经常邀请喷气推进实验室及其员工为与航天项目有关的（真实的或想象的）电影场景和叙事提供建议和背景信息。

戈达德航天飞行中心

美国政府在决定组建 NASA 后不久，便又决定建造一座专门的航天中心，用于科学研究和开发科研卫星。几个月都未将地点确定下来。直到 1958 年 8 月 1 日，马里兰州参议员格伦·比尔宣称农业部贝尔茨维尔农业研究中心在马里兰州有一片空置土地，可以用于建造航天中心。尽管国会对此表示反对，认为此类支出可以暂缓执行，可当时的 NACA 执意推进此项目，分配内部资金并于 9 月 16 日完成了"贝尔茨维尔航天中心"的初始框架。该中心于 1959 年 1 月 15 日正式成立。

随着航天计划逐渐集中到 NASA，"先锋"计划项目小组将被转移到贝尔茨维尔，不过在新中心建设期间，继续使用海军研究实验室的设备对这个项

下图：戈达德航天飞行中心的宽敞布局和所处郊区的绿树成阴使该中心更具校园气息。它相对靠近华盛顿特区，也是许多科学和环境调查团的所在地。（NASA戈达德航天飞行中心供图）

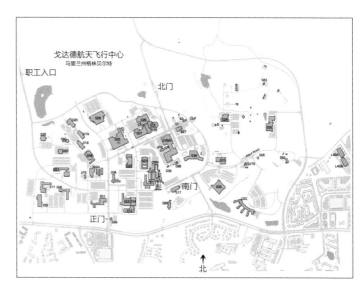

上图：戈达德航天飞行中心是第一座专门为支持航天科学及相关研究活动而建造的新机构。在很短的一段时间内，它一度被视作未来的载人航天飞行计划中心。（NASA戈达德航天飞行中心供图）

下图：戈达德航天飞行中心命名自罗伯特·戈达德博士。与几乎其他所有NASA中心不同的是，戈达德航天飞行中心一直保留着这个名称。（NASA戈达德航天飞行中心供图）

目至关重要。1959年5月1日，NASA宣布贝尔茨维尔航天中心将更名为戈达德航天飞行中心，以纪念罗伯特·戈达德博士。戈达德博士于1926年3月16日成为第一位控制液体推进剂火箭飞行的人，而这种火箭也迅速开始呈现超乎其原先设想的重要性。

戈达德航天飞行中心负责的第一个卫星项目是于1959年8月7日发射升空的"探索者"6号。这一系列科学卫星的发射一直持续到1967年7月19日"探索者"35号卫星入轨，组成了几个行星际监测平台中的第一个。从戈达德航天飞行中心继承的该系列项目中又衍生出很多项目，包括1962年3月7日的轨道太阳天文台系列项目和1964年9月4日启动的轨道地球物理天文台项目。

戈达德航天飞行中心在正式启用之前，工作人员的数量只能维持基本的组织架构。1959年，员工数量从216人增加到1 117人，最初是由于负责"水星"计划的航天任务组从兰利研究中心转移到戈达德航天飞行中心。航天任务组于1961年1月3日独立，后成为载人航天中心的关键部门。这使戈达德的员工数量减少了667名。

当卡纳维拉尔角进行引人注目的发射，激动人心的载人航天计划正在通过休斯敦管理的"水星""双子座""阿波罗"计划如火如荼地推进着，冯·布劳恩的团队在亨茨维尔研发重型火箭，航天飞行任务在喷气推进实验室的帮助下获得了惊人发现的时候，戈达德航天飞行中心的科学家和工程师一直在默默地工作，为空间和近地环境、太阳以及构成磁层的辐射带提供更广泛、更深入的认识。

美国第一批气象卫星就是在戈达德航天飞行中心研制的。TIROS-1号气象卫星于1960年4月1日发射，提供了第一批全球云层覆盖照片。随着进一步发展，TIROS计划逐渐发展成熟，演变为美国环境科学服务局的系列项目，并于1966年2月3日执行了首次发射任务。与此同时，戈达德航天飞行中心研制了先进的大气科学卫星"雨云"。"雨云"卫星于 1964 年 8 月 28 日首次发射，用于研究各种环境问题，包括极地冰盖、地球的辐射收支、臭氧层和一般天气概况。

戈达德航天飞行中心还负责研制美国第一颗应用技术卫星。该卫星于 1966 年 12 月 6 日发射，用途是通信研究。它所属的系列卫星还包括一些非常先进的通信卫星，其中有 1974 年 5 月 30 日发射的最后一颗卫星——ATS-6。ATS-6 卫星在地球同步轨道上运行，用于开展通信试验，验证了卫星促进教育发展、向偏远农村地区（本例中为印度次大陆）传播课程的效果。在联合国支持的一项计划中，控制人员移动 ATS-6 卫星，让它的波束直接指向印度，播送教育节目。几千个村庄通过学生用细铁丝自制的天线在电视上接收卫星信号。节目内容包括指导学生如何使用学校的化学试剂进行土壤测试，以确定适合在特定区域种植的最佳农作物。

通信研究与开发是戈达德航天飞行中心的一项核心技术应用，他们在 1962 年 7 月 10 日发射了首个航天器。当时，"回声"无源气球被放置在太空中，膨胀形成一个表面。发射器发出的无线电波从气球表面"反弹"，继而被接收器接收。1964 年 1 月 25 日，戈达德航天飞行中心发射了尺寸更大的同类航天器——"回声"2 号，直径为 135 英尺（41.1 米）。简单的无源卫星被有源中继卫星所取代，后者能够接收和增强信号，然后将其删除并重新发送给接收器。中继卫星是向此目标迈出的第一步，它于 1962 年 12 月 13 日发射。随后，"同步通信"卫星又于 1963 年 7 月 26 日发射。

上图：1961 年 3 月 16 日，戈达德夫人为纪念已故的丈夫，参加了具有历史意义的正式更名仪式。（NASA戈达德航天飞行中心供图）

下图：3 号航天模拟试验箱，用于为恶劣的太空环境而设计的卫星和航天器进行真空和热试验。（NASA戈达德航天飞行中心供图）

贝尔电话实验室根据与 NASA、英国和法国等国的电信供应商达成的多国协议制造了"电星"卫星并于 1962 年 7 月 10 日发射。从那时起，这些早期研究就勾起了商业通信卫星行业日益浓厚的兴趣。1965 年 4 月 6 日，为国际通信卫星公司制造的"晨鸟"卫星发射后，标志着戈达德航天飞行中心首项国际电信服务的成功。国际通信卫星公司是一家全球性企业，世界多国的邮政部门均与该公司签署服务协议。国际电信服务始于戈达德航天飞行中心的研究工作，并得到了 NASA 其他外地中心的支持。这也是 NASA 在其 60 余年历史中的最大贡献之一。

戈达德航天飞行中心在扩大 NASA 的关注领域方面也发挥了重要作用，例如确保美国在空间科学、技术和应用领域的领导地位，以及扩大政府部门与其他国家进行友好合作等方面。戈达德航天飞行中心于 1962 年 4 月 26 日发射了英国的"阿里尔"1 号卫星，并于

下图：戈达德航天飞行中心研发的"回声"2 号通信卫星体积巨大，与旁边的工作人员相比，其体量之大更为直观。（NASA戈达德航天飞行中心供图）

右图：戈达德航天飞行中心的离心机用于测试在升空和推进飞行过程中经受的高重力载荷，是安全飞行的必要前提。（NASA戈达德航天飞行中心供图）

左图：戈达德航天飞行中心消声室内的ATS-6卫星正在测试通信设备和应答器的天线传播模式。（NASA戈达德航天飞行中心供图）

下图：戈达德航天飞行中心的"陆地卫星"7号专题制图仪绘制的假彩色图像呈现了夏威夷岛森林覆盖区域的地质数据和信息。（NASA戈达德航天飞行中心供图）

同年9月29日发射了美国与加拿大联合研制的"百灵鸟"1号卫星。这两次发射也揭开了国际合作的序幕。戈达德航天飞行中心还与意大利共同开展了一个研究项目，并于1964年12月15日发射了"圣马可"1号卫星。这是第一颗在欧洲制造并安装，却由意大利研发人员在美国发射的卫星。

这些国际风险合作活动隶属于"有偿发射器"计划。该计划允许外国政府利用美国火箭发射民用、科研和技术开发卫星，只需要付清火箭和发射操作的净成本，不赚取任

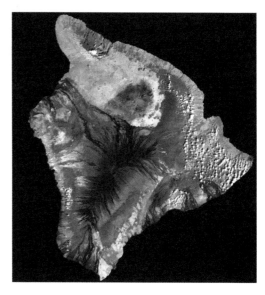

何利润。这对于尚未开发出卫星发射能力的国家来说是个机会，但一次臭名昭著的事件给欧洲人带来了挫败感。当时，法国与德国联合研制的卫星可能会与一颗美国商业卫星形成直接竞争，美国政府因此拒绝向 NASA 颁发发射许可证。这激起了法国人的强烈不满。法国于是举全国之力研发欧洲自行发射的运载火箭——"阿里安"。

戈达德航天飞行中心负责的突破性卫星计划比其他 NASA 中心都多。尽管它的使命并不像其他机构那样引人注目，但在许多方面，它代表了 NASA 的核心：开展基础研究，在太空中执行非商业任务，保持在尖端科学和太空应用领域的开拓和领先地位。戈达德航天飞行中心使用 NASA 和其他机构研发的卫星进行研究工作，以扩展反映地球生物圈中气候变化的全球数据库，是以上几方面最突出的体现。

自 1972 年 7 月 23 日发射"陆地卫星"1 号以来，戈达德航天飞行中心一直负责环境监测工作。从那时起，"陆地卫星"系列卫星就在向全球科学界提供关于地球环境的变化、温度平衡的迅速改变以及生态平衡的不断变化等方面的信息，发挥了重要作用。"陆地卫星"最初被称为"地球资源技术卫星"（ERTS）计划，它开创了通过参与国（包括许多发展中国家）的一系列地面站免费提供全球环境数据访问的先河，使发展中国家能够及时获取雨水径流、降雨、降雪、周围海洋状况以及农作物虫害进退情况的数据并因此受益。

这项工作为环境研究提供了动力，一如戈达德航天飞行中心在电信领域的开创性工作刺激了私营企业向提供商业通信卫星服务的领域扩张。卫星的研发、运行及其服务导致政府机构与国会之间发生了一些不愉快的交锋，因为国会希望将这项工作商业化。为此，1985 年，卫星制造商休斯公司和电信公司 RCA 成立了地球观测卫星公司。至此，"陆地卫星"计划被移交给美国国家海洋和大气管理局，但当国会多次试图切断政府的资助时，地球观测卫星公司陷入了困境。对"陆地卫星"计划的支持于 1992 年才正式确定。

"陆地卫星"系列最新一次发射任务是"陆地卫星"8 号，它于 2013 年 2 月 11 日发射升空。然而，未来对此类卫星项目的资

右图："陆地卫星"8 号数据连续性任务观测卫星在戈达德航天飞行中心进行测试。该中心是 NASA 环境科学调查工作的总部。（NASA 戈达德航天飞行中心供图）

助仍要取决于白宫和国会的支持。NASA 不再是"陆地卫星"的主要负责机构，因为它的用户现在包括许多政府部门，尤其是美国国家海洋和大气管理局和美国地质调查局。这两个部门认为"陆地卫星"计划为美国提供了确保持续监测美国国家资源和环境的能力，具有持久的价值。但是，戈达德航天飞行中心当前的工作对于在获取全球数据时维持较高的科学标准至关重要，且重要性远超以往。

上图：控制室的众多控制台操控着哈勃太空望远镜每天回传数百幅图像，支持世界各地科学家的工作。（NASA戈达德航天飞行中心供图）

如今，戈达德航天飞行中心拥有约 1 万名员工，其中大多数来自 NASA 的外部承包商。该中心近 60 年来在航天研究的多个关键领域都有杰出贡献，它对天体物理学、天文学、行星探索工具（戈达德航天飞行中心在这三方面的贡献远超其他中心）以及对月球科学的贡献都是传奇性的。它的美国国家航天科学数据中心（1966 年首次建立）是一个永久档案库，内部还设有一个小型游客信息中心，后方有一个小型火箭花园，其中的亮点是一枚"德尔塔"运载火箭的全尺寸模型。正是这枚火箭将戈达德航天飞行中心的众多作品送入太空。

上图：詹姆斯·韦伯太空望远镜几乎可以看向宇宙的起源。它在戈达德航天飞行中心的一间洁净室内装配完毕，于2021年12月25日发射升空。（NASA戈达德航天飞行中心供图）

马歇尔航天飞行中心

马歇尔航天飞行中心成立于 1960 年 7 月 1 日，继承自美国陆军。该中心的员工由陆军转移的一些文职人员组成，他们曾为美国发射第一颗卫星做出了巨大的贡献。当 NASA 于 1958 年 10 月成立时，苏联火箭已经将大质量载荷发射入轨，而这些文职人员研制出的运载火箭与之相比至少运力相同。

马歇尔航天飞行中心的名称来自传奇的乔治·马歇尔将军。乔治·马歇尔在艾森豪威尔和杜鲁门的总统任期内任美国陆军参谋长，

左图：NASA的马歇尔航天飞行中心继承自陆军弹道导弹局。冯·布劳恩和他领导的作战部的理想和设计都超出了军方的要求。（NASA马歇尔航天飞行中心供图）

后被杜鲁门任命为国防部长。他提出了马歇尔计划，为饱受战争摧残的西欧提供援助。他于1953年获得诺贝尔和平奖，任美国红十字会主席。马歇尔航天飞行中心见证了陆军火箭技术的发展历史，以及人们对建造军用火箭弹和导弹的最初兴趣。

美国陆军负责军械的军官此前曾在得克萨斯州的布利斯堡行动。他们寻找到一片更好的场地，用于开展大量研发工作。相关工作的启动仪式在新墨西哥州的白沙导弹试验场举行：研究人员在德国火箭科学家韦恩赫尔·冯·布劳恩的协助下，对缴获的德军 V-2 火箭进行了测试。

下图：冯·布劳恩和他的团队与美国工业界的工作人员一起创建了一个火箭制造工厂。这座工厂支持了"土星"火箭、航天飞机以及"太空发射系统"火箭的制造。冯·布劳恩的这份遗赠在当地影响深远。20世纪50年代，有许多家庭在此定居。（NASA供图）

1950 年 4 月 15 日，陆军将火箭研制工作移交给亚拉巴马州亨茨维尔的红石兵工厂，并把冯·布劳恩的小组从布利斯堡的简陋设施中转移到亚拉巴马州。这里林木葱郁，环境更为舒适。同一天，陆军建立了军械制导导弹中心。在喷气推进实验室的帮助下，该中心开始持续生产一系列战术、战场火箭弹。

接下来的六年间，军械制导导弹中心的工作主要集中在导弹的研发上，例如短程"红石"导弹（1953年8月20日首次成功发射）和1955年11月8日获批研究的"木星"中程弹道导弹，一直持续至陆军于

1956 年 12 月 1 日成立弹道导弹局。在冯·布劳恩的不懈支持下，"红石"导弹转型成为卫星发射器，并完成了初步工作。冯·布劳恩的小组因而得以在 1958 年 1 月 31 日成功发射美国的第一颗人造卫星。1958 年 3 月 31 日，陆军军械导弹司令部成立。但冯·布劳恩一直在研究一种推力更大的火箭，名为"土星"。他的团队希望借助这种火箭建立航天计划。

到了 1959 年，美国"三位一体"核威慑力量的未来结构已经很明确：一是携带机载重力炸弹的战略轰炸机部队；二是陆基洲际弹道导弹部队，最终从不可储存的推进剂（"阿特拉斯"和"泰坦"1 号使用）过渡到可储存的推进剂（"泰坦"2 号使用），再迅速转变为固体推进剂（"民兵"使用）；三是利用"北极星"固体推进剂导弹构建的潜艇威慑。如果使用不可储存的推进剂，并在上面级内装灌低温液氧 / 液氢，那么巨大的"土星"1 号火箭将有能力把 9 吨重的卫星送到低地球轨道上。

"土星"1 号火箭使用八台火箭发动机，产生 150 万磅（6 672 千牛）的推力。这些发动机由现有的导弹改制而成，通过围绕在"木星"中央贮箱周围的一组"红石"贮箱提供推进剂。实际上，这枚火箭是小火箭的零件和发动机的聚合体，但它的起飞推力比美国迄今为止推力最大的火箭——"泰坦"1 号都要大三倍以上。这意味着对于任何军事目的而言，它的体积和能力都远远超过了需求，空军也找不到接管它的理由。由于已经确定了发展路线，它对于任何军事目标都略显多余。

上图：马歇尔航天飞行中心的火箭公园。从左到右为"赫尔墨斯"A-1 火箭、改进后的 V-2 火箭、"朱诺"2 号火箭（前排）、"土星"1 号火箭（背景）、"红石"火箭、"朱诺"1 号火箭。（NASA 供图）

下图：韦恩赫尔·冯·布劳恩和家人在 1970 年的一次纪念碑揭幕仪式上。纪念碑声明了他对航天计划以及当地社区（许多德裔家庭居于此地）的贡献。（NASA 供图）

上图：1964年，业务的扩大超出了机构设施的承载能力，迫使制图办公室的几个科室不得不搬到亨茨维尔工业中心。（大卫·贝克供图）

下图：马歇尔航天飞行中心很早就开始用水箱进行太空行走训练。马歇尔航天飞行中心建造了自己的中性浮力模拟器，对于帮助宇航员熟悉程序、开发可应用于太空的新技术至关重要。（NASA马歇尔航天飞行中心供图）

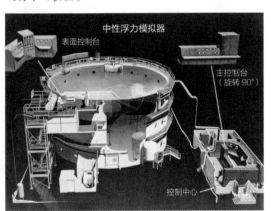

然而，对于 NASA 来说，"土星" 1 号火箭正好填补了那时可用于卫星和航天器发射的中小型发射器和要到 20 世纪 60 年代末或 70 年代初才开始构想的 "新星" 超级助推器之间的能力空白。上述这一段是公之于众的历史，那时起就不断出现在 NASA 的历史书中。但是，还有一个截然不同的版本："土星" 1 号本身就是建立马歇尔航天飞行中心的基础。

"土星" 1 号的技术设计进展顺利，预计将成为空军 Dyna-Soar 助推滑行飞行器的推进级。但是，"土星" 火箭是由高级研究计划局资助的。当美国国防部国防与工程总监赫伯特·约克于 1959 年 6 月 9 日决定取消该计划并将 Dyna-Soar 移交给空军 "泰坦" 3 号项目时，立即引起了 Dyna-Soar 在国防部和高级研究计划局的支持者的反对，他们担心重型负载能力会因此停止发展。但 "土星" 1 号并没有明确的任务。无论是国防部还是 NASA，都拿不出切实的理由，证明它存在的必要性。

各方都认识到，美国最终还是会需要这种重型运载能力的，但国防部面临着财政压力，而高级研究计划局已将其大部分预算分配给了 "土星" 火箭，正在寻求出路。赫伯特·约克于 9 月 16—18 日与 NASA 局长休·德莱登举行会议，仔细研究了 "土星" 火箭的未来，并让 NASA 同意接受 "土星" 火箭的收购邀约，依此推翻了先前的决定。但 NASA 并不希望将重要的先进任务规划工作整合到 "土星" 项目中来，也不希望陆军仅凭一纸声明就继续开发。唯一的出路就是让 NASA 接管它。

通过将 "土星" 项目移交给 NASA，不仅避免了军种间的竞争，而且由于计划在 1961 年进行首飞，也为 NASA 提供了所急需的能力提升效果。该举措始于白宫 1959 年 10 月 7 日开展的讨论，最终于 10 月 20 日达成协议，并于 21 日获得总统批准。除了 "土星" 火箭项目，NASA 还将接收冯·布劳恩负责的陆军弹道导弹局发展业务部。

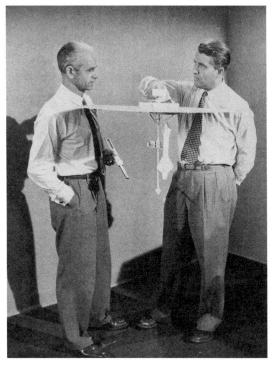

上图：中性浮力模拟器托管着模拟硬件。在1984年航天飞机执行STS-41C任务时，这些硬件用于营救卫星。潜水员负责监视宇航员的训练情况，为要求严格的轨道任务做准备。（NASA马歇尔航天飞行中心供图）

上图：韦恩赫尔·冯·布劳恩和恩斯特·施图林格在讨论一种能够快速飞往火星的核电航天飞船的概念。该模型已在1957年12月迪士尼首次发行的《明日世界》电影中使用。（大卫·贝克供图）

　　根据艾森豪威尔于 1960 年 3 月 14 日签署的总统行政命令，新机构于 1960 年 7 月 1 日在 NASA 的管理下开始运转。当天，4 670 位陆军公务员就转移到 NASA 工作，陆军弹道导弹局面积 1 840 英亩（744.6 公顷）的建筑也移交给了 NASA。新机构的第一任负责人是韦恩赫尔·冯·布劳恩。他突然就从发展业务部（本质上是一个依靠弹道导弹局其他办公室提供支持的研究与开发小组）的负责人晋升为整个中心的负责人，负责研发唯一一种能够让美国拥有与苏联等同的运载能力的火箭。

　　艾森豪威尔签署总统令后的第二天，这座移交自陆军的机构就被更名为马歇尔航天飞行中心，而"土星"火箭的研发竞赛也获得了新的动力。第一枚火箭的组装于 1961 年 1 月 16 日在马歇尔航天飞行中心完成，并于 10 月 27 日从卡纳维拉尔角的 34 号发射综合体成功发射。"土星" 1 号项目于 1965 年 7 月 30 日结束时，共完成了 10 次发射，无一失败。为了寻求更强大的发射器，马歇尔航天飞行中心于 1962 年 7 月 11 日又宣布了"土星" 1B 号火箭项目，

上图：先进的焊接和制造设备适用于制造运载火箭和航天器的结构及壳体。（NASA马歇尔航天飞行中心供图）

于1966年2月26日首次发射，共发射9次；最后1次发射是在1975年7月15日，而其中5次由"阿波罗"机组乘员驾驶。

由于决定采用月球轨道交会模式让宇航员降落在月球上，1962年1月25日，"土星"5号火箭的研发计划获得批准，其推力是"土星"1B号火箭的五倍。1967年11月9日，"土星"5号火箭首先进行了两次不载人发射，随后发射了十次"阿波罗"载人飞船。最后一次发射是在1973年5月14日，将无乘员的"天空实验室"空间站发射入轨。在研发过程中，马歇尔航天飞行中心对许多先进的火箭设计开展了研究，它们可以将质量更大的有效载荷发射入轨或送往月球。

由于NASA预算缩减，而且对于更大型的火箭并无项目方面的明显需求，上述研究都没有最终落实。实际上，人们认为"土星"运载火箭的成本过于高，难以为继，而"降低运载火箭发射成本"的经济论点导致了航天飞机计划的实施。为了"降低成本"而发展航天飞机，这种观点并不合理。合理的论点却无人在意：航天飞机作为建造和组装模块化空间站的运载工具，可以起到更好的作用。然而，马歇尔航天飞行中心暂时停止了对登月任务的支持工作，转而为波音公司的月球巡逻车提供项目管理服务。波音月球车在1971年和1972年的最后三次"阿波罗"登月飞行中执行任务。

在"阿波罗"计划完成之前，韦恩赫尔·冯·布劳恩就已于1970年1月27日调至NASA总部，升任负责规划的助理副局长。他原先的主任职位由埃伯哈德·雷斯接任，任职至1973年3月19日退休为止。由于冯·布劳恩曾敦促NASA有必要通过建造绕地球轨道运行的空间站而永久驻留太空，未来的种子已经播下。马歇尔航天飞行中心参与了"天空实验室"计划的管理，将冗余的一级S-4B火箭改造为可居住的实验室并发射升空。然而，NASA的关注点更加深远。

1969年，马歇尔航天飞行中心在空间站的B阶段概念研究中，最初设想进驻12名宇航员，然后发展为50人的基地。A阶段的研究是对可行性进行分析，B阶段为概念研究，之后是C阶段——详细设计和制造，D 阶段则要完成装配和飞行操作。空间站的研究一直没有突破 B 阶段，因为根本没有资金来支持这样一个雄心勃勃的计划。兰利研究中心的"载人轨道研究实验室"计划也遭遇了同样的困境。此时，NASA 已致力于研究可重复使用的航天飞机。虽然空间站无法在没有补给手段的情况下运行，但可以先建造航天飞机，然后再利用航天飞机来装配模块化的空间站。

随着航天飞机计划的发展，时任总统尼克松于 1972 年 1 月批准了继续研发的计划，NASA 的一些机构也参与其中。载人航天器中心负责对轨道器进行详细的设计和管理，而马歇尔航天飞行中心则负责管理所有推进部件：每架轨道器上的三台航天飞机主发动机、两台固体火箭助推器以及外部贮箱（其他部件将附接其上）。

在外部贮箱的组件制造中引入了新的创新应用：随着生产的成熟而引入的轻质材料以及该中心与制造商马丁·玛丽埃塔公司共享的一项技术——搅拌摩擦焊接工艺。这些技术将继续发展并在国际空间站的后续工作中得到应用。它们还将作为 NASA 授权事项的组成部分向工业界传播，将非专有工程信息分享出去，从而为航天行业带来整体利益。

在"天空实验室"之后，马歇尔航天飞行中心负责管理"太空实验室"计划，这是与欧洲航天局的一个合作项目，目的是制造一个加压舱并将其固定在航天飞机有效载荷舱内，以及几个用于放置科学仪器的开放式平台（这些仪器要固定在有效载荷舱中，也

上图：现在连接到国际空间站的"命运"舱段是在马歇尔航天飞行中心制造的。（NASA马歇尔航天飞行中心供图）

右图："探路者"号航天飞机被转移到为"土星"1号第一级建造的动态测试设施中。（NASA马歇尔航天飞行中心供图）

必须暴露于空间环境中）。"太空实验室"计划的管理为 NASA 和欧洲航天局都提供了合作开展国际业务的经验。1983 年 11 月 28 日，航天飞机执行第九次飞行时，携带了第一个加压的"太空实验室"舱段。"太空实验室"共搭乘航天飞机飞行三十二次，最后一次是 2000 年 2 月 11 日。

"天空实验室"和"太空实验室"为马歇尔航天飞行中心提供积累了在航天飞机内部携带载人舱段的经验，可直到建造国际空间站的决策使该中心在开发独立的轨道研究设施时才首次充分发挥了作用。那时，马歇尔航天飞行中心已在开发一系列重大项目，包括利用戈达德航天飞行中心提供的仪器管理于 1990 年 4 月 24 日发射的哈勃太空望远镜。紧随其后的是于 1991 年 4 月 5 日搭乘航天飞机入轨飞行的康普顿伽马射线天文台。马歇尔航天飞行中心还负责管理于 1999 年 7 月 23 日发射的钱德拉 X 射线天文台，为大型天文台的时代画上了句号。

国际空间站的开发始于 20 世纪 80 年代中期，多个国家针对建立一个由欧洲航天局、日本和加拿大支持的美国独有的空间站设施

下图：马歇尔航天飞行中心各设施的总体布局，其中一些已根据计划要求的变化而拆除。（NASA马歇尔航天飞行中心供图）

提出了一系列建议。当苏联于 1991 年解体，俄罗斯人放弃了开发第二个"和平"空间站的计划，转而接受了国际空间站开发活动的邀请，将他们的丰富经验提供给国际空间站。实际上，NASA 的每座外地中心都在国际空间站的开发中扮演了自己的角色，至今也仍在发挥各自的作用。由于马歇尔航天飞行中心拥有运行"天空实验室"和"太空实验室"的经验，它得到了管理与俄罗斯舱段相连的"团结"号节点舱的开发与制造工作。

"团结"号节点舱与"命运"号实验舱、"寻求"号气闸舱、实验支架和设施均在组装"土星"5 号火箭第一级的设施上建造完成。波音公司一度负责制造"土星"5 号火箭的第一级，如今正在为国际空间站搭建基本构件。马歇尔航天飞行中心管辖的有效载荷操作中心责任重大。该中心全年有人值守，总共支持了 1 600 余项科学研究。

如今，马歇尔航天飞行中心在"太空发射系统"的管理方面起到了核心作用。"太空发射系统"是能够将 95 吨的重物送入低地球轨道的重型运载火箭，计划于 2020 年首次发射（实际于 2022 年 11月 16 日首次发射升空）。该型火箭曾遭遇技术问题，推迟了完成时间；政治干预也导致该火箭的最初计划被迫改变，不再支持登月任务（先是被取消，后又恢复）。尽管"太空发射系统"计划的管理方式及其所涉及的工程技术与航天飞机计划已大不相同，但后者涉及的许多工程技术构成了"太空发射系统"的基础。

马歇尔航天飞行中心约有 6 000 名工作人员，除了 2 300 名本单位人员，其余人员均来自利用该中心丰富设施的承包商。

米丘德装配厂

1961 年 9 月 7 日，NASA 响应美国政府载人登月的重大扩张计划，宣布将接管路易斯安那州新奥尔良附近的米丘德的一家政府制造厂，用于建造"土星"运载火箭。该工厂建于第二次世界大战时期，但直到朝鲜战争期间才全面投入使用。它是马歇尔航天飞行中心两个外站中的第一个，位于通往墨西哥湾的水路上，非常适合将大型火箭运送到

下图：米丘德装配厂总览。"土星"运载火箭和航天飞机外部贮箱的制造在这里完成，"太空发射系统"的芯级和"猎户座"飞船的组件正在生产。（NASA米丘德装配厂供图）

上图：从"土星"1号向"土星"5号生产活动的过渡使波音公司这样的商业制造商进入航天活动的中心，协助建立了如今NASA运营活动中核心的工作关系。（波音公司供图）

上图："太空发射系统"的芯级令人印象深刻，它庞大的规模需要本身体量庞大的制造工厂。（NASA米丘德装配厂供图）

卡纳维拉尔角。

米丘德装配厂最初是为了支持"土星"1号和"土星"1B号火箭的前两级以及巨大的S-1C（"土星"5号火箭的第一级）的生产而启用的。其建筑群占地890英亩（360公顷），内含210平方英尺（19.51平方米）的工程和办公空间，1 959平方英尺（181.99平方米）的制造空间，以及415 000平方英尺（38 553平方米）的存储、处理和维护场地。最初，克莱斯勒公司进驻这座设施以制造"土星"1号火箭各级，波音公司则在这里制造S-1C。梅森－拉斯特公司负责所有支持工作，并为该设施提供服务和机械设备。

米丘德装配厂最初于1961年12月18日被命名为"米丘德运营厂"。1962年10月4日，克莱斯勒制造的"土星"1号第一级（S-1-8）开始在此装配。1963年12月13日，NASA验收了工业界建造的前两级。1962年10月22日，波音公司启动了"土星"5号火箭第一级S-1C的生产线，开始安装模具并制造组件。1965年6月，第一个S-1C（S-1C-D动态测试级）开始装配。1965年7月1日，米丘德运营厂更名为"米丘德装配厂"。

米丘德装配厂很快就募集到了足够人员。1965年，员工总人数达到顶峰，公务员和承包商员工共一万两千余人，其中一半以上是从事"土星"5号火箭第一级建造的波音公司员工。斯莱德尔公司负责计算机支持，共有二百余台计算机提供远程计算支持服务。该公司还为数字和模拟计算机以及计算机中心提供了房屋和设备。斯莱德尔公司位于距米丘德装配厂约 20 英里（32 千米）和距密西西比实验站（现称斯坦尼斯航天中心）约 15 英里（24 千米）的地方。总体而言，随着"土星"系列火箭的产量下降，米丘德装配厂的人员也缓慢减少，到 1967 年仅有约一万人。

上图：米丘德装配厂并不只装配大型火箭，制造大型火箭的各级。图中，一名焊工正在"猎户座"的压力容器上作业。"猎户座"任务将使米丘德装配厂发挥重要作用。（NASA米丘德装配厂供图）

然而，由于航天飞机计划需要扩大外部贮箱的流水线生产，还有更多工作要完成。马丁·玛丽埃塔公司获得了制造这些贮箱的合同，在减轻重量和改进设计方面取得了相当大的进展，并不断推动着减重和改善制造工艺方面的改进。马丁·玛丽埃塔公司共生产了 136 个外部贮箱组件，第一批于 1979 年 6 月 29 日投入生产，最后一批于 2010 年 9 月 20 日投入生产。这条单一产品线运行了 30 年之久，是美国政府资助的最久的航天项目。

米丘德装配厂在为 NASA 的"星座"计划生产"战神"运载火箭各级以开启新任务时，迈出了错误的一步。2010 年，时任总统奥巴马彻底取消了这项计划，生产也随之停止。此后，国会坚持要求政府建造重型运载工具，以供未来实现各种潜在目标。在这种情况下，为了给"太空发射系统"提供支持，米丘德装配厂的生产工作才得以恢复。米丘德装配厂正在加紧努力，致力于新的深空探索工作。目前，现场约有 4 250 名员工。

下图：这里是火箭获得动力的地方！虽然改名后被称为斯坦尼斯航天中心，但是密西西比实验站所发挥的作用仍在继续。（F. 莫里森供图）

斯坦尼斯航天中心

向马歇尔航天飞行中心汇报的第二个下属站点是密西西比实验站，由 NASA 于 1961 年 10 月 25 日宣布成立，用于测试为"土星"运载火箭开发的大型火箭发动机，并在火箭交付至卡纳维拉尔角发射之前对装配好的各级进行静态测试。像米丘德装配厂一样，密西西比实验站也通过水路与米丘德装配厂相

上图：斯坦尼斯航天中心
的测试设施全貌。（NASA
斯坦尼斯航天中心供图）

连，它供应的产品可以经温水港运输，全年活动不受极端天气影响。
这里与米丘德装配厂一样，也由斯莱德尔公司提供服务。

1961 年 5 月，NASA 开始初步研究大型运载火箭时，就决定建
立一座用于测试大型运载火箭各级及其推进系统的国家级设施，并
于同年 8 月 4 日成立了场地评估委员会，对 34 个备选地点进行评估。
对场地的要求是无论在哪里，它都必须与主要城市群隔绝；可以通
过水路和公路抵达，具备良好的公用设施；地方社区位于 50 英里（80
千米）以内；气候宜人，可全年运转；周围须有大片空间，用作声
音缓冲区。

选定的场地位于密西西比州西南部的珍珠河畔，毗邻米丘德装
配厂。事实上，1961 年 12 月 18 日，该设施的名称就已变更为"密
西西比测试运转场"，但原名称"密西西比实验站"继续沿用，直
到 1963 年 6 月，施工人员在动工前砍倒第一批树木时才停用。建设
工作进展缓慢。1963 年 6 月，密西西比测试运转场只有 24 名员工，
18 个月后几乎翻了一番。1965 年 7 月 1 日，它重新被命名为"密
西西比实验站"。

实验站位于密西西比州汉考克县，占地 13 428 英亩（5 434 公
顷），包括实验室、工程和办公空间以及 368 000 平方英尺（34 188

平方米）的存储和维保空间。最初建造的建筑群包括用于"土星"5号火箭S-2第二级的两座测试台、一座可容纳两段"土星"5号火箭第一级（S-1C）的测试台以及相关的公用设施和支持设备。一条长8英里（12.8千米）的航道提供了驳船从珍珠河进入的通道，可将米丘德装配厂制造的S-1C和在加利福尼亚州锡尔比奇组装的S-2第二级运往密西西比实验站。低温推进剂（液氧和液氢）也可以通过驳船运输。

上图：作为"土星"5号按计划进行推进系统鉴定的场所，斯坦尼斯航天中心总部和综合行政大楼拥有近60年的历史。（NASA斯坦尼斯航天中心供图）

　　火箭发动机的研发工作基本由工业界负责。洛克达因公司已经在大型火箭发动机领域取得了领先地位，其强大的F-1发动机的推力为150万磅（6 672千牛），而低温J-2发动机的推力为20万磅（889.6千牛）。五台F-1发动机负责为"土星"5号的第一级提供动力，在S-2第二级中是五台J-2发动机，在S-4B第三级中是一台J-2发动机。洛克达因公司拥有自己的发动机研发、测试和鉴定测试场，但密西西比实验站是已组装的各级在交付给肯尼迪航天中心之前进行测试的唯一场所。马歇尔航天飞行中心负责将发动机集成到火箭各级中，密西西比实验站则负责测试装配后的配置。

　　两种尺寸的测试台架构成了火箭推进测试系统。A-1/A-2台架用于测试S-2第二级，而B-1/B-2双级台架最初用于测试"土星"5号火箭的S-1C第一级。两个A型台架较为相似，高度约200英尺（61米），由钢和混凝土制成，可承受高达100万磅（4 448千牛）的推力和最高6 000°F（3 315℃）的温度。每个A型台架都有自己的专用基础设备，可提供液氢、液氧，氢气、氧气、氮气，以及加压和吹扫用气体。B-1/B-2台架的构造可承受最大1 100万磅（499万千克）的动态载荷，由双重组件组成，于1967年2月13日竣工。像A-1/A-2台架一样，它也有

下图：A-1测试台架是为"土星"5号火箭的S-2级建造的，毗邻合适的水源。（NASA斯坦尼斯航天中心供图）

提供推进剂和液体的装置，并对供应管线进行了修改和变动，以适应"太空发射系统"火箭芯级测试时所用的低温推进剂。

第一个火箭单级抵达密西西比实验站的历史性时刻是 1965 年 10 月 17 日。S-2-T 测试级从加利福尼亚州锡尔比奇的北美航空公司制造工厂出发，装载于美国海军"巴罗角"号平台舰穿越巴拿马运河，然后转移到"小湖"号驳船上，沿墨西哥湾沿岸内河航道和东珍珠河航行了 45 英里（72.4 千米），经过 17 天的长途跋涉最终抵达。S-2-T 测试级于 1966 年 4 月 23 日成功进行了 15 秒的静态点火试验。1966 年 10 月 23 日，第一个"土星"5 号 S-1-T 测试级从米丘德装配厂出发，搭乘"波塞冬"号驳船抵达密西西比实验站并安装在 B-2 测试台上，于 1967 年 3 月 3 日进行了 15 秒的静态点火试验。

1970 年 10 月 30 日，"土星"5 号火箭的 S-2-15 测试级进行了最后一次静态点火测试。此后，A-1/A-2 台架接受改装以便测试航天飞机主发动机。1975 年 5 月 19 日，A-2 台架上进行了航天飞机计划的首次点火测试。航天飞机主发动机的最后一次点火测试于 2009 年 7 月 29 日仍然在 A-2 台架上进行，项目持续 34 年之久。这些台架后用于测试 J-2X 发动机（2007 年 12 月 18 日进行了首次测试）以及洛克达因航太公司的 AJ26 发动机。该型发动机为轨道科学公司使用的"安塔瑞斯"火箭提供动力，从而将"天鹅座"商业货运飞船运送到国际空间站。

1970 年 9 月 30 日，S-1C-15 测试级进行了长达 125 秒的点火测试，这是"土星"5 号火箭在 B-1/B-2 台架上的最后一次点火测试。一个月之后，S-2 级的点火测试在 A-2 台架上进行。它们都不会发射升空，退役后为博物馆所有。S-1C-15 测试级现位于米丘德装配厂外，S-2-15 测试级则在

下图：A-2 台架的初期建造随着土地开荒和地基建设而展开。（NASA斯坦尼斯航天中心供图）

左图：A-3 台架本是为现已取消的"战神"运载火箭而建造的。当时，"星座"计划是NASA的深空探索计划。（NASA斯坦尼斯航天中心供图）

约翰逊航天中心。在"土星"5号从未发射的另外两级中，S-1C-14测试级被送往约翰逊航天中心，而S-2-14测试级在肯尼迪航天中心室内的"土星"5号展区展览。目前，B-1/B-2台架正在接受配置，为"太空发射系统"芯级的静态点火测试做准备。

20世纪90年代，斯坦尼斯航天中心建造了一座新的E型综合设施，用于进行小型火箭发动机的点火试验，由四个独立的台架组成。2012年，蓝色起源公司使用E-1台架测试了其推力为10万磅（445千牛）的新型BE-3液氢/液氧发动机的推力室。2014年5月22日，AJ26发动机在测试时发生爆炸，对台架造成了严重损坏。E-1台架后续供洛克达因航太公司测试其AR-1级燃烧循环发动机使用。该发动机燃烧煤油和液氧，可提供50万磅（2 224千牛）的推力。

E-2台架由两个独立的单元组成，分别用于支持水平和垂直安装的发动机，并且经过改造用于支持甲烷发动机。营建E-2台架的部分资金来自SpaceX公司和密西西比州发展管理局。E-2台架可以测试包括蒸汽发生器在内的各种组件。

此外，E-3台架也有两个独立的单元，每个单元有指定的额定推力，能够支持整台发动机或发动机部件的测试，例如喷射器和混合火箭发动机的各种要素，包括固体和液体推进剂的组合。

E-4台架包括四个32英尺（9.75米）高的混凝土墙单元，用于在水平面上测试推力50万磅（2 224千牛）的火箭发动机。E-4台架包括一栋信号加工大楼，以协助数据收集；一栋金属楼，建筑面积为12 825平方英尺（1 191平方米），其中包括一个高顶

下图：斯坦尼斯的A-1/A-2台架和B系列台架正经历着进入深空探索新时代的重大变革并回到了为"太空发射系统"的持续生产运行而进行测试的时代。（NASA斯坦尼斯航天中心供图）

右图：为"土星"5号火箭第一级测试而建造的B-1/B-2双台架规模庞大，其配置可以承受F-1发动机组的强劲推力，令人印象深刻。目前，它们正在为适应"太空发射系统"芯级的测试工作而进行改装。（NASA斯坦尼斯航天中心供图）

棚区、车间和测试控制室。E-4台架尚未完成建造，已向租户发出了招标书，以利用它的闲置空间。

另一个未建成的测试台是A-3，在决定为"星座"计划开发"战神"1号和"战神"5号运载火箭后开始建造。"星座"计划取消后，这座测试台变得多余。A-3台架的高度为300英尺（91.4米），用于为大型低温火箭发动机提供模拟高度测试。在10万英尺（30千米）的高度下，可承受19.4万磅（863千牛）的推力。

此外，在美国国防部选定斯坦尼斯航天中心为弹道导弹防御组织开发的兆瓦级氟化氢激光器提供测试区域之后，斯坦尼斯航天中心还建造了一座H-1测试台。天基激光器的概念构想始于2001年，但H-1测试台却很少被使用。从2007年开始，英国德比郡的航空发动机制造商罗尔斯·罗伊斯租用H-1测试台进行声学测试，因为美国关于此类测试的限制不同于英国。

许多航天界人士始终将斯坦尼斯航天中心称为"密西西比实验站"，但这里又经历过两次更名。1974年6月14日，它更名为美国国家航天技术实验室；1988年5月20日更名为现称，以纪念一位本地政客、航天计划的坚定拥护者——前参议员约翰·斯坦尼斯。

肯尼迪航天中心

下图：1959年，在太空时代来临之际，洲际弹道导弹投入使用，专用于太空发射的第一批发射台出现。（NASA供图）

肯尼迪航天中心仅次于约翰逊航天中心，是美国见诸媒体最多的机构之一。它为支持时任总统肯尼迪于1961年5月25日宣布的载人登月计划而建造，承担了NASA的多次发射任务。肯尼迪航天中心位于卡纳维拉尔港西北方向的梅里特岛，占地219平方英里（567平方千米）。肯尼迪航天中心

对页图：随着发射台的增加和设施的兴建，当NASA占据了原属卡纳维拉尔角空军基地的一部分场地时，发射场向北扩展，但工业区仍留在南部。这张梅里特岛上设施的地图可追溯到1963年前后，当时计划为39号发射综合体搭建3个发射台。（NASA供图）

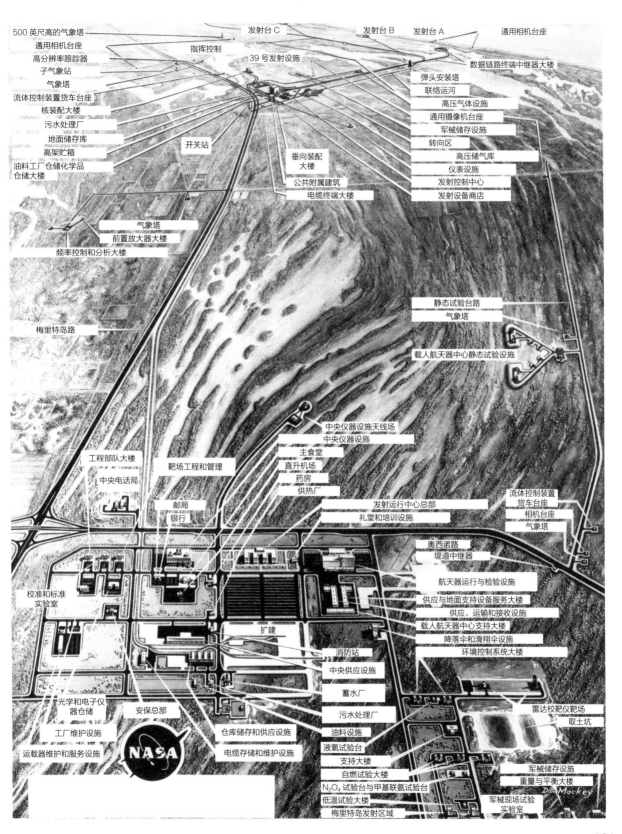

500 英尺高的气象塔
通用相机台座
高分辨率跟踪器
子气象站
气象塔
流体控制装置货车台座
核装配大楼
污水处理厂
地面储存库
高架贮箱
油料工厂仓储化学品仓储大楼

指挥控制
39 号发射设施
开关站

发射台 C
发射台 B
发射台 A
通用相机台座

弹头安装塔
联络运河
高压气体设施
通用摄像机台座
军械储存设施
转向区
高压储气库
仪表设施
发射控制中心
发射设备商店

数据链路终端中继器大楼

垂向装配大楼
公共附属建筑
电缆终端大楼

气象塔
前置放大器大楼
频率控制和分析大楼

梅里特岛路

静态试验台路
气象塔

载人航天器中心静态试验设施

中央仪器设施天线场
中央仪器设施
主食堂
直升机场
药房
供热厂

工程部队大楼
中央电话局

靶场工程和管理

邮局
银行

发射运行中心总部
礼堂和培训设施

流体控制装置货车台座
相机台座
气象塔

奥西诺路
堤道中继器

航天器运行与检验设施
供应与地面支持设备服务大楼
供应、运输和接收设施
载人航天器中心支持大楼
降落伞和滑翔伞设施
环境控制系统大楼

校准和标准实验室

扩建

消防站
中央供应设施
蓄水厂
污水处理厂
油料设施
液氧试验台
支持大楼
自燃试验大楼
N$_2$O$_4$ 试验台与甲基联氨联试验台
低温试验大楼
梅里特岛发射区域

光学和电子仪器储存
工厂维护设施
运载器维护和服务设施

安保总部

仓库储存和供应设施
电缆存储和维护设施

NASA

雷达校靶仪靶场
取土坑

军械储存设施
重量与平衡大楼

军械现场试验实验室

Don Mackey

上图：S机库成为NASA首个用于发展载人航天飞行业务的住宅区所在地。航天器在这里进行发射前的准备，而宇航员在这里度过发射前的最后几个小时。（NASA肯尼迪航天中心供图）

上图：S机库的乘员宿舍。发射前，宇航员就在这里休息。（NASA肯尼迪航天中心供图）

上图：约翰·格伦在S机库的高空模拟室中。在飞行前，需要测试压力服的完整性。（NASA肯尼迪航天中心供图）

拥有访客综合楼和火箭园，而配有全尺寸助推器和外部水箱的"亚特兰蒂斯"号航天飞机就在一幢独属于它的建筑物内展出，令人印象深刻，吸引游客前来参观。不必意外，它就是到访游客人数最多的 NASA 机构。

肯尼迪航天中心坐落于印第安河和香蕉河之间的梅里特岛上，卡纳维拉尔角空军基地则位于香蕉河和大西洋之间的沙嘴之上，经 NASA 专用大道穿过印第安河，就可抵达肯尼迪航天中心的工业区。在肯尼迪航天中心成立之前，NASA 对"土星"5 号重型火箭（它把人类送上了月球）的候选发射场进行了大范围调查。由 NASA 和美国国防部组成的联合调查小组于 1961 年 6 月接受任命并于 7 月 31 日完成工作，最终确定肯尼迪航天中心的选址。

选择卡纳维拉尔角并非必然。美国空军自 1948 年 9 月 1 日起就接管了香蕉河海军航空站的设施。香蕉河海军航空站坐落于佛罗里达州东海岸，位于迈阿密和杰克逊维尔之间，占地 23 平方英里（60 平方千米），被选为导弹测试靶场。在此之前，这里一片荒芜，零散分布着渔民的居住区，海滩人迹罕至，房屋稀疏。那里还有一座灯塔，它在进入太空时代数年后仍然矗立着，提醒游客那里有一段逝去已久的历史。目前的这座灯塔自 1894 年 7 月开始运转，比 1873 年完工的另一座灯塔离海岸更远。

在选择卡纳维拉尔角之前，从 1947 年开始，美国陆军在从新墨西哥州的白沙导弹试验场发射 V-2 火箭，冯·布劳恩和他的团队则驻扎在附近的布利斯堡。1947 年 5 月 29 日，一枚 V-2 火箭发射失误，在发射后最终落入墨西哥华雷斯市南部的一个墓地中。这起事故使参谋长联席会议意识到他们应该寻找一片永久性的场地，以便让火箭发射远离居民区。他们选中了卡纳维拉尔角（当时的通信地址为"阿蒂西亚"），因为它地处偏远，隔绝了窥探者，而且靠近广阔的大西洋，可以安全地发射射程更远的火箭。

卡纳维拉尔角于 1951 年 6 月 30 日被正式指定为美国空军导弹试验中心，后来逐渐发展为大西洋导弹靶场的发射点。卡纳维拉尔角的第一次发射于 1950 年 7 月 24 日在 3 号发射综合体进行，一枚"缓冲器" 8 号火箭发射升空。"缓冲器" 8 号由 V-2 火箭改装而成，加装"WAC 下士"火箭上面级。五天后，"缓冲器" 7 号火箭升空，这是由第二次世界大战中德国火箭改装的火箭所进行的最后一次发射。这标志着 V-2 火箭试射时代的结束，预示着一次重大转变——美国将发射种类更多的军用导弹和火箭，而它们要到后来适应航天研究后才会有所应用。

然而，自 1950 年 10 月 25 日以来，卡纳维拉尔角仍在进行实弹试射。"云雀"地空导弹在这里进行了首次发射，它在第二次世界大战临近结束时开发而成，用于防御日本的"神风特攻队"轰炸机。"云雀"地空导弹很小，长 6.25 英尺（1.91 米），射程 34 英里（55 千米），但从未大量使用。1953 年 7 月 8 日，经过 40 次发射后，试射活动停止，"云雀"被"小猎犬"地空导弹所取代。

随着美国首枚无人驾驶巡航导弹 TM-61 "斗牛士"的试射，发射活动真正开始加速。"斗牛士"导弹的射程为 700 英里（1 125 千米），长 39.5 英尺（12 米），翼展 28.6 英尺（8.7 米），被归类为战术导弹。它由推力为 4 600 磅（20 千牛）的涡轮喷气发动机辅以可在两秒内产生 55 000 磅（244.6 千牛）推力的固体燃料火箭发动机提供动力而升空。"斗牛士"的第一次试射于 1949 年 1 月 20 日在白沙导弹试验场进行，但自 1951 年 6 月 20 日起，试射活动转移

上图："水星"控制中心负责管理NASA最初的七次载人航天飞行，包括六次"水星"和一次"双子座"任务。此后，管理职能转移到得克萨斯州休斯敦的新机构。（NASA肯尼迪航天中心供图）

上图：在第一位绕地球轨道飞行的美国宇航员约翰·格伦完成这一历史性的飞行之后，S机库被冠名为"载人航天器中心"，总统肯尼迪来此视察。（NASA肯尼迪航天中心供图）

到卡纳维拉尔角；截至1956年11月30日，已经进行了191次试射。随后，"斗牛士"导弹定期进行训练发射，直至1962年退役。至此，"斗牛士"导弹已经生产了1 200枚，被部署到全球多个基地。作为改进型的"梅斯"巡航导弹的试射于1956年开始，之后转移到卡纳维拉尔角并于1959年10月29日进行了在卡纳维拉尔角的首次试射。

1952年8月29日，"蛇鲨"巡航导弹开始试射。"斗牛士"和"梅斯"导弹仅携带裂变弹头，当量为40KT。"蛇鲨"的设计目标是使弹头的当量达到3.8 MT，最远飞行距离达到6 330英里（10 190千米）。但这一目标从未实现，"蛇鲨"的研发项目也于1961年被取消。它是最后一种被效率更高的洲际弹道导弹所取代的亚声速远程巡航武器，而卡纳维拉尔角将在未来多年间为洲际弹道导弹提供支持。

紧随"蛇鲨"的试射，美国空军于1952年9月10日开始试射"波马克"地空导弹。"波马克"是一套综合防空系统，在1959—1972年间建造并部署了1 140枚。

左图："水星"计划的任务控制大厅搬迁至德布斯中心，重现了控制NASA首次载人航天飞行的设备配置。（贾德·麦克莱恩供图）

"波马克"地空导弹长 45 英尺（13.7 米），翼展为 18.2 英尺（5.54 米），射程达 440 英里（710 千米）。但随着卡纳维拉尔角试射的亚声速巡航导弹和火箭数量逐渐增加（1959 年为 5 枚，1951 年为 18 枚，1952 年为 41 枚），新一代弹道导弹开始出现并逐步开展试射活动，未来几年的试射频次将不断增加。

上图：坐落在肯尼迪航天中心访客综合楼附近的"太空镜"上刻有在任务执行过程中牺牲的宇航员的名字。（NASA供图）

第一枚"红石"火箭于 1953 年 8 月 20 日从 4A 发射综合体发射，是卡纳维拉尔角至今发射的最大火箭。它由德国的 V-2 火箭直接演变而来，可以说是冯·布劳恩团队于数年后研发"土星"系列运载火箭之前，在红石兵工厂研发的最重要的产品。"红石"火箭根据陆军弹道导弹局对短程弹道导弹的要求而设计，能够携带 3.5MT 当量的弹头，最大射程为 201 英里（323 千米）。此后，"红石"升级为"朱庇特"C 型测试火箭并被改造为"朱诺"1 号的构型，于 1958 年 1 月 31 日将美国的第一颗卫星送入轨道。进一步调整后，"水星－红石"火箭于 1961 年 5 月 5 日在美国的第一次载人弹道太空飞行中将宇航员艾伦·谢泼德送入太空。1961 年 7 月 21 日，"水星－红石"火箭又将弗吉尔·格里索姆发射进入太空。

在太空时代来临之前，卡纳维拉尔角执行了最后一项巡航导弹计划：于 1955 年 8 月 19 日启动了"纳瓦霍"导弹的测试工作。"纳瓦霍"是 X-10 系列共十二型导弹中的第一型，它的首次完整试射在 1956 年 11 月 6 日进行。"纳瓦霍"是一项雄心勃勃的计划，设计使用两台冲压发动机垂直发射导弹，每台发动机的推力为 15 000 磅（67 千牛）；由两台火箭助推器产生 20 万磅（890 千牛）的推力，提升至导弹巡航弹道。"纳瓦霍"导弹的设计速度为 1 990 英里 / 时（3 200 千米 / 时），可实际从未超过 1 550 英里 / 时（2 550 千米 / 时），理论上能够携带热核弹头发射至 4 040 英里（6 500 千米）的最大射程。结果，前四次全弹发射均以失败告终，导致该

下图："亚特兰蒂斯"号航天飞机的家以生动的姿态展示着这架轨道飞行器。它是肯尼迪航天中心最受欢迎的展品之一。（肯尼迪航天中心供图）

上图：月球火箭发射场（是一个非正式名称）的总体规划由冯·布劳恩和库尔特·德布斯以及美国陆军工程部队的专业施工队共同制定。美国陆军工程部队不仅管理整体施工，还负责39号发射综合体的设计。图中，火箭装配大楼位于最前面，右侧是39A发射综合体，而北部则是39B发射综合体。（NASA肯尼迪航天中心供图）

计划于1957年7月13日被取消，直接为当时功能更强大的洲际弹道导弹所取代。

1957年，美国的首型洲际弹道导弹已经做好测试准备，美国也为其建造了新的发射台。洲际弹道导弹比中程、中远程和远程导弹（如"红石""雷神""木星"）强大得多，因此需要更先进的发射设施和测试程序。它们被视为潜在的太空发射器，除了作为美国核威慑的要素，还为NASA和美国空军提供了将卫星送入轨道并将航天器发射到月球和近地行星的能力。它们的巨大效能也激励了上面级的发展，提高了火箭的运载能力。正是通过这种结合手段，早期的太空计划才得以实现。

月球火箭发射场

在NASA成立仅仅三年多的时候，它就面临着历史上最大的一次挑战：目标为将第一个人类送上月球的公开竞争。这是苏联"推给"时任总统肯尼迪的严酷考验，因为当时世界上的大多数国家都认为苏联在太空竞赛中遥遥领先。虽然载人登月火箭的发射地点也可以选择其他场地，但卡纳维拉尔角是一个合理选择，因为它已经为"土星"1号火箭建造了发射台。要到达月球，还需要建造更大的火箭，但所有工业和管理基础设施已经存在，卡纳维拉尔角还可以在重型火箭升空之前，支持"阿波罗"计划的早期开发阶段。

新设施的管理工作将驱动当时尚属马歇尔航天飞行中心管辖的"发射运行中心"发展成为更合规的组织机构，由此创建独立的NASA运营中心。这种做法也避免了载人航天器中心产生"发射设施和运行规程均

左图：火箭装配大楼包括一个高顶棚和一个低顶棚。由图中向下延伸、连接着发射台的慢速道可见，发射控制中心在左侧，与火箭装配大楼和发射台之间的连线在同一个平面中呈一定角度。（NASA肯尼迪航天中心供图）

上图：从这个角度可以看到低顶棚区。在这里，火箭的各级和各种航天器被送入四个高顶棚区。(NASA肯尼迪航天中心供图)

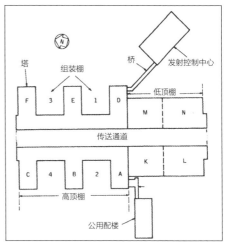

上图：火箭装配大楼的整体平面俯视图。大楼内有传送通道，将火箭的各个组件送入该通道。(NASA肯尼迪航天中心供图)

受制于马歇尔航天飞行中心"的感觉。库尔特·德布斯是V-2火箭研制时期冯·布劳恩手下的研究员，一直负责马歇尔航天飞行中心"土星"系列火箭的发射工作。1962年3月7日，NASA宣布卡纳维拉尔角的发射设施独立，德布斯直接向NASA总部的布雷纳德·霍尔姆斯汇报，而不再向马歇尔航天飞行中心汇报。

　　机构调整后不到一年，NASA便决定了采用何种方式登月并于1962年7月宣布采用月球轨道交会模式。该决定基于冯·布劳恩团队在马歇尔航天飞行中心提出的使用"土星"5号火箭的要求。然而，"土星"5号火箭需要非常特殊的组装、检验和发射技术，而且火箭本身

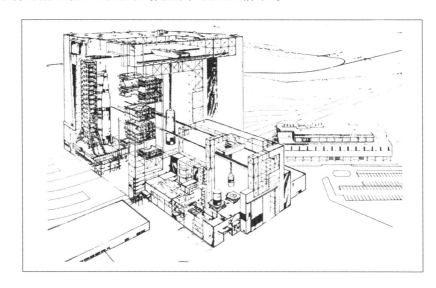

右图：内部布局的早期草图，其中"土星"5号火箭和"阿波罗"飞船按一定比例绘制。(NASA肯尼迪航天中心供图)

上图："阿波罗"11号飞船连同火箭有36层楼高，它们正在向发射台移动。火箭通过图中所示分段式的门进入慢速道。（NASA肯尼迪航天中心供图）

下图："阿波罗"11号滑出时的透视图，可见发射控制中心的后部以及右侧位于慢速道旁边的移动服务结构。（NASA肯尼迪航天中心供图）

体量巨大，准备发射所需的时间较长，无法简单地在发射台上组装。

NASA对几种方法进行了研究，被选中的方法能够使高363英尺（110.6米）的巨型火箭被组装到新建的、高大的"垂直装配大楼"中。该建筑于1965年9月9日更名为火箭装配大楼，能够同时装配多达4枚"土星"5号火箭。在火箭装配大楼内部，每枚火箭将逐级组装在构成发射台的移动发射器上。移动发射器放置于基座，其上又放置运载火箭，顶部装载"阿波罗"号飞船，由履带式运输车运往发射场。履带式运输车是一个四角装有履带的平板车，可在发射场把移动发射器放在另一组高度为22英尺（6.7米）的基座上，再将自身和移动发射器移出发射场。

移动发射器（后称移动发射平台）重4762吨，包含一座发射脐带塔和九根服务臂，向火箭箭体提供物理通道、推进剂、液压、气动控制和电力，并可以在火箭升空前几秒向外摆开。S-1C第一级连接两根机械臂，S-2第二级连接三根机械臂，S-4B第三级、仪器单元和封装的月球舱连接两根机械臂，"阿波罗"飞船连接两根机械臂。移动发射器到发射脐带塔顶部的总高度为445.75英尺（135.86米），发射脐带塔的尺寸为135英尺×160英尺（41.1米×48.7米），高25英尺（7.6米）。

虽然移动发射器看起来是一个单一的整体平台，但它被分为两个部分。其中一部分尺寸为 135 英尺 ×60 英尺（41.1 米 ×18.29 米），为发射脐带塔提供物理支撑；另一部分的尺寸为 135 英尺 ×100 英尺（41.1 米 × 30.5 米），为"土星"5 号火箭提供了发射台和约束臂，以及一个 45 平方英尺（4.18 平方米）的排气口，可将"土星"5 号排出的气体向下引入火焰偏向器的顶部，并沿着传焰道与之相对的部分流动。移动发射器的内部由两层各15个房间组成。这些房间包括计算机、检修设备、系统测试设备、推进剂装载设备、电气设备机架和发动机液压维修装置。

一些地面上安装了减震器，墙壁内衬隔音玻璃纤维以保护设备。在第一级点火后的 7 秒钟内，火箭顶部的四条固定支撑臂会通过发出发射信号（发射信号的前提是计算机确定五台 F-1 发动机正常启动运行，且箭体更高处没有发生任何问题）时释放的预装曲拐连杆机构约束火箭。每条固定臂高 10.5 英尺（3.2

上图：三座移动发射平台的一端各固定有一座发射脐带塔，以便在点火后和发射前提供与"土星"5号火箭的缆线连接。（NASA肯尼迪航天中心供图）

下图：移动发射平台由两个区域组成，一个区域用于支撑发射脐带塔（平面图的下部），另一个是带有中央排气孔的运载火箭固定区域，用于释放"土星"5号火箭上五台F-1发动机的废气羽流。图注：1.动态支撑臂；2.冷凝器；3.楼梯井；4.脐带塔架；5.尾部维修桅杆；6.火箭发动机室；7.出入舱口；8.火箭固定支持臂；9.防爆障；10.电梯；11.平台安装式电缆罩；12.环境控制系统管道支架。（美国陆军工程部队供图）

下图：39A发射综合体的移动发射器上发射脐带塔的模样，可见脐带塔展开的下部。（NASA肯尼迪航天中心供图）

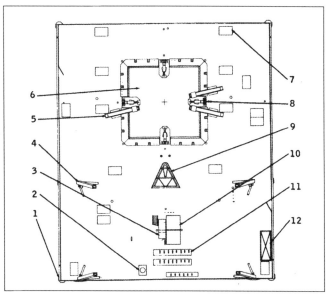

米），重 18 吨。

　　发射脐带塔在移动发射器的平台上方延伸 398.5 英尺（121.5 米）。脐带塔的底座尺寸为 60 英尺 ×111 英尺（18.3 米 ×33.8 米），在 80 英尺（24.4 米）的高度上，截面逐渐缩小为边长 40 英尺（12.2 米）的正方形。两部电梯以每分钟 600 英尺（183 米）的速度在塔上运行，具有 2 500 磅（1 134 千克）的载重能力，为 17 个工作平台和服务臂提供维保。发射脐带塔顶部的锤头式起重机的吊钩高度为 376 英尺（114.6 米），移动半径为 85 英尺（25.9 米），可以移动整周。它的最大载重量为 22.68 吨，半径最大载重量为 9 吨。

　　九根服务臂从发射脐带塔伸出，在特定高度环抱火箭和航天器，并从地面向"土星"5 号火箭输送电力和气压。每根服务臂的重量从 15.8 吨至 23.6 吨不等，长度从 45 英尺（13.7 米）至 60 英尺（18.3 米）不等。所有服务臂都能在发射信号发出后五秒钟内缩回，以释放固定支持臂。第一台移动发射器于 1963 年 7 月在亚拉巴马州伯明翰的英格尔斯钢铁厂开始建造。1965 年 3 月，三台移动发射器的结构框架全部完成，随后是所有内部设备的安装工作于 1966 年 5 月完成。三台移动发射器均于 1968 年末投入使用。

　　在"阿波罗"、"天空实验室"和"阿波罗－联盟"测试项目的任务中，1 号移动发射器支持了 7 次发射任务，2 号和 3 号移动发射器各支持了 5 次发射任务。此后，移动发射器更名为移动发射平台。移动发射平台随后为航天飞机计划接受了大规模调整，最明显的变化是移除了发射脐带塔（航天飞机的高度只比"土星"5 号火箭的一半多一点）以及维修桅杆和锤头式起重机。另一个变化是为航天飞机主发动机和两台固体火箭助推器设置了三个排气孔，代替原来的单个中央排气孔。

　　两台履带式运输车均重 2 721 吨，最大载重量为 5 442 吨，总重量达 8 163 吨。两台功率为 2 750 马力（2 050.6 千瓦）的柴油发动机驱动四台 1 000 千瓦的发电机并带动十六台牵引电机，从而让这两台庞然大物运转起来。电动机使四条相距 90 英尺（27.4 米）的双轨式履带转动。这八条带面的每一条都宽 7.5 英尺（2.28 米）、长 41.25 英尺（12.57 米）、重 1 吨。转向时，两名驾驶员在运输装置两端的轿厢中，使用电控液压系统控制，最小转弯半径为 500 英尺（152.4 米）。

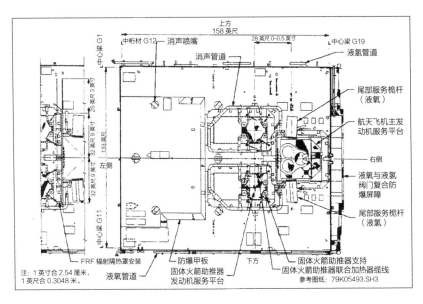

上方
158 英尺

中桁材 G12 | 消声喷嘴
中心梁 G19 | 液氢管道
28 英尺 0-0.5 英寸
中心梁 G1

消声管道

25 英尺 9 英寸
32 英尺 9 英寸
133 英尺

尾部服务桅杆（液氧）

航天飞机主发动机服务平台

右侧

液氧与液氢阀门复合防爆器屏障

尾部服务桅杆（液氢）

左侧
中心梁 G11

FRF 辐射隔热罩安装 | 防爆甲板 | 固体火箭助推器支持
液氧管道 | 固体火箭助推器发动机服务平台 | 固体火箭助推器联合加热器缆线

注：1 英寸合 2.54 厘米，
1 英尺合 0.3048 米。

参考图纸：79K05493.SH3

右图：通过完全移除发射脐带塔，重新为三台航天飞机主发动机和两台固体火箭助推器设置排气口，移动发射器彻底为航天飞机计划而改造。（NASA肯尼迪航天中心供图）

由于必须爬上一个斜坡才能到达发射台，履带式运输车拥有一套由液压千斤顶组成的负载平衡系统。液压千斤顶的一个冲程长 6 英尺（1.82 米），在火箭顶部测得的最大偏差为 2 英寸（5 厘米）。履带式运输车的总长度为 131.25 英尺（40 米），最大宽度为 114 英尺（34.75 米）。一套单独的电源系统为均衡负载、千斤顶、转向系统、通风系统和电子系统提供交流电，包括两台 1 065 马力（794.17 千瓦）的柴油发动机和两台 750 千瓦的发电机。履带式运输车的载重速度为 1 英里 / 时（1.6 千米 / 时），空载速度为 2 英里 /

左图：适应航天飞机时代的移动发射器的上层甲板缩短，排气孔与固定限制装置进行了重新配置。（NASA肯尼迪航天中心供图）

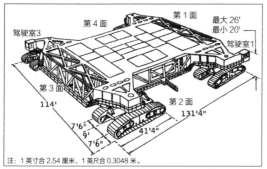

注：1 英寸合 2.54 厘米，1 英尺合 0.3048 米。

上图：巨型履带式运输车的整体尺寸。它当时是最大的陆上可移动物体。经过翻新，它已为"太空发射系统"做好了准备，在2022年开始为NASA提供服务。（NASA肯尼迪航天中心供图）

左图：履带式运输车使移动发射器和移动服务结构获得了移动能力，将后者运往为"土星"5号火箭和"阿波罗"飞船提供服务的地点。（NASA肯尼迪航天中心供图）

时（3.2 千米 / 时）。

　　履带式运输车设计于 1962 年。1963 年 3 月，NASA 与马里恩动力铲公司签订制造两台运输车的合同，组件在俄亥俄州制造后运往肯尼迪航天中心组装。第一台运输车完工于 1965 年。两年内，两台装置均投入使用。1965 年 6 月 22 日，履带式运输车首次吊装了一台移动发射器。经过一些调整后，它于 1966 年 1 月 28 日成功完成了首次有负载运行。履带式运输车为"阿波罗"计划而建造，经改造后用于将搭载有航天飞机的改进型移动发射台运送到 39 号发射综合体。1985 年，履带式运输车增加了激光对接系统，使其能够与发射台上的"零死角"固定位置完美对接，误差在 0.5—0.25 英寸（1.27—0.63 厘米）内。

　　尽管火箭各级和航天器组件的组装和堆叠在火箭装配大楼中进行，但仍需要在发射场对航天器进行处理。为此，建造了大型的移动服务结构，由履带式运输车在火箭装配大楼和发射台之间往来运输。移动服务结构重达 4 444 吨，距地面 402 英尺（122.5 米），底座尺寸为 135 英尺 ×132 英尺（41.15 米 ×40.23 米），顶部边长 113 英尺（10.5 米）。移动服务结构包括一组约 22 英尺（6.7 米）深、

右图：装载有航天飞机时代移动发射器的履带式运输车与普通车辆、平台和发射台的尺寸对比。（NASA肯尼迪航天中心供图）

130 平方英尺（39.6 平方米）的底座桁架和一系列共 8 个塔架，每个塔架高约 44 英尺（13.4 米）。

组装完成后，移动服务结构的塔身由四个并排的直立桁架组成，每个直立桁架高 335 英尺（102.1 米），放置在高 22 英尺（6.7 米）、面积为 130 英尺（39.6 米）的方形底座桁架上。横跨塔身前后平面的支撑构件构成了两个附加的横向桁架。塔身和底座结构共由 1 458 块独立的钢片组成，重达 3 488 吨，通过 416 个接头连接。五座悬空平台从塔架前部伸出，可在移动服务结构到达发射台时打开，并在移动服务结构就位后围绕着"土星"5 号火箭和航天器合拢。两部电梯为各个工作平台提供服务，每个工作平台可承载 16 人或重 5 000 磅（2 268 千克）的设备。

移动服务结构被停放在两座发射台之间。这样一来，即使火箭爆炸，它也不会受到碎片的损害。移动服务结构仅在技术人员于火箭上工作时才与"土星"5 号火箭和"阿波罗"飞船有接触。1966 年 7 月 22 日，移动服务结构第一次由履带式运输车移动。它们的服务年限仅限于"阿波罗"计划期间，在最后一次"土星"5 号发射后随即退役。后来的航天飞机有着完全不同的支持要求：维修塔与发射装置必须是一体的。

月球火箭发射场设施的布局是由"土星"5 号火箭所蕴藏的巨大能量决定的。如果在发射台上爆炸，它将具有小型原子弹一般的破坏力。因此，建筑物和相关结构必须分散布置，以便在发生灾难性事故时最大限度减少恢复所需的程序。

火箭装配大楼是肯尼迪航天中心建筑群的核心，也是当时世界上最大的建筑。最初，NASA 原计划在火箭装配大楼中同时准备发射六枚强大的"土星"5 号火箭。但随着设计的进展，人们发现火箭的发射速度显然不可能超过火箭装配大楼同时准备发射四枚火箭的速度，而且发射台的数量也不止两座，因此原先设计的布局被放弃。

1963 年 8 月 20 日，美国陆军工程部队开始建造火箭装配大楼。施工场地已在一年前清理完毕，并堆积了 150 万立方码（114.69 万

上图：在火箭装配大楼内加装新的推进装置和电气电子控制系统以翻新履带式运输车。（雅克·范乌讷供图）

上图：AS-503任务火箭正在发射台上为发射"阿波罗"8号飞船做准备，而移动服务结构则在履带式运输车上逐渐靠近。（NASA肯尼迪航天中心供图）

立方米）的泥土，使其平均海拔达到 7 英尺（2.13 米）。施工场地下方第一层铺盖有砂子和压实的贝壳，厚达 30—40 英尺（9.1—12.2 米）；下一层是超过 80 英尺（24.38 米）厚的可压缩粉砂和黏土。在 120 英尺（36.57米）深的地方，有一处 3 英尺（91 厘米）厚的石灰岩层架，覆盖在深 160 英尺（48.77米）的石灰石基岩顶部的硬质黏土和粉砂层上。

火箭装配大楼由 4 225 根 0.375 英寸（0.95 厘米）粗的开放式钢管桩支撑，深入基岩。如果钢管桩端对端连在一起，总长将达到 128 英里（206 千米）。每根管桩的压缩载荷能力为 90.7 吨，抗拉载荷能力为42.6 吨，能够防止大楼被飓风吹垮。大楼使用了 50 000 立方码（38 230 立方米）的混凝土来密封管桩、浇筑地板。火箭装配大楼的主要骨架由 54 432 吨结构钢组成，分为45 000 个独立部分，各部分的质量在 150 磅（68 千克）—7.2 万磅（32.65 吨）之间，使用 100 万个高强度螺栓固定。

大楼框架的桁架系统以边长为 38 英尺（11.58 米）的正方形的倍数布置，每侧能够承受高达 0.629 磅／平方英尺（4.3 千帕）的爆压和 0.729 磅／平方英尺（5.02 千帕）的吸气压强。钢制框架的安装于 1964 年 1 月开始，1965 年 4 月完成建造。开发的建筑面积总计150 万平方英尺（139 350 平方米），其中高顶棚有 26 层楼板，低顶棚有 3 层楼板，均使用 4 英寸（10.16 厘米）厚的轻质增强混凝土板搭建。

整座火箭装配大楼由 108.5 万平方英尺（100 796 平方米）的绝缘铝制壁板和 7 万平方英尺（6 503 平方米）的发光塑料板包围。壁板可稳定热效应并有助于减少"土星"5 号火箭发射时产生的声压力波。高顶棚的门由 11 个独立扇片组成，开口足够大，可以让履带式运输车将移动发射器和移动发射器上装载的"土星"5 号火箭一起移出。高顶棚开门后形成的空间的最大高度为 456 英尺（129 米），其中四扇自平地起、宽 152 英尺（46.3 米）的门可到达 114 英尺（34.75 米）的高度，在此之上的七个宽 76 英尺（23.16 米）的屋檐使垂直开口变得完整。

尽管有 9 000 吨重的空调可以用来调节室内空气，但出于环保考虑，每扇门还是可以单独打开。NASA 的公共关系小组（当然也包括设备制造商）急切地指出，若不采用这种设计，云就会聚集在建筑内部并产生降雨。虽然门的设计确实在某种程度上抑制了水蒸气的凝结，但水还是会从垂直的表面或天花板上滴落。这种说法并不正确，可它仍然成功吸引了媒体的注意，登上了头条新闻。

从本质上讲，火箭装配大楼由两个"盒子"组成：一个是高顶棚，高 526.75 英尺（160.55 米），宽 518 英尺（157.88 米），长 442 英尺（134.7 米）；另一个是低顶棚，高 211.75 英尺（64.54 米），宽 442 英尺（134.7 米），长 274.5 英尺（83.67 米）。两座建筑物的内部容积为 1.294 82 亿立方英尺（366.4 万立方米），总长度 716.5 英尺（218.37 米）。高顶棚几乎与华盛顿纪念碑一样高。

通过尺寸为 60 英尺 ×60 英尺（18.29 米 ×18.29 米），高度相当于 1 层、2 层或 3 层楼的工作平台可以进入巨大的棚，接触装配好的火箭。火箭的各个组件在火箭装配大楼外部制造，完成后移入大楼并抬升到适当的高度，但在不同高度上都可以在垂直和水

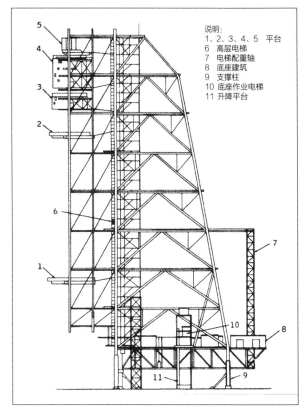

说明：
1、2、3、4、5 平台
6 高层电梯
7 电梯配重轴
8 底座建筑
9 支撑柱
10 底座作业电梯
11 升降平台

上图：移动服务结构的总体布置图。五个平台用于为运载火箭和航天器提供在所需高度上的服务。（美国陆军工程部队供图）

右图：安装有移动服务结构的AS-500F设施检验车，清晰地展示了移动发射平台的两个区域，一端是"土星"5号火箭，另一端是发射脐带塔。（NASA肯尼迪航天中心供图）

上图：在"阿波罗"12
号飞船发射前倒计时演
示测试时，发射控制中
心的2号发射室。（NASA
肯尼迪航天中心供图）

平方向进行调整。每个工作平台通过半圆形的切口从对侧围绕火箭箭体展开时，都会由约 30 英尺（9.14 米）长的悬臂抬升，并用氯丁橡胶密封圈在火箭周围形成密封，以防止损坏火箭或工具从缝隙中掉落。在距离地面 40 层楼的平台上工作是一次难得的经验，但需要工作人员能够登高！

人员和载有轻型设备的手推车可以通过 17 部电梯到达各个楼层，其中 4 部电梯位于低顶棚。乘坐高顶棚的电梯，可以从地面直达 420 英尺（128 米）高的第 34 层。整座火箭装配大楼中，有超过 70 台起重机和起重设备用以移动货物，其中最重要的是两台桥式起重机，起重能力为 227 吨，为转运通道两侧的两个高顶棚装配区服务。

每台起重机重 454 吨，桥的跨度为 150 英尺（45.7 米），吊钩高度为 462 英尺（140.8 米）。一台的载重量为 154 吨、吊钩高度为 166 英尺（50.6 米）的单桥式起重机沿着高顶棚区和低顶棚区之间的转运通道行进。起重机驾驶员的应聘者需要以空前的技能证明自己具备搬运重物的专业知识：降下桥式起重机的吊钩，用它夹起地板上的一颗鸡蛋，而蛋壳不能碎裂！

月球火箭发射场的设计概念是卡纳维拉尔角所独有的。在火箭装配大楼中，火箭各级以及航天器的接收和装配流程不同于其他任何地方，因为 NASA 希望同时让多达四枚"土星"5 号火箭预备发射，并且在数小时的发射间隔内让两枚火箭进入发射处理流程。这就对

右图：发射控制中心的外
观。现为其增加了针对飓
风的防护措施。（NASA肯
尼迪航天中心供图）

发射前和发射入轨时的操作控制提出了要求。卡纳维拉尔角没有使用传统的加固发射管制台，而是在火箭装配大楼的东南侧建造了发射控制中心。发射控制中心是一座四层楼高的钢筋混凝土建筑，长378英尺（115.2米）、宽181.5英尺（55.3米）、高77.2英尺（23.5米），由预制混凝土和预应力材料制成。

发射控制中心包含四个发射室，每个发射室长80英尺（24.6米）、宽140英尺（42.7米）、高两层，内有470个控制台工位，供操作人员倒计时和发射"土星"5号火箭使用。"土星"5号火箭的处理进程和发射过程采用了高度自动化的独特方法，自动控制发射的大量命令和序列，以便为火箭及航天器的各部分组件进行飞行准备。以前从未尝试过这样的操作，而一切都在发射控制中心得到了实现。控制台通过数百万页的项目明细向工作人员报告编入计算机的序列。每条项目明细都是"土星"5号火箭发射前的一年中，工程师和技术人员制定的海量指令和命令中的关键步骤。

在发射控制中心，可以通过染色的玻璃窗查看发射台。玻璃窗由0.75英寸（1.9厘米）厚、长80英尺（24.4米）、宽22英尺（6.7米）的夹层玻璃构成，仅允许28%的光线射入，而且可以过滤火箭第一级发动机的声音。发射室内的气温由玻璃中的恒温器控制，通过保持室内温度高于外部的露点温度来防止冷凝和起雾。发射室可容纳450名发射工作人员。

发射控制中心于1964年3月开工，1965年5月基本建成。尽管装修工作在当年年底之前尚未完成，这座建筑还是获得了1965年年度工业设计奖。它的外形美观，位于火箭装配大楼的工作区域内，总建筑面积为213 900平方英尺（19 871平方米）。次年，整个建筑群被美国土木工程师协会评选为"年度杰出土木工程成就"。发射控制中心的建筑群由民用建筑师设计，在承包商的协助下由美国陆军工程部队南大西洋分部建造，成为陆军工程部队高超技艺和杰出能力的持久象征。至今，发射控制中心仍在为美国服务，已有五十余年的历史。

慢速道是一条专门建造的道路，它为履带式运输车和移动发射器运送"土星"5号

下图：航天飞机的引入导致设施必须进行几处更改。重新配置火箭装配大楼对于容纳各种组件至关重要，尤其是危险的固体火箭助推器。（NASA肯尼迪航天中心供图）

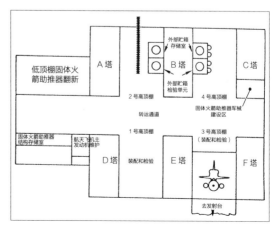

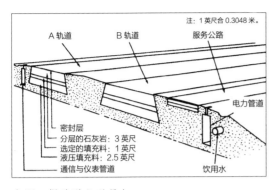

注：1 英尺合 0.3048 米。

A 轨道　　　B 轨道　　　服务公路

电力管道

密封层
分层的石灰岩：3 英尺
选定的填充料：1 英尺
液压填充料：2.5 英尺

饮用水

通信与仪表管道

上图：慢速道几乎是与火箭装配大楼一样的巨大工程学挑战。由于需要大量填土，因而使铺出完全平整的堤道颇具挑战。（NASA 肯尼迪航天中心供图）

火箭前往发射台提供支持。最初，一项规划预期建设五座发射台，附带规定了慢速道的路线。慢速道的布局现在仍然体现着最初的设想，即在海岸更向北的地方再建三座发射台。在经过连接着 39B 发射综合体的岔路口后，慢速道向东拐弯，将火箭直接运送到 39A 发射综合体，道路在此终止。但是，如果继续向 39B 发射综合体行驶，慢速道又将出现另一个终点。尽管向北的延伸段从未开工，慢速道仍然采用了通向北方的布局。

发射综合体之间的最小间距要求在"土星"5 号火箭发生坠毁事故时能够最大限度地减少损坏，也就是 3.4 英里（5.47 千米）。慢速道的基本布局包括两条 40 英尺（12.19 米）宽的车道，中间有一条 150 英尺（45.7 米）宽的隔离带。慢速道为承受移动发射器和"土星"5 号火箭 7 700 吨的重量而建，路面平均厚度为 7 英尺（2.13 米）。根据一份签订的与火箭装配大楼相同的合同，修路工程于 1963 年 11 月开始，于 1965 年 8 月完成。从火箭装配大楼出发，在慢速道总长的三分之二处，一条支路延伸至 39B 发射综合体。该段长度为 2.14 英里（3.44 千米），根据合同建造，为 39B 发射综合体专用。从火箭装配大楼到 39B 发射综合体的距离则是 4.24 英里（6.82 千米）。

慢速道的结构由它承受的载荷和作用力决定。在正常运行条件下，履带式运输车的四个双轨式履带单元计算得出的重量为 1 995 吨；但当风引起装置不平衡时，测得的重量将增加到 2 449 吨。因此，慢速道至少需承受 12 000 英尺 / 磅（16 269.8 牛 / 米）的载荷。重要的是，履带式运输车需要穿越沼泽、旱地和泥潭等各种地形。钻探结果表明，地下 40—45 英尺（12.2—13.7 米）深处存在合适的土层，而且在该深度下，土壤可以适度压缩，由黏土、淤泥和粉砂或黏土型砂交错组成。

在挖出不合适的材料后，施工队沿路线铺设了超过 300 万立方码（229.38 万立方米）的液压砂土，用振动压路机压实，再用 90 吨的压路机精轧。慢速道本身由 3 英尺（0.9 米）厚的级配碎石集料基层和 3.5 英尺（1.1 米）厚的特选基层材料构成。慢速道表层作为

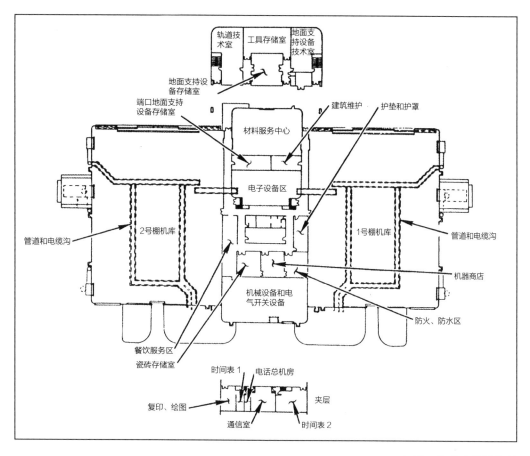

軌道技术室　工具存储室　地面支持设备技术室

地面支持设备存储室

端口地面支持设备存储室

材料服务中心

建筑维护　护垫和护罩

电子设备区

管道和电缆沟

2号棚机库

1号棚机库

管道和电缆沟

机器商店

机械设备和电气开关设备

防火、防水区

餐饮服务区
瓷砖存储室

时间表1　电话总机房

复印、绘图

夹层

通信室　时间表2

上图：轨道飞行器处理设施的平面图可见两个轨道飞行器工作棚，一个负责维护返回的航天飞机，另一个负责准备下一次任务。（NASA肯尼迪航天中心供图）

履带式运输车运行的部分，铺设了河卵石。在有弯道的路段，河卵石的铺设深度为 8 英寸（20 厘米），在平直路面上的铺设深度为 4 英寸（10 厘米）。慢速道高出海拔 7.5 英尺（2.2 米），但通往每座发射台的坡度均为 5°。一条 24 英尺（7.3 米）宽的服务公路与慢速道平行，南侧支路通往 39A 发射综合体，东侧支路通往 39B 发射综合体。

公用事业管线铺设在慢速道的两侧，将发射控制中心和火箭装配大楼与发射综合体连接起来。通信和仪表线路置于沿道路北侧埋设的管道中，每排多达 40 条管道，中继建筑物的间隔不同。高压气体管线也设于慢速道的北侧，由预制柱和桥墩支撑，从高压气体设施出发，沿着慢速道延伸。电力管道和饮用水管道都设于慢速道的南侧。若有任何线路或管道需要从慢速道下方穿过，就要修建通行隧道以承受主要负荷。

距离发射台大约一半的地方，在一块 14 英尺（4.26 米）厚、约

上图：轨道飞行器处理设施的设计目的是接收返回的航天飞机并确保安全着陆，也用于在水平放置的姿态下，将货舱中的大型有效载荷安装在航天飞机上。（NASA肯尼迪航天中心供图）

200 英尺（61 米）见方的支柱底板上，移动服务结构有一处专用的停放场地，支柱底板上有 19 000 立方码（14 527 立方米）的混凝土和重达 613 吨的最大尺寸钢筋。移动服务结构重约 4 445 吨，当它安装在履带式运输车上时，停放场地的总负载为 7 167 吨。四条支撑杆保持运输车稳定并固定有侧撑杆，能够承受高达 125 英里 / 时（201 千米 / 时）的风力。随着"阿波罗"计划的结束，移动服务结构被切割成碎片，部分钢材用于航天飞机计划中对 39 号发射综合体的改装，部分钢材被用于建造瞭望塔，游客可以从上面看到两个主要的发射台，向南眺望则可见卡纳维拉尔角。

最初名为"梅里特岛工业园区"的一批设施庞大的园区于 1963 年 1 月 28 日破土动工，第一批员工在 1965 年 4 月进驻。这批设施位于月球火箭发射场的南部，是作为其构成运营活动中坚力量的基础设施。它们现在仍然是肯尼迪航天中心工业园区的核心，拥有接收、准备、处理以及将有效载荷、卫星与航天器运送到各自发射台所需的所有设施设备。作为 NASA 最有代表性的一座设施，我们很难对它的历史避而不谈。

当地时间 1974 年 7 月 16 日上午 9 时 32 分，三位宇航员阿姆斯特朗、奥尔德林和柯林斯共同为一块纪念匾揭牌，以纪念五年前的同一时刻人类首次登陆月球。纪念匾上写道："人类从这个园区开始了第一次登月之旅。这些探索的成功得益于政府和工业界的共同努力，以及美国人民的支持。"

回过头来看，月球火箭发射场其实存在过度建设问题。NASA 在确定抵达月球的方法之前，就开始规划它，并在美国仍然认为"对月球表面进行科学探索将是美国太空计划的长期特色"时就开始建造，只是将火箭装配大楼中的装配棚的数量从六个减少到四个，降低了一部分成本。一项关于"最开始只建造对登月至关重要的设施"的决定推迟了五座发射台的建造，因此最终只建造了两座发射台。

1975 年，最后一枚"土星"火箭发射后，工程师再次来到发射综合体，对其进行调整，以适应航天飞机计划。从 1976 年开始，火箭装配大楼的四个高顶棚中，有两个进行了改装，以便在移动发射平台上装配航天飞机，另外两个高顶棚则用于处理和堆放固体火箭助推器与外部贮箱。北门加宽了 40 英尺（12.19 米），用以让拖曳状态下翼展为 78 英尺（23.77 米）的轨道飞行器进入。1 号棚和 3 号棚中增加了工作平台，用于装配航天飞机进而发射；2 号棚和 4 号棚则进行了内部结构调整。（后文将详细介绍 39 号发射综合体的调整情况。）

航天飞机的早期飞行以在加利福尼亚州爱德华兹空军基地的着陆为终止标志，爱德华兹空军基地的着陆带更能适应下降和着陆时的所有异常情况。航天飞机进入日常运行后，轨道器将回到肯尼迪航天中心着陆。航天飞机着陆设施是一条长 15 000 英尺（4 570 米）、宽 300 英尺（91.4 米）的跑道，位于火箭装配大楼西北侧。跑道于 1975 年末完成建设，从中心到边缘有 24 英寸（61 厘米）的倾斜，凿有沟槽，以防止湿路打滑。东北角有一座配对–解配装置，它将在航天飞机时代把在爱德华兹空军基地着陆并返回的轨道器从波音 747-100 载机的背部卸下。

为了适应航天飞机的可重复使用性，有一项重大调整必须完成。大多数着陆预计都将在航天飞机着陆跑道上进行，而轨道器将驶向火箭装配大楼附近的轨道飞行器处理设施。在这里，轨道器将接受检查、维修并为下一次任务做好准备，继而驶入火箭装配大楼进行

左图：航天飞机着陆设施既是航天飞机轨道器返回使用的跑道，也是从爱德华兹空军基地飞回的轨道器的着陆带，现用于空军的波音X-37B可重复使用有翼飞行器从太空返回。（NASA肯尼迪航天中心供图）

垂直装配，再运送到 39 号发射综合体两座发射台中的一座上。在轨道飞行器处理设施中，当航天飞机处于水平状态时，还将在该设施中安装好固定的有效载荷结构。起初，火箭装配大楼以北建有第三座高顶棚，它实际上是翻新的"轨道器维护与翻新设施"。

三座相同的高顶棚（1 号、2 号和 3 号轨道器处理设施）长 197 英尺（60 米）、宽 150 英尺（45.7 米）、高 95 英尺（28.9 米），面积为 29 000 平方英尺（2 694 平方米），可同时处理两架轨道器。两座处理设施之间的空间由一个长 233 英尺（71 米）、宽 97 英尺（29.5 米）、高 24.6 英尺（7.5 米）的低顶棚区域连接。公用地板区域以下是电气、电子、液压和气动供应导管以及气体供应管道，都通向火箭装配大楼。大量的工作平台、检修平台以及三台 27 吨的桥式起重机提供了通向轨道器的全部通道。

1 号轨道飞行器处理设施在 2012 年 6 月 29 日"亚特兰蒂斯"号驶出后关闭，在 2014 年与波音公司达成协议后将该设施用于支持美国空军的 X-37B 太空飞机。后来又有一项类似协议达成，将 2 号轨道飞行器处理设施纳入 X-37B 支持项目中。波音公司还签署了 3 号设施的租赁协议，以支持该公司的 CST-100 可重复使用载人航天器。该项目亦属于与 NASA 建立的商业伙伴关系的合作内容。

卡纳维拉尔角发射台

当美国军队到达阿特西亚的卡纳维拉尔角时，并没有多少可用于建造发射场的材料。施工队从旧的海滨别墅、小屋和供游泳者使用的更衣室中就地取材，搭建了一座临时发射台，将 V-2 火箭送入了平流层。美国当时只有这一件事可以吹嘘：他们"解放"了第二次世界大战后遗留下来并从德国带回的弹道导弹。施工队在沙质土壤上浇筑了一层 100 英尺（30 米）宽的混凝土，但是没有可以防止汽车、卡车和货车陷入沙土的道路，直到铺设了碎石路，情况才逐渐好转。

1948 年 9 月，美国空军抵达卡纳维拉尔角后，立刻着手建造联合远程试验场，并于 1949 年 5 月 11 日获得杜鲁门总统的正式批准。地方海岸警卫队开放了他们在卡纳维拉尔角的管区，用于空军的导弹任务。建设工作从 1950 年 5 月 9 日开始，由杜瓦尔工程公司承建，于 6 月 20 日竣工。首先建成的两座发射设施名为 3 号和 4 号发射综

右图：1964年的一幅"洲际弹道导弹发射列"航拍照片。这个名称形成于20世纪50年代末，随着航天计划的发展，发射台的数量开始增长，以适应增加的火箭和导弹库存带来的更多试验需求，而卡纳维拉角的海岸线也在不断外扩。（美国空军供图）

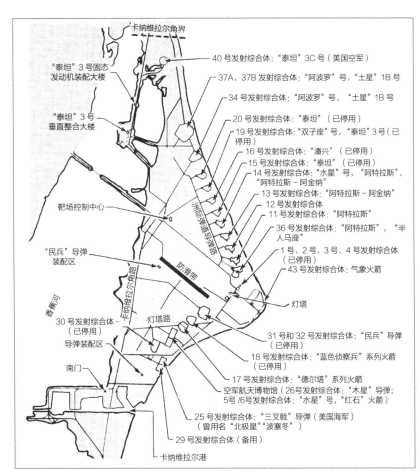

卡纳维拉尔角界

40 号发射综合体："泰坦" 3C 号（美国空军）

"泰坦" 3 号固态发动机装配大楼

37A、37B 发射综合体："阿波罗"号，"土星" 1B 号

34 号发射综合体："阿波罗"号，"土星" 1B 号

"泰坦" 3 号垂直整合大楼

20 号发射综合体："泰坦"（已停用）

19 号发射综合体："双子座"号，"泰坦" 3 号（已停用）

16 号发射综合体："潘兴"（已停用）

15 号发射综合体："泰坦"（已停用）

14 号发射综合体："水星"号，"阿特拉斯"，"阿特拉斯－阿金纳"

靶场控制中心

13 号发射综合体："阿特拉斯－阿金纳"

12 号发射综合体

11 号发射综合体："阿特拉斯"

36 号发射综合体："阿特拉斯"，"半人马座"

"民兵"导弹装配区

洲际弹道导弹路

1 号、2 号、3 号、4 号发射综合体（已停用）

43 号发射综合体：气象火箭

防滑带

灯塔

香蕉河

卡纳维拉尔角路

灯塔路

31 号和 32 号发射综合体："民兵"导弹（已停用）

30 号发射综合体－（已停用）

导弹装配区

18 号发射综合体："蓝色侦察兵"系列火箭（已停用）

17 号发射综合体："德尔塔"系列火箭

南门

空军航天博物馆（26号发射综合体："木星"导弹；5号/6号发射综合体："水星"号，"红石"火箭）

25 号发射综合体："三叉戟"导弹（美国海军）（曾用名"北极星""波塞冬"）

29 号发射综合体（备用）

卡纳维拉尔港

右图：这张地图标明了卡纳维拉尔角空军基地的占地范围以及本节所述的主要发射综合体，还画出了肯尼迪航天中心以南的卡纳维拉尔角边界。（卡纳维拉尔角空军基地供图）

143

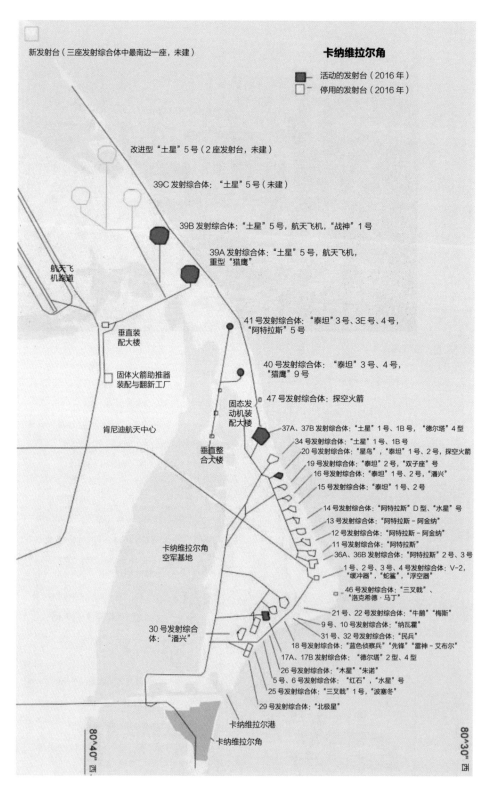

新发射台（三座发射综合体中最南边一座，未建）

卡纳维拉尔角

■ 活动的发射台（2016 年）
□ 停用的发射台（2016 年）

改进型"土星"5 号（2 座发射台，未建）

39C 发射综合体："土星"5 号（未建）

39B 发射综合体："土星"5 号，航天飞机，"战神"1 号

39A 发射综合体："土星"5 号，航天飞机，重型"猎鹰"

航天飞机跑道

垂直装配大楼

固体火箭助推器装配与翻新工厂

肯尼迪航天中心

固态发动机装配大楼

垂直整合大楼

41 号发射综合体："泰坦"3 号、3E 号、4 号，"阿特拉斯"5 号

40 号发射综合体："泰坦"3 号、4 号，"猎鹰"9 号

47 号发射综合体：探空火箭

37A、37B 发射综合体："土星"1 号、1B 号，"德尔塔"4 型
34 号发射综合体："土星"1 号、1B 号
20 号发射综合体："星鸟"，"泰坦"1 号、2 号，探空火箭
19 号发射综合体："泰坦"2 号，"双子座"号
16 号发射综合体："泰坦"1 号、2 号，"潘兴"
15 号发射综合体："泰坦"1 号、2 号

14 号发射综合体："阿特拉斯"D 型、"水星"号
13 号发射综合体："阿特拉斯 – 阿金纳"
12 号发射综合体："阿特拉斯 – 阿金纳"
11 号发射综合体："阿特拉斯"
36A、36B 发射综合体："阿特拉斯"2 号、3 号

1 号、2 号、3 号、4 号发射综合体：V-2，"缓冲器"、"蛇鲨"、"浮空器"
46 号发射综合体："三叉戟"、"洛克希德·马丁"

21 号、22 号发射综合体："牛鹅""梅斯"
9 号、10 号发射综合体："纳瓦霍"
31 号、32 号发射综合体："民兵"
18 号发射综合体："蓝色侦察兵""先锋""雷神 – 艾布尔"
17A、17B 发射综合体："德尔塔"2 型、4 型
26 号发射综合体："木星""朱诺"
5 号、6 号发射综合体："红石"，"水星"号
25 号发射综合体："三叉戟"1 号、"波塞冬"
29 号发射综合体："北极星"

卡纳维拉尔角空军基地

30 号发射综合体："潘兴"

卡纳维拉尔港

卡纳维拉尔角

80^40" 西

80^30" 西

上图：2016 年这张地图制作完成时，许多发射台都支持过 NASA 的扩张和空军的太空活动。标红的是仍然活动的发射综合体。（美国空军供图）

合体，前者首先投入运行。借助油漆匠提供的脚手架可以通过脚手架上的胶合板平台横跨摇晃的火箭箭体，进入垂直的 V-2 火箭。

　　游泳者的更衣室变成了发射室，前方距离火箭仅有 400 英尺（122 米），用堆放的沙包提供保护。一排卡车和拖车提供通信服务，并保证与跟踪场地的联系。发射台本身为一块 100 英尺 ×100 英尺（30.5 米 ×30.5 米）的正方形钢筋混凝土板，厚 8 英寸（20 厘米）。发射室大部分位于地下，面积为 20 英尺 ×20 英尺（6.1 米 ×6.1 米），安装有用于观察火箭的潜望镜。

　　最初，1 号、2 号、3 号、4 号发射综合体都是为支持早期发射活动而建造的。"波马克"、"斗牛士"、"梅斯"、UGM-27"北极星"、"红石"等导弹和一些 X-17 火箭也是在这几个发射综合体未全部同时启用的情况下就进行了发射。

　　在下文中的卡纳维拉尔角发射设施清单中，每座发射综合体（Launch Complex）用字母 LC 和后加数字的命名方式。熟悉军事术语的人会意识到，数字序列并不代表时间顺序，而是表示按照预先规划的顺序分配的数字。本书中发射综合体的先后顺序由首次发射的日期（而不是验收、启用或运行就绪的日期）决定。所有日期都不一样，大部分都只具有学术上的意义，除了表明意图，并没有多大的历史意义。

　　然而，按照首次发射的顺序编制清单，可以使读者了解到 NASA 成立之前发射设施的发展情况，认识到 1950—1958 年大规模扩张期间的庞大发射数量，以及其后数年间 NASA 航天计划对发射设施不同程度的利用情况。发射综合体的编号后是其进行首次发射的日期及它的地理坐标。

　　关于术语，有必要再说明一句，因为随时间变化的名称可能会造成混淆。美国空军现在将发射台称为"太空发射综合体"（Space Launch Complex），但本书只保留了"发射综合体"（Launch Complex）的原始术语。读者在阅读参考文献或参观卡纳维拉尔角时，见到后接数字的缩写 SLC，均与本书中标识的 LC 相同。

3号发射综合体（LC-3，1950年7月24日）
西经80.5349°，北纬28.4655°

　　3 号发射综合体是最初建造的四座发射设施中的第一座，也是

上图："波马克"导弹从水平位置的防护罩中起竖。加拿大采购了该型导弹并取消了自主的CF-105"箭"式战斗机的研发计划。这是一种高度先进的超声速战斗机，计划的取消引发了大规模裁员，导致一些加拿大工程师来到美国参与"水星"计划。（美国空军供图）

上图：NASA大多数成功发射的运载火箭都是从弹道导弹改装而成的。某些发射台可以支持早期和原始形式的巡航"导弹"，它们本质上是无人驾驶飞机。其中一个是"斗牛士"MGM-1，它使用固体推进剂来达到高飞行速度。（美国空军供图）

上图：卡纳维拉尔角的早期发射现场照片。最初的发射台是专门为军用导弹和火箭建造的，例如构成北美洲防空前线的"波马克"防空导弹。（美国空军供图）

1950年7月24日第一枚"缓冲器"8号火箭从卡纳维拉尔角发射时首次启用的发射设施。3号发射综合体总共进行了77次发射，最后一次是1959年8月12日的"波马克"导弹发射任务。"波马克"计划结束后，发射"波马克"的3号发射综合体被用作"水星"计划期间的医疗设施。由于经常使用有毒化学品和腐蚀剂，医疗救助是各个发射台的重要组成部分。

大发射区（LA，1950年10月25日）
西经80.5370°，北纬28.4650°

这里是卡纳维拉尔角发射活动最丰富的

左图：若作为巡航导弹，"蛇鲨"的效能可能更佳。它在卡纳维拉尔角占用了工作人员的大量时间和精力，但由于系统存在缺陷，这些努力几乎没有回报，它还是要利用助推火箭升空。（美国空军供图）

地点之一，总计进行过 340 次"蛇鲨""斗牛士""云雀"导弹的发射。在 1951 年 6 月 20 日"斗牛士"导弹首次发射之前，大发射区一直只发射"云雀"地空导弹。此后，"斗牛士"巡航导弹的试射和"云雀"的发射一直交替进行，直至 1953 年 2 月 6 日第一枚"蛇鲨"导弹（MX-775 的前身）从这里发射，交替发射活动才停止。"蛇鲨"的最后一次发射是在 1954 年 12 月 10 日，之后是"斗牛士"的一连串发射任务。"斗牛士"的最后一次发射则是在 1961 年 6 月 1 日。

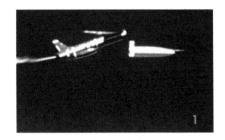

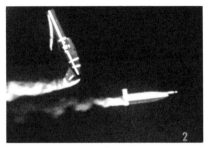

4号发射综合体（LC-4，1952年9月10日）
西经80.5356°，北纬28.4669°

就首次发射日期而言，3 号发射综合体之后是 4 号发射综合体。4 号发射综合体的建设工作始于 1951 年 9 月 5 日,准备于 1952 年 9 月 10 日首次发射"波马克"导弹。4 号发射综合体与 3 号发射综合体相似，但一边建的是长 200 英尺（61 米）的混凝土硬质地面，并在发射台周围铺筑有 182 英尺 ×300 英尺（55.5 米 × 91.5 米）的一个区域。

只发射了一次"波马克"导弹后，工程师于 1953 年开始改装 4 号发射综合体，以使其适应"红石"导弹的发射。"红石"的第一次发射是在 1953 年 8 月 20 日，随后又进行了五次发射。1955 年 5 月 6 日，4 号发射综合体进行了一次"斗牛士"发射。1956 年 2 月 2 日，"波马克"再次于此发射，随后紧跟十六次发射，最后一次发射是在 1960 年 4 月 15 日，之后 4 号发射综合体便退役了。

与其他早期发射台一样，4 号发射综合体在 1983—1989 年用作浮空器的升空地点。这座发射台的历史意义在于它标志着巡航导弹时代的变化。当时，巡航导弹被定义

上图："蛇鲨"导弹的大部分测试针对的都是它的制导系统。在超过 6 200 英里（10 000 千米）的射程下，制导系统会受到巨大挑战。如果导弹确实完成了目标射程，弹头部分就将脱离并向目标坠落。"阿特拉斯"和"泰坦"等洲际弹道导弹的出现使"蛇鲨"巡航导弹的概念变得多余。（美国空军供图）

右图：现存于美国空军博物馆展出的"蛇鲨"导弹的庞大体积虽然令人印象深刻，但在概念上已经落伍。（格雷格·休姆供图）

为弹体类似于后掠翼战斗机、由喷气发动机提供动力并由电子自动驾驶仪控制的导弹。它们将被弹道导弹取代，而"红石"是在卡纳维拉尔角发射台上留下印记的第一型弹道导弹。

2号发射综合体（LC-2，1954年2月18日）西经80.5368°，北纬28.4657°

第二个发射火箭的发射台是2号发射综合体，完全没有遵循数字排列顺序。1951年10月18日，它与1号发射综合体一同签订建设合同。建设工程耗时近13个月，但到1953年美国空军才验收了2号发射综合体。2号发射综合体专为"蛇鲨"巡航导弹建造，首次发射在1954年2月18日，末次发射在1960年4月6日，总计进行15次发射。

2号发射综合体仅用于"蛇鲨"导弹试射，之后不再用作正式的发射台，因而最终停用。此后，2号发射综合体在"水星"载人飞行计划中被用作直升机停机坪，在20世纪80年代成为拴系式气球雷达的升空站点。

上图：1960年7月24日，卡纳维拉尔角的3号发射综合体执行了首次发射任务。一枚用于支持从新墨西哥州白沙导弹试验场转移至佛罗里达州的研究计划的"缓冲器"火箭，由通用电气公司指挥发射。（美国陆军供图）

下图：3号发射综合体作为美国航天发射场的发源地几乎无人知晓。它几乎没有用于移动重型火箭的合用道路，而美国陆军工程部队专门为其建造了道路。（美国陆军供图）

1号发射综合体（LC-1，1955年1月13日）西经80.5374°，北纬28.4650°

1号发射综合体是最初为"蛇鲨"有翼巡航导弹建造的四座发射台之一，已经停用多年。1号发射综合体于1955年1月13日进行了首次发射，于1960年12月5日进行了最后一次发射，共计支持发射67次。与卡纳维拉尔角周围的几个前发射台一样，从1983年开始，1号发射综合体被用于执行浮空气球任务或进行其他一些活动，其中

一些为机密。1号发射综合体的最后一次使用是在1989年。

6号发射综合体（LC-6，1955年4月20日）
西经80.5726°，北纬28.4407°

6号发射综合体是为了支持"红石"和"木星"A的发射而建造的。6号发射综合体首先使用了由库尔特·德布斯在红石兵工厂开发的移动发射器。工程师搭建了一座导弹服务台以支持"红石"导弹发射。导弹服务台的高度为135英尺（41.1米），宽度为26英尺（7.9米），长度为61英尺（18.6米）。导弹服务台被架设在铁轨上，以便沿着铁轨移动到发射台上的导弹旁。它重30.8万磅（139.7吨），支撑着一台重13.6吨的起重机和四个可移动的工作平台，配有带空调的工作间、电梯和备用发电设备。

在这片潮湿、蚊虫肆虐的沼泽地，工作人员对3号发射综合体的设施进行了惊人的改造。"木星"A火箭是"红石"导弹的改型，用于为"木星"C的鼻锥点火测试做准备。"木星"A火箭验证了Hydyne燃料的可用性。这种燃料的燃烧效率比"红石"导弹中使用的乙醇更高。6号发射综合体还支持了"探索者"和"先锋"航天器的发射以及"木星"的试射工作。1955年4月20日—1961年6月27日，6号发射综合体共进行了四十三次发射。

5号发射综合体（LC-5，1956年7月19日）
西经80.5733°，
北纬28.4394°

5号发射综合体与6号发

上图：卡纳维拉尔角早期设施的大多数初始设计概念来自战后被带到美国的德国火箭工程师。3号发射综合体这样的发射设施不过是在混凝土基座上附了一张发射台而已。（美国陆军供图）

下图：3号发射综合体的临时塔架可以让人勉强登上"缓冲器"火箭的顶部。它的上面级是改装过的"WAC下士"火箭。

射综合体共用一对发射台。美国陆军在 1955 年 4 月 20 日清晨将一枚"木星"A 火箭发射到 55 英里（90 千米）的高度之后时隔一年多，5 号发射综合体才在临近位置进行了自己的首次发射。虽然 163 英里（264 千米）的射程有点长，但作为克莱斯勒公司制造和组装的第一枚"木星"火箭，它已被载入史册，而此前所有的导弹都是从"红石"兵工厂生产的。5 号发射综合体的第二次发射是同年 9 月 20 日进行的"木星"C 再入飞行器测试，几乎全方面按照计划进行，但因贮箱未能提供足够推进剂而发生错误并提前关机。

1958 年 3 月 26 日，在 NASA 的"探索者"3 号发射升空之前，5 号发射综合体还进行过几次军事发射。"探索者"3 号将一颗卫星送入了椭圆轨道，卫星上载有测量地球周围磁场的科学仪器。5 月 17 日，美国陆军的"红石"导弹发射升空后，另一枚"木星"C 火箭将"探索者"4 号送入了轨道。8 月 24 日，"探索者"5 号入轨。1958 年 10 月 23 日，在 5 号发射综合体发射"信标"卫星时，由于火箭第一级故障，卫星坠毁。"信标"1 号卫星由可充气的气球结构组成，但发射后仅 2 分 29 秒就因有效载荷不停旋转而导致结构破坏。

随后开展的一些有趣的飞行任务包括 12 月 6 日在"朱诺"2 号

下图：1958年5月16日，工作人员在5号发射综合体上进行准备工作，计划第二天从卡纳维拉尔角首次发射"红石"火箭。（NASA供图）

左图：通过从5号发射综合体发射"朱诺"2号火箭，NASA获得了初步成功。"朱诺"是"木星"导弹用于航天发射的衍生产品，也是冯·布劳恩小组研发的另一种产品。该型火箭于1959年10月13日成功将"探索者"7号送入太空。（NASA供图）

火箭上发射的"先锋"3号。这是一项由
NASA 管理的陆军任务，是 NASA 在组建期间
就开始研制的几种月球探测器之一。尽管它
未能抵达月球附近，仅到达 7 万英里（11.3
万千米）的高度，但它确实发现了环绕地
球的第二条辐射带。在美国陆军的"木星"
中程弹道导弹发射后，"先锋"4 号于 1959
年 3 月 3 日发射，成功在距离月球表面仅
37 400 英里（60 200 千米）的高度飞越月球。
这是 NASA 管理的四个军用月球探测器中的
最后一个。

　　1959 年 10 月 13 日，"朱诺"2 号发射
升空，它所携带的"探索者"7 号对辐射带
进行了进一步研究，之后才是 1960 年 11
月 21 的首次"水星－红石"的发射任务
（MR-1）。这是该型火箭和飞船组合的首次
无人驾驶试射，它们计划将宇航员送入弹道

上图："探索者"7号体现出了研究和数据收集任务
对于NASA发展的推动作用。这颗卫星获得了有关太空
中高能粒子的信息并首次测量了地球的辐射收支，从
而使NASA开始对气候进行监测。（NASA供图）

左图：5号发射综合体
被用于发射"水星－红
石"运载火箭。该型火
箭采用弹道式飞行轨
道，首枚火箭（MR-1任
务）于1960年11月21
日发射前在发射台上起
竖。（NASA供图）

右图：从5号发射综合体
起飞的无人火箭仅仅离
地4英寸（10厘米），
就坠回了发射台，从而
触发了可使宇航员逃脱
潜在灾难情况的发射逃
生系统。这是一次了不
起的失败，它是通往成
功的学习路径上新的教
训。（NASA供图）

上图：5号、6号发射综合体的发射管制台现在是一座博物馆，游客可以在导游的引导下参观。（NASA供图）

下图：9号发射综合体支持了"纳瓦霍"导弹（与弹道导弹同时开发的最先进、最复杂的有翼巡航武器）的试飞。由于各种技术原因，"纳瓦霍"的可行性并没有使所有高级军事官员信服。（美国空军供图）

轨道。未来"水星"计划的轨道飞行将使用更强大的"阿特拉斯"火箭。发动机点火后，火箭弹射失败，但发动机立即关闭，从几厘米高的空中重新落回发射台。MR-1A任务于12月19日重新进行发射，取得了圆满成功。

1961年1月31日，美国首颗卫星发射的三年后，MR-2任务将一只名为"哈姆"的黑猩猩送入弹道轨道（未来载人飞行将采用的轨道），飞行高度达到155英里（251千米），随后返回，溅落在大西洋中。此后，奇异的转折发生了：冯·布劳恩希望对在无人飞行中试射的"红石"火箭进行一些修改，然后再将"水星－红石"组合火箭提供给已经被选中进行第一次弹道式太空飞行的艾伦·谢泼德完成飞行任务。

"水星"BD火箭于3月24日成功发射。如果艾伦·谢泼德在这一天就乘坐飞船升空的话，他会成为世界上第一位太空人，比尤里·加加林早18天。要是这样的话，加加林4月12日的轨道飞行可能也不会使美国产生如此激烈的反应，也可能永远不会宣布登月目标。谢泼德按照原计划乘坐飞船于5月5日由MR-3任务发射，返回后受到了英雄般的欢迎，更是为肯尼迪在20天后发表著名的登月声明扫清了障碍。

在7月21日的第二次"水星"载人飞行中，弗吉尔·格里索姆执行了复飞任务，但是当MR-4任务完成返航时，他在迅速离开一个灌满水的机舱后险些淹死。这个机舱进水的原因是侧舱盖过早炸裂。这是5号发射综合体发射设施的第二十三次发射，也是最后一次。在这一天，6号发射综合体也完成了它的最后一次发射任务。

9号发射综合体（LC-9，1956年11月6日）
西经80.5562°，北纬28.4520°

尽管我们不遵循数字顺序，可读者仍需要注意：7号和8号发射综合体从未建造。5号发射综合体后投入使用的是9号发射综合体，它在 1956 年 11 月 6 日—1958 年 11 月 18 日共支持了"纳瓦霍"有翼巡航导弹的十次发射。美国空军于 1956 年 6 月 29 日验收该设施，但又于 1959 年将其拆除，从而为"民兵"导弹专用的 31 号和 32 号发射综合体腾出场地。

"民兵"是一种三级固体推进剂洲际弹道导弹，作为可以在发射井中发射的洲际导弹，可长期服役。后续的版本改进了射程、性能和精度。"民兵"导弹至今仍在服役，它是美国唯一的陆基洲际弹道导弹，也是美国陆地、海洋和空中"三位一体"核威慑力量中强大而精准的一环。

上图：一枚"纳瓦霍"导弹从9号发射综合体发射，由两台洛克达因XLR83-NA-1助推器提供推进力，每台助推器提供20万磅（890千牛）的推力。两台中央冲压喷气发动机维持器马达的额定推力为1.5万磅（67千牛）。1957年，"纳瓦霍"计划被取消，但为该计划研发的火箭发动机通过后来的项目带来了回报。（美国空军供图）

18A发射综合体（LC-18A，1956年12月8日）
西经80.5625°，北纬28.4501°

这套有趣的带双发射台的综合体是专门为发射"维京"探空火箭和"先锋"卫星发射器而开发的，实现了从弹道时代向太空时代的过渡，更与许多用于导弹测试和武器开发的早期设施明显不同。实际上，"先锋"计划的整段历史都是作为美国的第一个官方卫星计划在这座发射综合体演绎的，尽管它未能使美国成为第一个发射卫星的国家，也没能为美国发射第一颗进入轨道的卫星。但

右图：18号发射综合体支持了"先锋"运载火箭的发射。此前，"维京"探空火箭也在此升空，但该项目饱受技术瓶颈的困扰。（NASA供图）

是，"先锋"计划跌宕起伏的历史并不能掩盖该计划为最终成功发射的卫星所获取的大量信息。

18A 发射综合体的首次发射是一枚"维京"火箭（13 号）的高空发射任务。此次发射任务名为"先锋"TV-0，对"先锋"火箭的组件和相关系统进行了首次测试，在测试开始 1 小时 5 分钟后火箭升空。火箭携带的无线电发射器被追踪到抵达 126.5 英里（203 千米）的高度。第二次发射（TV-1）使用了另一枚"维京"火箭，但将一枚"先锋"固体推进剂火箭样机的第三级用作第二级。该火箭于 1957 年 5 月 1 日发射升空，飞行高度达到 121 英里（195 千米），射程 451 英里（726 千米）。第三次发射（TV-2）于 1957 年 10 月 23 日将一枚仅第一级工作、第二和第三级不工作的"先锋"火箭发射升空，也取得了圆满成功。12 月 6 日，TV-3 任务要求发射一枚三级均有效工作的"先锋"火箭并携带一颗 4 磅（1.8 千克）重的卫星，但火箭的第一级失去推力，坠毁在发射台上。

苏联发射"斯普特尼克"1 号卫星仅两个月后的这次失败对美国的野心是一次沉重打击，也直接导致冯·布劳恩收到要求他装配"木星"C 火箭并尽快发射卫星的命令。此举最终使"探索者"1 号于 1958 年 1 月 31 日从 5 号发射综合体发射升空。此时，"先锋"计划不仅在努力追赶苏联，而且还在追赶美国陆军！可五天后的另一次"先锋"发射后仅飞行 57 秒就又失败了：TV-3BU 的控制系统出现故障，火箭解体。这对这项计划的声誉毫无益处。

失败并不是"先锋"计划的专利。3 月 5 日，携带"探索者"2 号的第二次"木星"C 火箭发射后未能入轨。"先锋"的第一次成功发射是在 1958 年 3 月 17 日的 TV-4 发射任务中将 4 磅（1.8 千克）重的"先锋"1 号卫星送入轨道。这次成功紧接着 4 月 28 日 TV-5 任务的失败，也是"先锋"运载火箭的最后一次"试射"或开发活动。18A 发射综合体的下一次发射任务是在 5 月 27 日，任务代号为 SLV-1，标志着卫星运载火箭（Satellite Launch Vehicle）的首次飞行，对外宣示：火箭已开发完毕，将用于一系列科学卫星的发射。但是，一次扰动导致姿态陀螺翻倒，火箭指向角偏移，发射失败。接下来的两次发射任务（6 月 26 日的 SLV-2 和 9 月 26 日的 SL-3）也都失败了。

接下来，18A 发射综合体参与了由 NASA 管理但隶属于美国空军弹道导弹部的"雷神 – 艾布尔"计划。1958 年 10 月 11 日，NASA

成立还不到两周，"先驱者"1号就作为新机构的首颗卫星发射升空，到达70 700英里（11.38万千米）的高度后坠落回地球，两天后再入大气层。虽然它只发回了少量科学信息，但其作用可不小，因为当时能够达到这一高度的航天器并不多！

此后，1959年2月17日—9月18日之间，"先锋"计划又进行了四次发射。所有发射均以入轨为目标，但有两次未能成功。在那个时代，"先锋"自然算不上多成功的运载火箭，这也是该计划的最后几次发射。之后，18A发射综合体被移交给美国空军用于"蓝色侦察兵"计划。"蓝色侦察兵"是NASA的第一批专用运载火箭——多级固体推进剂"侦察兵"小型卫星运载火箭的军用版本，在1960年9月21日—1965年6月9日共计发射10枚。此后，18A发射综合体退役并于1967年2月1日正式停用。

2016年，私营开发公司月球快递转移到18号发射综合体（以及16号发射综合体）进行小型月球着陆器的试验。

17B发射综合体（LC-17B，1957年1月25日）
西经80.5656°，北纬28.4458°

17A与17B发射综合体的这对发射台是在太空时代初期建造的早期发射设施，都用于支持PGM-17"雷神"导弹发射，随后由于该型导弹成为"德尔塔"运载火箭的第一级而进行了改装。17B发射综合体是第一座发射"雷神"的发射设施，也是它没有按照数字顺序排列的原因。

双发射台的设计极大地受益于早期发射

上图：1957年12月6日，在尝试发射美国首颗卫星之前，18号发射综合体的发射台上"先锋"火箭的壮丽外观。（NASA供图）

下图：美国发射首颗卫星时发生的爆炸招来了批评，加剧了民众对于美国缺乏对"斯普特尼克"1号和2号的有效响应的沮丧感。"斯普特尼克"2号甚至将一只狗送入了轨道。（NASA供图）

上图：17A和17B发
射综合体展示了一种
更有效的卫星发射方
式，它们都可以发
射多种有效载荷。
（NASA供图）

右图：1960年6月22
日，17B发射综合体
为美国海军研究实验
室发射了第一颗作战
情报搜集卫星GRAB。
（美国海军研究实验
室供图）

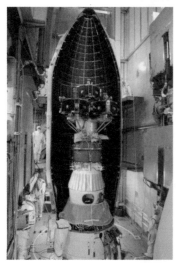

上图：五颗"西弥斯"卫星堆叠
安装在"德尔塔"运载火箭上
层，封装在有效载荷整流罩内
部。（NASA供图）

上图：17B发射综合体上的"德
尔塔"2型火箭即将发射"西弥
斯"2号卫星。（NASA供图）

场的建设经验，与主要用于支
持巡航导弹发射的早期发射台
却关系不大。早期发射台将导
弹从倾斜的坡道上射出，以便
助推火箭将有翼导弹提升到涡
轮喷气发动机或冲压喷气发动
机所要求的推进速度。

这两个发射综合体的不同
之处在于，它们是高效的处
理场地，可以实现快速转向、
快速减轻发射后的损坏。但
是"雷神"导弹项目遗留下种
类繁多且不断扩展的变体和型
号，每种变体和型号都对发射
综合体提出了独特的要求。不
同长度的上面级、更长的级、
不同的助推发动机，都需要定
制的发射脐带塔、服务塔、电
气、液压和气动馈电装置以及
为芯一级（有时也包括上面
级）提供液体推进剂燃料。

在17B发射综合体为航
天领域服务的44年间，它一
直是许多杰出任务的起点，如
"子午仪"早期导航卫星、"信
使"军事通信卫星、第一枚商
业电信卫星"电星"（它激发
了英国流行乐队龙卷风的灵感
而创作出同名单曲，成为当时
美国销量最高的单曲）、ASSET
系列测试再入飞行器、TIROS
气象卫星、OSO太阳望远镜、
ESSA环境监测卫星、Intelsat

国际电信卫星以及多颗"探索者"卫星。

一些真正具有历史意义的任务则不得不提 NEAR 近地小行星交会探测器的发射。这是 1996 年向小行星爱神星发射的航天器，它于 2000 年完成了绕小行星飞行后，于 2001 年 2 月轻轻降落在其表面。1996 年 12 月 4 日，一枚"德尔塔"7925 火箭由 17B 发射综合体发射，以支持"探路者"任务。它是首个携带漫游车的航天器，将 25 磅（11.5 千克）重的"旅居者"号带到了火星表面。之后，NASA 又在 2003 年发射了"机遇"号火星漫游车。它于 2004 年 1 月 31 日开始在火星表面工作，自 2018 年 6 月开始与 NASA 失去联系。2019 年 2 月，NASA 宣布任务结束。

上图：艺术家笔下的"西弥斯"卫星。它是致力于研究空间气候以及太阳系与地球大气相互影响的五颗卫星之一。（NASA供图）

之后还有更多标志性的任务。2004 年 8 月 3 日，"德尔塔"7925H 火箭携带"信使"号水星探测器升空。2011 年 3 月，它成为第一艘进入水星行星轨道的航天器。2005 年 1 月 12 日，17B 发射综合体发射"德尔塔"7925 火箭，执行了"深度撞击"任务，其目的是通过撞击探测器的数据研究坦普尔 1 号彗星的特征，于 2005 年 7 月 4 日完成。

上图：17B发射综合体另一个著名的发射任务就是于1962年7月10日升空的"电星"通信卫星。（NASA供图）

另一次小行星任务于 2007 年 9 月 27 日在 17B 发射综合体发射，于 2011 年 7 月进入灶神星的轨道，从该处前往谷神星，于 2015 年 3 月进入后者的轨道，至今围绕谷神星运行。

2009 年 3 月 7 日，17B 发射综合体发射了开普勒天文台，其任务是对银河星场进行制图，以寻找拥有行星的其他恒星系统。截至 2018 年 5 月，它已经确定了 2 816 个恒星系统，包括 3 767 颗行星。17B 发射综合体最后一次发射的是一对探测器"圣杯"A 和 B，计划从月球轨道上绘制详细的月球重力图。

1965 年，美国空军将 17 号发射综合体移交给 NASA，但在 1988 年因为需要发射"德尔塔"2 型系列火箭而重新获得所有权。

在 1986 年 1 月 28 日"挑战者"号航天飞机失事后，NASA 决定重新开放常规消耗性运载火箭的生产，用于运送不再允许由航天飞机携带的有效载荷，因此 17 号发射综合体的两个发射台都获得了延长使用年限的机会，从而减轻了航天飞机计划"每次准时"发射的迫切需求。这样的需求是导致"挑战者"号在非最佳天气条件下匆忙发射的一个原因。

1997 年，17B 发射综合体进行了进一步修改，以支持"德尔塔"3 型火箭的发射。"德尔塔"3 型火箭于 1998 年 8 月 27 日首次发射，但未能成功将商业通信卫星送入轨道，原因是制导系统出现问题。1999 年 5 月 5 日，"德尔塔"3 型的第二次发射也以失败告终。最后一次"德尔塔"3 型火箭于 2000 年 8 月 23 日成功发射。该型火箭具有独特的配置，需要对 17B 发射综合体的发射脐带塔进行一些改动才能适应上面级，最终还是被弃置一旁，NASA 转而使用"德尔塔"4 型系列新火箭。

17B 发射综合体的最后一次使用是 2011 年 9 月 10 日，总计发射 164 次，包括上文中这些令人难忘的飞行任务。

22号发射综合体（LC-22，1957年3月13日）
西经80.5398°，北纬28.4610°

22 号发射综合体是用于支持"蓝鹅"导弹发射的两座软发射台之一。SM-73"鹅"导弹开发于 20 世纪 50 年代初，是一种地面发射的远程三角翼诱饵弹，用于在雷达屏幕上模拟战略轰炸机并迷惑敌人。美国计划在警报发出后一小时内发射总库存的 50%，其余的在一小时后发射。"鹅"导弹将由推力为 5 万磅（222 千牛）的固体推进剂助推发动机在斜坡上发射，在涡轮喷气发动机的驱动下以 0.85 马赫的速度飞行，最大航程为 4 773 英里（7 681 千米）。

"蓝鹅"导弹的初步测试于 1957 年 2 月在霍洛曼空军基地展开。21 号和 22 号发射综合体于 1956 年开始建造，并于 1957 年 2 月 26 日交付给美国空军。这两座发射台的"柔软"之处在于，它们不支持混凝土浇筑的硬质地面，发射车位于倾斜的坡道后方。这些导弹超前于它们的时代，可携带电子设备和传输装置，也可完全模拟 B-47 或 B-52，使敌人信以为真。22 号发射综合体包括两个发射台（22 号 1 和 22 号 2）。1958 年 11 月 28 日，22 号发射综合体完成了最

上图：22号发射综合体用于"鹅"导弹的试射。"鹅"导弹是一种小型巡航武器，预期射程为4 773英里（7 681千米）。（美国陆军供图）

上图：22号发射综合体后经改装以用于"龙"反坦克导弹的试射，但从未真正发射。（美国陆军供图）

后三次"蓝鹅"导弹的发射。

"蓝鹅"导弹其实从未在实战中部署，因为其他方法也能达到同样的效果。该项目于1958年12月12日被取消。在最后一次发射这种三角翼诱饵弹之后，22号发射综合体为支持"梅斯"巡航导弹的试射而被大规模改造。"梅斯"导弹的首次试射日期是1959年10月29日，最后一次（第七次）是1960年6月24日。

22号发射综合体于1964年被清空，于1970年11月2日重新分配给美国陆军，用作"龙"反坦克导弹的试验场。然而，这个项目很快被取消，美国空军于1971年7月23日又将其收回。这次，22号发射综合体被拆除，它的发射管制台则被用作支持"德尔塔"火箭项目的仓库。

14号发射综合体（LC-14，1957年6月11日）
西经80.5469°，北纬28.4911°

14号发射综合体是专门为"阿特拉斯"导弹建造的四座发射设施中的第一座，也是苏联境外建造的第一座洲际弹道导弹发射场。建设工作始于1956年1月，美国陆军工程部队进驻并于一年后完成了建造。1957年8月，14号发射综合体进行了首次发射，美国空军将其验收。建成的14号发射综合体包括一座发射台和一条带有发射管制台的坡道，用于在发射前、发射时和发射后阶段控制导弹。

上图：14号发射综合体是最著名的发射台之一，曾用于"水星-阿特拉斯"火箭的发射，包括在1962年2月—1963年5月先后将四名美国人送入绕地飞行轨道的发射任务。（NASA供图）

发射架在导弹处于水平位置时为其提供结构支撑，模拟了将洲际弹道导弹半埋在地下的混凝土盖板中时的放置方向，以保护导弹免受攻击。这种盖板的概念被用于试射，而钢制发射台结构为14号发射综合体和卡纳维拉尔角的其他"阿特拉斯"导弹发射台所采用，其坡道长度为92英尺（29.5米）、宽24英尺（7.3米）。发射台硬质地面的长度为57英尺（17.4米），宽度为20英尺（6.1米），内部空间延伸到坡道下方。坡道与发射台的连接处高22英尺（6.7米）。

这个发射架本质上是固定和约束系统的支撑平台，可将导弹支撑在垂直位置进行发射：旋转90°，以便让"阿特拉斯"导弹放置在水平运输设备/拖车起竖架上时，其后端能与平台匹配。水平运输设备/拖车起竖架由牵引机沿坡道向上举起，将其支撑到固定的约束臂上。连接完毕后，组件旋转90°，导弹升至垂直位置。此后，牵引机将水平运输设备/拖车起竖架降低并取下。点火时，火焰和烟雾会从"阿特拉斯"导弹的底部垂直向下喷出，进入一个空隙，通过喷焰偏转器旋转90°，然后通过与地面平行的椭圆形开口排出。

硬质地面还支撑着一根脐带杆。所有的流体、推进剂、通信线路和电源都通过这根杆子从地面源馈送到火箭箭体。脐带杆比硬质地面高84.5英尺（25.7米）。发射管制台（或称发射室）距离硬质地面约750英尺（229米），由直径为60英尺（18.3米）的钢筋混凝土穹顶构成。所有指令都从这里发

左图：14号发射综合体正在为最后一次"水星"载人飞行任务MA-9（将戈登·库珀送入太空）做准备。（NASA供图）

出，由导弹及其有效载荷接收。为了在发射之前为导弹提供维护，一个高度为154.7英尺（47.16米）的梯形移动服务台架可通过轨道从停放位置移动到距离硬质地面300英尺（91.4米）的侧面，然后升到导弹旁。在发射之前，它会被再次移回原先的停放位置。

准备用于填充"阿特拉斯"导弹贮箱的推进剂储存在附近的大型球形容器中，通过与服务桅杆相连的地面管道输送。液氧贮箱可容纳28 000美制加仑（105 980升）的燃料，而RP-1精制煤油罐可容纳16 000美制加仑（60 560升）的燃料。

14号发射综合体的前五次发射均采用"阿特拉斯"A型配置。该配置仅搭载增压发动机，而不搭载中央主发动机，因此限制了性能。考虑到"阿特拉斯"A型的设计配置较为激进，这种做法较为谨慎。前两次发射分别在23秒和32秒时失败，但1957年12月17日的第三次发射取得了成功，不仅到达74.5英里（120千米）的高度，还沿发射方向飞行了约500英里（804千米）。但这只是"阿特拉斯"作为洲际弹道导弹体现出的一小部分潜力。

为了减轻重量，总承包商通用动力公司设计了纸一样薄的贮箱壁。这层贮箱壁还构成了火箭的外壳，用惰性气体加压，以防止其在储存和运输交付过程中因重力作用而屈曲或塌陷。在正常情况下，两台增压发动机将在起飞约2分8秒后关闭，从"阿特拉斯"的后端掉落并分离（原先通过通用附件固定在一起）。中央主发动机将继续点火，直至4分48秒熄火。"阿特拉斯"不是真正的多级火箭，而是使用了一套助推器和主发动机共用的推进剂贮箱，这一概念被称为"一级半"构型。

此后，14号发射综合体又发射了两次"阿特拉斯"A型导弹，均告失败。之后是连续三次发射"阿特拉斯"B型导弹，其中第一次于1958年9月14日发射。三枚导弹都配备了中央主发动机和助推器。1959年5月19日，第一枚投入使用的"阿特拉斯"D型导弹从14号发射综合体发射。"阿特拉斯"D型已被选中执行"水星"载人飞

下图：14号发射综合体旁为"水星七杰"建造的纪念碑和装有项目文件的时间胶囊。"水星七杰"是由七名宇航员组成的精英团体，由NASA在1959年4月首次选拔。（马克·珀森斯供图）

上图：位于14号发射综合体附近的纪念标志，用于纪念"水星"计划的轨道飞行。（NASA供图）

行计划，将宇航员送入轨道。1959年9月9日，该型导弹执行了一系列研发试飞中的第一次飞行，计划对水银隔热罩进行测试。此次飞行名为"大乔"，但未能实现计划的目标，原因是助推器未能分离，使导弹无法到达预期的溅落地点。

1959年11月26日，从14号发射综合体发射的第一枚"阿特拉斯－艾布尔"火箭在"艾布尔"固体推进剂上面级组件的顶部搭载了"先锋"3号月球探测器。"艾布尔"火箭由一个液体推进剂级和固体推进剂上面级组成，每个推进剂级在"阿特拉斯"发射后依次点火。"艾布尔"火箭最初是作为"雷神"导弹的上面级组件而开发的，目的是使"雷神"适用于太空飞行，而将其安装在"阿特拉斯"火箭的顶部可确保向月球发送更重的有效载荷。但是，在这次发射中，保护罩过早脱落，导致试射失败。

在1960年2月26日的下一次试射中，发射的是"阿特拉斯－阿金纳"A型。"阿金纳"是功能更强大的上面级，最初的开发是为了在"雷神"的第一级上携带一系列军用有效载荷，其中包括使用假项目名"发现者"的"科罗纳"间谍卫星。这次发射携带了"导弹防御警报系统"卫星。尽管"阿特拉斯"表现良好，可分离上面级时遇到困难，导致火箭偏离了轨道。火箭坠落到地面，沿发射方向共飞行2 500英里（4 022千米）。5月24日发射的"导弹防御警报系统"2号卫星成功入轨，成为轨道上第一颗同类卫星。

在1960年6月22日的一次研发飞行之后，14号发射综合体被全面移交给"水星"计划。"水星"计划始于7月29日的MA-1任务，飞船在从高空再入大气层的过程中进行了结构测试。但是，负责把"水星"飞船固定在"阿特拉斯"火箭顶部的适配器发生故障，导致飞船在3分18秒时损毁。随后，另一次研发飞行于10月22日进行。"水星－阿特拉斯"于1961年2月21日、4月25日和9月13日成功进行了三次不载人验证飞行。于11月29日发射的MA-5任务携带黑猩猩"伊诺斯"进行了3小时21分的轨道飞行，环绕地球2周。

从1962年2月20日的MA-6任务开始，到1963年5月15日的最后一次任务MA-9，14号发射综合体共支持了四次载人轨道飞行任务，包括单人"水星"飞行。但这并不是 14 号发射综合体为 NASA 的载人航天飞行计划提供服务的终点。NASA 决定研发可容纳两名乘员的"双子座"飞船，以评估太空行走、交会和对接，并进行时长两星期的飞行。这就需要将成功的"阿金纳"D 型火箭改造为目标飞行器，用于发射卫星进入太空，未来还将需要把航天器发射到月球和其他行星。根据该计划，"阿特拉斯－阿金纳"目标飞行器将首先入轨，载人"双子座"飞船随后发射，环绕地球一圈后进行交会对接。

当地时间 1965 年 10 月 25 日上午 10 时，"双子座"6 号任务首次发射升空，但由于"阿金纳"火箭点火失败，它未能进入轨道，而是坠入了大西洋。这次失败和"缺乏立即可替代的设备"这一现实，促使人们产生了新的想法：在"双子座"7 号入轨并开始为期 14 天的飞行之后，再发射"双子座"6 号，从而开启历史性的"双飞"。这也是 NASA 首次在绕地轨道上同时运行两架载人航天器。

接下来，用于与"双子座"8 号飞船对接的"阿金纳"目标飞行器于 1966 年 3 月 16 日发射。在成功交会和对接后，尼尔·阿姆斯特朗和戴夫·斯科特（分别在 1969 年和 1971 年执行"阿波罗"登月任务）两名乘员却不得不中止对接，因为他们的"双子座"飞船推进器被卡住并开始翻滚。飞船最终紧急返回地面。然而，1966 年 5 月 17 日，当"阿特拉斯"火箭发射"双子座"9 号的目标飞行器时，麻烦又一次袭来。火箭发动机发生故障，使其再次坠入大西洋中。

为避免不测，NASA 开发了简化版的"阿金纳"目标飞行器。它没有推进器，被称为"增强目标对接适配器"。在 1966 年 6 月 1 日发射后，它仅凭"阿特拉斯"火箭就实现了成功入轨，并由"双子座"9 号乘员操控完成交会。但是，覆盖增强目标对接适配器的护罩无法完全脱离，因此无法对接。最后三个"阿特拉斯－阿金纳"目标飞行器按照计划发射："双子座"10 号、11 号和 12 号的目标飞行器分别于 7 月 18 日、9 月 12 日和 11 月 11 日发射。

14 号发射综合体直接为 NASA 的最初两个载人航天计划提供了支持，扩大了航天飞行的范围并提供了丰富的专业知识。使用"阿特拉斯"火箭发射"水星"任务的准备工作成本高昂，涉及领域广泛，而对"阿特拉斯－阿金纳"目标飞行器的改装则需要对塔架进行修改以适应上面级。14 号发射综合体在退役后就开始逐渐衰败。与此同时，航天计划的步伐却逐渐加快，似乎从来也没有足够的资金、时间或人力来将 14 号发射综合体作为国家古迹加以维护。

到了 20 世纪 70 年代，由于安全考虑（卡纳维拉尔角的高盐分空气易使金属腐蚀），红色塔架和服务塔被拆除。到 20 世纪 80 年代，走上坡道，从两层楼的高度俯瞰海岸线，却什么也看不见，甚至连用作海上看台、供当地渔民垂钓的塔架残骸都杳无踪迹，实在叫人伤心！

在"水星""双子座""阿波罗"计划结束后，航天飞机使用另一座沿海发射综合体长达十七年之久。之后，美国空军第 45 太空联队进驻卡纳维拉尔角，开始进行一定程度的最低限度修复工作，由几家航空航天公司以及来自 NASA、美国空军和一些民用承包商的志愿者资助。1998 年 5 月举行了捐赠仪式，宇航员戈登·库珀和马尔科姆·斯科特·卡彭特以及贝蒂·格里索姆（1967 年 1 月在 34 号发射综合体的"阿波罗"飞船大火中丧生的三名宇航员之一的遗孀）都参加了庆典。

如今，14 号发射综合体的原址已成为对美国最初两个载人航天飞行计划的致敬场所。在它附近建起了一座大型钛金属雕塑，代表"水星七杰"中有四位宇航员在太空时代的黎明从这座发射综合体飞向太空。雕塑旁埋有一个时间胶囊，其中包含技术文件，直到"水星"计划结束五百年后的 2464 年才能打开。两个售货亭位于硬质地面的斜坡两侧。相邻的发射管制台内部也存有关于 14 号发射综合体的文件和摄影记录。

10号发射综合体（LC-10，1957年8月12日）
西经80.5625°，北纬28.4501°

10 号发射综合体仅支持了"纳瓦霍"巡航导弹以及"杰森"和"德拉科"探空火箭的共计十次发射：仅在第一次任务中发射了"纳瓦霍"巡航导弹，在该项目被取消后，发射了几次"杰森"和"德拉科"探空火箭。所有任务都在 1957 年 8 月 12 日—1959 年 4 月 27 日完成。总体而言，"纳瓦霍"的这次发射并不成功。成功完成助推阶段后，制导系统出现故障，阻止了助推器分离。直到到达 15 英里（24 千米）的高度处，导弹才克服俯仰振动，冲压式喷气发动机得以点火，使导弹在 2.93 马赫的速度下飞行了 174 英里（280 千米）。此时，巡航导弹已经偏离航向，由靶场安全办公室发出了末段俯冲的指令，使其坠落入 264 英里（425 千米）以外的大西洋中。

下一次发射是在 1958 年 8 月 15 日，"杰森"探空火箭直接被用来进行核试验，将仪器送至 430 英里（692 千米）的高度。这是一枚组合火箭：第一级使用"诚实约翰"导弹，第二级和第三级使用"奈基"导弹，第四级是"新兵"导弹，再加上一个 T-55 上面级。"杰森"探空火箭是专门为测量高层大气中的辐射水平而开发的。同年 9 月 2 日，10 号发射综合体进行了第六次"杰森"探空火箭的发射，也是最后一次发射。

1959 年 2 月 16 日，10 号发射综合体开始了它的最后三次发射，发射了第一枚"德拉科"火箭（美国总共发射过三枚该型火箭）。它由道格拉斯公司建造，由两个固体推进剂级组成，本质上是研发"中士"导弹时的衍生产品。该火箭可携带仪器飞行至 11 英里（18 千米）的高度。10 号发射综合体的最后一次发射（也是"德拉科"的最后一次发射）以失败告终。

上图：10 号发射综合体是下一座投入使用的发射台，其建造目的是发射如图所示的"杰森"探空火箭，但发射它的可能并不是 10 号发射综合体。（NASA 供图）

26A 发射综合体（LC-26A，1957 年 8 月 28 日）
西经 80.5705°，北纬 28.4446°

26A 发射综合体是共享发射管制台的一处双发射台发射场的其中一座，其名声仅次于 39 号发射综合体，因为它是美国陆军发射美国第一颗绕地卫星的发射场。双发射台的建造始于 1956 年，一直使用至 1963 年 1 月 23 日。26A 发射综合体的发射次数虽少于 26B 发射综合体，但使用年限更长。26A 发射综合体于 1964 年停用，于当年 11 月 20 日被指定用作美国空军航天博物馆，自 1966 年起向公众开放。

这座博物馆相对小而封闭，内部包括原始的发射管制台、多个显示台和仪表台。透过厚厚的玻璃窗，可以望见两座发射台和一个展厅。室外陈列着约七十件物品，包括导弹、火箭和航天运载设施。

26A 发射综合体的首次发射任务是"木星"中程弹道导弹，以第一次演示验证与推力装置的分离而闻名。1958 年 1 月 31 日，在

上图：1958年1月31日晚从26A发射综合体升空的"探索者"1号是美国第一颗进入轨道的卫星。（NASA供图）

上图：26A发射综合体的发射管制台控制着改装后的"木星"C测试火箭的飞行以及随后该型火箭的发射。（NASA供图）

下图：发射之前，火箭的前端被放置在芯级的顶部。芯级是喷气推进实验室固体推进剂发动机组的主体部分，将把装载有仪器的探测器送入轨道。（NASA供图）

时任总统艾森豪威尔的命令之下，美国首颗人造卫星"探索者"1号搭载于"木星"C火箭匆忙发射，以应对1957年12月"先锋"火箭的发射失败。然而，1958年3月5日，搭载着"探索者"2号卫星的另一枚"木星"C火箭的发射也失败了。

随后，"红石"和"木星"中程弹道导弹又进行了一系列试射，也没有全部成功。其中一些发射活动是"北约"的实战训练发射，目的是让意大利和土耳其的工作人员取得计划在意大利和土耳其部署的导弹的操作资质。26A发射综合体的第十四次（也是最后一次）发射在1963年1月23日进行。

17A发射综合体（LC-17A，1957年8月30日）
西经80.5649°，北纬28.4472°

关于17号发射综合体两座发射台的建造和历史的详细信息，请参阅"17B发射综合体"，它才是 17 号发射综合体启用的第一个发射台。

17A 发射综合体的早期发射任务致力于支持"雷神"弹道导弹的研发。从 1958 年 8 月 17 日起，随着"先锋"月球探测火箭的发射（美国的首次探月尝试），17A 发射综合体开始承担越来越多的航天飞行任务。

在 NASA 建设期间、其成立典礼举办之前，美国陆军和空军内部有抱负的成员都在争当执行美国航天计划的第一名。两军各获准发射两台月球探测器：美国陆军发射"先锋"1 号和 2 号，空军则发射"先锋"3 号和 4 号。这些探测器的体积都很小，"先锋"3 号仅重 83.8 磅（38 千克），由美国空军提供。

负责发射"先锋"3 号探测器的"雷神－艾布尔"火箭升空后仅 77 秒便发生了爆炸，该探测器也被重命名为"先锋"0 号。"先锋"1 号于 1958 年 10 月 11 日从 17A 发射综合体发射，达到创纪录的 7 万英里（11.3 万千米）高。随后，"先锋"2 号于 11 月 8 日发射，但未能达到逃逸速度。

与 17B 发射综合体一样，17A 发射综合体的发射清单中还包含用于军事卫星和 NASA 科学卫星的再入测试运载器以及气象卫星、早期类型的导航卫星、一系列行星际监测航天器（被送入太阳轨道以研究太阳和行星际环境特征）。17A 发射综合体也承接了一些国际发射任务，国际发射任务是 NASA 有偿发射计划的组成部分。美国政府通过该计划，发射了众多在其他国家生产或由其他国家制造的卫星。

右图：就位并准备发射时，固体推进剂发动机在"木星"C 火箭上是一个鼓状的组件。（NASA供图）

下图：17B发射综合体投入使用之后的某天，17A发射综合体也投入使用。NASA于1958年10月11日在17A发射综合体首次发射了"先锋"1号卫星。（NASA供图）

其中一例是于 1969 年 11 月 22 日为英国发射了"天网"1A 军事通信卫星的"德尔塔"火箭。1970 年 3 月 20 日，美国作为北大西洋公约组织的主要成员国，使用另一枚"德尔塔"火箭发射了"北约"1 号军事通信卫星。随后，17A 发射综合体还支持了"天网"和"北约"系列卫星的其他发射任务。国际发射服务还包括 1976 年 7 月 8 日为印度尼西亚发射的"帕拉帕"A1 通信卫星（该国的第一颗卫星），随后是 1977 年 3 月 10 日发射的"帕拉帕"A2 卫星，以及 1977 年 11 月 23 日的"欧洲气象卫星"1 号。

在 20 世纪 70 年代中后期，商业航天项目迅速发展，卫星和航天器也被广泛应用于满足人类的需求。发展中国家的通信能力得到改善，使它们得以跨越当时仍然掌握在发达国家手中的中间技术。因此，发展中国家和第三世界国家的高容量电信系统在普遍可用性方面开始超过美国等发达国家！

17 号发射综合体处于所有动向最前沿的原因很简单：它是"雷神"火箭的定制发射设施。非凡而强大的"德尔塔"系列运载火箭从"雷神"火箭发展而来，满足了人们对于商业卫星迅速增长的需求。正是这些火箭支援了电信、卫星直播、卫星电视和卫星导航系统的"爆炸性"革命，而这一切都建立在从 17 号发射综合体发射的"德尔塔"系列火箭进入太空并被广泛利用的基础之上。17A 发射综合体共支持了 161 次发射，最后一次发射是在 2009 年 8 月 17 日。

26B 发射综合体（LC-26B，1957年10月23日）
西经80.5712°，北纬28.4433°

作为 26A 发射综合体的发射台搭挡，共有 22 枚火箭在 26B 发射综合体发射，最后一枚发射于 1961 年 5 月 24 日。从一开始，26B 发射综合体就是一座重要的发射台。在 26B 发射综合体的落成典礼上，一枚"木星"中程弹道导弹（不要与"木星"A 导弹相混淆）在此发射。此后，又有十一枚"木星"中程弹道导弹在此发射。1959 年 8 月 15 日，26B 发射综合体支持发射了一枚"朱诺"2 号火箭，但此次发射并未能将"信标"卫星按计划送入轨道。

在 1960 年 3 月 23 日"朱诺"2 号火箭再次发射之前，26B 发射综合体又支持了四次"木星"中程弹道导弹发射。3 月 23 日发射的这枚"朱诺"2 号火箭也未能将有效载荷送入轨道。然而，11 月 3

日进行的下一次发射成功将"探索者"8号卫星送入了轨道。此后,该发射台又使用"朱诺"2号火箭进行了三次卫星发射,其中只有一次成功。26B发射综合体于1961年5月24日退役。

12号发射综合体(LC-12,1958年1月10日)
西经80.5420°,北纬28.4805°

  12号发射综合体与11号、13号、14号发射综合体一样,为美国空军建造,是四座洲际弹道导弹测试场中第二座投用的。后来,它又执行了一些重要的航天飞行任务。前13次"阿特拉斯"飞行用于测试"阿特拉斯"D型火箭(洲际弹道导弹首个用于航天发射的改装型号),以及一些用于高平流层和近地空间数据收集的航空飞行。这些测量对于评估超远程飞行的飞行路径环境非常重要,原因是当时人们对高层大气了解不多,迫切需要更多数据。

上图:12号发射综合体是为支持从卡纳维拉尔角发射"阿特拉斯"火箭而建造的四座发射设施之一。图中直观地记录了用固定约束装置支撑火箭并将其提升至垂直姿态以进行发射的程序。(美国空军供图)

  1960年9月25日,一枚载有"先驱者"P30探测器的"阿特拉斯-艾布尔"火箭从12号发射综合体发射升空。此次任务的目标是将之前由于美国空军和NASA积压许久的飞行任务占用发射台而推迟发射的探测器送入月球轨道。12号发射综合体刚建成时,还没有人料到迅速发展的航天计划如此大量的需求。"艾布尔"级点火后,很快丧失推力并坠毁,发射失败了。11月15日,从12号发射综合体上发射的另一枚携带"先驱者"P31月球探测器的"阿特拉斯"火箭在发射后70秒爆炸,这次任务也遭遇失败。

  下一次发射是在1961年1月23日,这是"阿特拉斯"D型洲际弹道导弹的最终资格测试,是该型导弹的第32次发射,也是"阿特拉斯"系列导弹的第55次发射。加利福尼亚州的范登堡空军基地曾执行过多次"阿特拉斯"发射任务,但是随着1961年8月23日"阿特拉斯-阿金纳"火箭携带"徘徊者"1号月球探测器发射升空,航天运载火箭和12号发射综合体执行的发射活动完全转移到月球

左图：在12号发射综合体发射的另一个项目是首颗"应用技术卫星"。该系列卫星将为先进电信概念的研究和开发带来巨大益处。（NASA供图）

上图："徘徊者"从一开始就是一个麻烦不断的项目。该系列任务从12号发射综合体发射。图中所示为第一阶段模型，此阶段的发射均未成功。（NASA供图）

探测领域，12号发射综合体执行的发射任务将逐渐增加。"阿特拉斯－阿金纳"B型火箭的上面级是"阿金纳"A型的改进型号，是"阿金纳"D型火箭服役之前将卫星发射到地球轨道和月球轨道的早期运载工具。该级经过加长，具有多次重启能力。

"徘徊者"1号是一系列通过撞击探测月球的无人探测器中的第一个，配备有各种不同的科学套件，包括可在其跌落到月面时传输图片的电视摄像机，从而让科学家观察到数米大小的物体。"阿金纳"B级将"徘徊者"1号推向了月球，但由于点火失败，该飞行器从未到达月球。1961年11月18日发射的"徘徊者"2号和1962年1月26日发射的"徘徊者"3号也都没能抵达目的地。两次事故都是由于火箭级发生了故障。

1962年4月23日，"徘徊者"4号发射升空，在三天后的标准世界时12时49分53秒于月球表面硬着陆，成为第一个撞击月球表面的美国航天器。然而，为保护探测器并提供撞击信息而设计的球形硬着陆外罩和本应传回图片的摄像机无法正常工作，因为航天器在脱离理想轨道后便开始翻滚，太阳能电池板无法展开，导致电池电能耗尽。

NASA首个近距离飞越金星的行星际飞行任务"水手"2号于1962年8月27日破晓时分从12号发射综合体发射，大获成功，但这一切是在"水手"1号从该发射台起飞失败后才取得的成就。当时，发射场的安全官员不得不引爆运载火箭。"水手"2号则经由一条完美的路线于 12 月 14 日在金星上空 21 608 英里（34 773 千米）的高度掠过，发回了这个云雾笼罩的世界的相关信息。通过数据，科学家首次发现金星富含二氧化碳的大气层温度异常之高。由此，"温室效应"一词开始被用于描述富含二氧化碳的高温行星大气。

下一个从 12 号发射综合体发射的是 1962 年 10 月 18 日的"徘徊者" 5 号月球探测器任务，而"阿金纳"级在此遭遇了又一次失败，它使航天器速度过快。"徘徊者" 5 号自身也发生了故障：太阳能电池阵列无法运行，天线无法锁定地球所在的方位。发射后不到 9 个小时，它的电量就耗尽了。"徘徊者"计划主要分为三阶段：简单的第一阶段设计（"徘徊者" 1 号和 2 号），更先进的第二阶段（"徘徊者" 3 号、4 号和 5 号）设计使探测器配备提供保护的球形撞击外罩和电视摄像机，以及第三阶段设计让探测器携带多台摄像机而抛弃外罩（具有讽刺意味的是，这种设计虽然更简单，但更有可能成功）。

"徘徊者" 1 号至 5 号的失败引起了美国国会航天委员会的注意。委员会针对资金和资源浪费问题进行了审查，并通过共同努力提高航天器性能，主要做法包括使用更强大的质量控制系统、替换一些被认为会导致失败的材料以及简化航天器携带的科学仪器。当"徘徊者"计划开始时，NASA 正在制定各种各样的飞行计划，其中涉及基础空间科学、月球研究以及对金星、火星等近地行星的初步探索。

到 1963 年，如前文的 NASA 通史所述，所有任务都集中于辅助"阿波罗"登月的目标，每一次任务都是为了实现这一目标。"徘徊者"计划原定为后续的"勘探者"软着陆器执行基础的侦察任务，而两种航天器共同为工程师提供了最终设计月球着陆模块及其支撑腿所需的重要信息。科学家当时仍然不确定航天器是否会被尘土掩盖，或者仅仅撞穿地表很浅的深度。"徘徊者"号会通过显示小石头和巨石，表示月球表面仅存在少量灰尘。

12 号发射综合体恢复发射活动后，"徘徊者" 6 号于 1964 年 1 月 30 日发射升空。飞船以完美的轨迹飞向月球，但电力系统因电弧故障而未能将任何图像传回地球。"徘徊者" 7 号、8 号和 9 号分别于 1964 年 7 月 28 日、1965 年 2 月 17 日和 1965 年 3 月 21 日发射升空，均取得了成功并发回了撞击点的数千幅图像，消除了科学家最深的忧虑，也使工程师感到放心：他们不必面对大量的灰尘。

在"徘徊者"号的几次发射中还穿插着其他几次历史性发射任

务。1962年4月14日，NASA为兰利研究中心发射了"再入飞行调查"1号航天器。这台锥形航天器类似于微型的"阿波罗"指令模块，由"阿特拉斯"助推器向高空发射，再由"安塔瑞斯"固体推进剂火箭反向推进，返回到大气层内，时速为25 167英里/时（40 501千米/时）。通过遥测发射器传送到地面的无线电数据提供了隔热罩周围环境的信息，以及再入大气时由于高温等离子体堆积形成的"黑障"隔绝通信的情况。第二次测试发射的是"再入飞行调查"2号，于1965年5月22日升空，时速达25 400英里/时（40 877千米/时），相当于"阿波罗"号飞船从月球返回时所达到的速度。

　　NASA的另一个计划——轨道地球物理天文台于1964年9月5日从12号发射综合体首次发射。"阿特拉斯–阿金纳"B型火箭将"轨道地球物理天文台"1号卫星置于良好的轨道中，而这颗卫星一直运行到1971年。1966年6月7日，"轨道地球物理天文台"3号从12号发射综合体发射升空，也取得了相似的成功。1964年11月28日，"水手"4号发射升空。它是第一架飞越火星的航天器，拍摄了21张照片，改变了科学家对地球的观察方式。"水手"4号的任务也使公众印象深刻。1965年7月15日，"水手"4号在6 118英里（9 846千米）的高度飞越了火星。

　　12号发射综合体在历史上写下的另一个"第一"是在1966年12月7日使用"阿特拉斯–阿金纳"D型火箭发射了NASA"应用技术"系列卫星的第一颗。第一颗之后是1967年4月6日的第二颗和1967年11月5日的第三颗（12号发射综合体的最后一次发射）。在此之前，1967年6月14日，另一枚"阿特拉斯–阿金纳"D型火箭将"水手"5号探测器送往金星。它是NASA的第二艘飞越航天器，于10月19日以2 480英里（3 990千米）的高度飞越了这个神秘的世界，比任何一艘行星际飞船的距离都更近。

左图：12号发射综合体支持过多次航天发射。1964年4月23日，"阿特拉斯"D型火箭被NASA用于在亚轨道试验飞行中发射"再入飞行调查"1号航天器。（NASA供图）

最后一次发射之后，12 号发射综合体停用，保持了九年的休眠状态，其间只进行过少量维护。1976 年 12 月，12 号发射综合体被完全拆除；2009 年 9 月，其发射管制台也被拆除。如今，几乎没有任何痕迹可以反映出 12 号发射综合体在美国火箭和航天史上的重要地位。

25A发射综合体（LC-25A，1958年4月18日）
西经80.5743°，北纬28.4321°

25A 是 25 号发射综合体的四座发射台中的第一座。1956 年 8 月，NASA 对 25A 和 25B 发射综合体进行了最初的建设勘察，以支持"北极星"固体推进剂潜射弹道导弹计划。

1957 年 3 月 19 日，整套设施的承包合同被正式签署，年底之前 25A 发射综合体和检修架就已建成。单座发射管制台可为 25A 和 25B 发射综合体提供服务。

从首次执行发射任务至 1965 年 3 月 5 日，25A 发射综合体共支持发射 60 枚"北极星"导弹的前身及其后继的 A1、A2 和 A3 改型导弹，每种导弹的性能都有所提升。该发射台在 1969 年 9 月被拆除。

18B发射综合体（LC-18B，1958年6月4日）
西经80.5618°，北纬28.4490°

18B 发射综合体的起源可参见 1956 年 12 月 8 日启用的 18A 发射综合体。18B 发射综合体支持了"雷神"导弹的 17 次试射，最后一次试射在 1960 年 2 月 29 日。1961 年 1 月 7 日—1962 年 4 月 12 日，经过一些调整和重新布置后，美国空军使用 18B 发射综合体进行了 6 次"蓝色侦察兵"固体推进剂运载火箭的发射。1961 年 11 月 1 日的倒数第二次发射搭载了"水星"MS-1 卫星，该卫星原本计划让单人"水星"计划建立的全球跟踪和数据收集网络达到合格标准，但火箭在升空后 43 秒发生了故障。

1967 年 2 月 1 日，18B 和 18A 发射综合体一起停用，因为卡纳维拉尔角发生的巨变和同时到来的预算削减、NASA 裁员等变故，美国空军也计划更换测试导弹和火箭的型号。后来，这块场地被用作脱盐工厂，为核动力潜艇提供反应堆用水。

11号发射综合体（LC-11，1958年7月19日）
西经80.5395°，北纬28.4753°

　　11号发射综合体是为了支持1957年8月—1958年4月的"阿特拉斯"洲际弹道导弹计划而建造的四座发射设施（11号、12号、13号和14号发射综合体）之一。关于这四座设施的设计，请参见1957年6月11日首次执行发射任务的14号发射综合体。11号发射综合体被用于试射"阿特拉斯"导弹的所有生产型号，包括首次装载续航发动机的"阿特拉斯"B型导弹的初次试射（A型仅装载了两台助推器以初步验证设计概念）。

　　11号发射综合体的前五次发射任务均为"阿特拉斯"B型导弹，最后一次发射是在1959年2月4日。第一枚量产级"阿特拉斯"D型导弹于1959年7月29日发射，但它并不是首枚发射的D型导弹，其中的差异参见对13号发射综合体的介绍。回顾1958年12月18日，即NASA才成立两个多月却发射失败多次，那时人们普遍认为美国没有赶上苏联的能力，一枚除了无线电发射器而没有携带弹头或有效载荷的"阿特拉斯"B型导弹却成功发射。这是第一枚进入轨道的"阿特拉斯"导弹。

　　"阿特拉斯"导弹被冠上"轨道中继设备信号通信"的项目名称，进入了922英里×114英里（1 484千米×185千米）的轨道，并将录制在磁带上的时任总统艾森豪威尔的圣诞节致辞中继到地面。此次发射是一次纯粹的宣传活动，传回地球的信息对于提高太空竞

下图：11号发射综合体取得的开创性成功，就是在1958年12月18日为支持"轨道中继设备信号通信"项目而发射了"阿特拉斯"火箭。火箭的重量被减至最小，精心规划的轨道使其成功入轨并播放了时任总统艾森豪威尔的致辞。（NASA供图）

左图：13号发射综合体也被用于发射携带卫星任务的"阿特拉斯"火箭，其中包括1964年11月5日发射的"水手"3号。这是一次火星探测任务，但未能抵达计划的轨道。（NASA供图）

赛的士气具有一定作用，引起了媒体和公众的极大兴趣。1959 年 1 月 21 日，"阿特拉斯"导弹再入大气层时被烧蚀并毁坏。

在 10 次"阿特拉斯"D 型火箭试射之后，E 型火箭的试射于 1961 年 5 月 13 日开始，于 1961 年 10 月 2 日结束，共计发射 4 次。1961 年 11 月 22 日—1963 年 10 月 28 日，F 型火箭进行了 12 次发射。11 号发射综合体的最后两次发射任务分别支持一枚"阿特拉斯"E 型于 1964 年 2 月 25 日升空，以及一枚"阿特拉斯"F 型火箭于 1964 年 4 月 1 日升空。这些试射活动并不总是为验证火箭性能而设计的，也是用来评估各种再入物体、特定类型的弹道以及更全面地了解再入环境，从而为其他现有火箭或未来的导弹型号提供支持。

11 号发射综合体于 1967 年 6 月 13 日停用，其配套的服务塔及相关结构被出售以供海难救助使用。不过，11 号发射综合体的发射管制台直到 2013 年 4 月才被拆除。

13号发射综合体（LC-13，1958年8月2日）
西经80.5444°，北纬28.4859°

13 号发射综合体是专为支持美国第一个洲际弹道导弹计划而建造的四座"阿特拉斯"发射设施之一。有关这四座发射设施构造的详细信息，请参阅对 1957 年 6 月 11 日首次执行发射任务的 14 号发射综合体的介绍。13 号发射综合体的首次发射任务发生在 11 号发射综合体投入使用的几周后。在民用和军事太空计划中，13 号发射综合体都执行了非常重要的发射任务。13 号发射综合体共执行了 13 次"阿特拉斯"B 型和 D 型火箭发射任务（于 1960 年 2 月 12 日完成最后一次发射任务）。1959 年 2 月 15 日，一枚"阿特拉斯-艾布尔"火箭在 13 号发射综合体进行了一次静态试验点火，火箭上搭载着"先驱者"P31 月球探测器，但火箭不幸爆炸。

"阿特拉斯"D 型火箭于 1960 年 3 月 11 日恢复发射，但这次发射遭遇失败。接着，3 枚"阿特拉斯"E 型火箭相继发射失败。直到 1961 年 2 月 24 日，"阿特拉斯"E 型火箭才完成第一次成功发射。但是，在 5 月 26 日开始一连串的成功发射之前，又有两枚 E 型火箭发射失败。"阿特拉斯"F 型火箭于 1961 年 8 月 9 日在卡纳维拉尔角首次发射升空，此后又发射了 6 枚 E 型火箭。最后一枚于 1962 年 2 月 13 日发射，共计发射 18 枚。

上图："月球轨道器"项目的目标是了解月球表面并获得准确的地图照片，计划在1966年和1967年从13号发射综合体发射5颗卫星。（NASA供图）

下图：兰利研究中心主任弗洛伊德·汤普森展示13号发射综合体第一次成功发射的月球轨道飞行器任务（共计5次）的影像片段。（NASA供图）

此后，NASA对发射台进行了一些调整，以支持"阿特拉斯－阿金纳"D型火箭的轨道飞行。"阿特拉斯－阿金纳"D型火箭于1963年10月17日首次发射，搭载了3颗小卫星，即2颗"船帆座"辐射探测卫星和1颗TRS-5卫星。后者是用于空间导航系统的研发卫星，是当今GPS系统的"老前辈"。搭载的卫星可由能够重新启动的上面级送入不同的轨道。1964年7月17日，又有2颗"船帆座"卫星和1颗TRS-6卫星升空；随后是11月5日发射的"水手"3号探测器，这是人类首次尝试发射目标为飞越火星的飞船。护罩分离失败宣告了此次任务失败的命运，但从12号发射综合体发射的"水手"4号取得了成功。在13号发射综合体的下一次发射中，"阿特拉斯－阿金纳"D型火箭将另外2颗"船帆座"卫星和ORS-3辐射测绘卫星送入了轨道。

13号发射综合体最著名的一系列发射是使5个NASA月球轨道飞行器升空。它们与"徘徊者"号和"勘测者"号共同完成了"阿波罗"登月计划的前期侦察任务。1966年8月10日—1967年8月1日，5个月球轨道飞行器发射升空，所有任务均获得成功，并提供了绘制地图所需的细节，为首次载人登月任务提供了备选的着陆点。月球轨道器摄影档案馆仍然被视为太空时代最重要的摄影档案馆之一。

在这一连串的发射任务之后，"阿特拉斯－阿金纳"D型火箭于1968年8月6日从13号发射综合体搭载"峡谷"通信情报卫星升空，第2颗"峡谷"卫星随后于1969年4月13日发射升空。这两次发射活动使用了加长的"阿特拉斯"箭体：贮箱加长了9.75英尺（2.97米），用以延长第一级的点火时间。"阿金纳"火箭级入轨后，卫星仍然与火箭保持附着状态，同时展开了直径33英尺（10米）的天线。"峡谷"系列卫星的轨道相似，"峡谷"1号卫星采用的是高度为19 680英里×24 760英里（31 680千米×39 680千米）的轨道，

周期为 23.9 小时。这样的设置使卫星以 9.9°
的轨道倾角绕地球缓慢移动，其星下点轨迹
在南北纬 9° 之间的区域波动。

上图：13号发射综合体
经过完全改造和用途调
整，现在被SpaceX公司
用作1号着陆区，用于
使用过的"猎鹰"9号火
箭的助推器芯级返回。

  1970 年 6 月 19 日，"流纹岩"系列卫
星在 13 号发射综合体首次发射。这是美国
国家侦察局的另一个高度机密项目，以信号
情报收集资产的形式呈现。"峡谷"卫星在
近似于地球同步轨道的轨道上运行，而第 1
颗"流纹岩"（现名为"水技表演"）卫星则
在 20 930 英里 ×110 英里（33 685 千米 ×178 千米）的大椭圆轨
道上运行。"流纹岩"系列中的其他卫星也在近似于地球同步轨道的
轨道上运行。7 颗"峡谷"卫星和 4 颗"流纹岩"卫星的交替发射
证实了 13 号发射综合体的效能，它的最后一次发射活动于 1978 年
4 月 7 日进行。

  13 号发射综合体在最后一次发射的当天即被停用。虽然其建
筑于 1984 年 4 月被定为美国国家历史地标，但移动服务塔还是在
2005 年 8 月 6 日的受控爆炸中被拆除，发射管制台也于 2012 年 6
月被拆除。13 号发射综合体的场地于 2015 年 2 月租赁给商业火箭
公司 SpaceX 并被重新命名为 1 号着陆区，用于 SpaceX 公司"猎鹰"9
号火箭芯级的垂直返回着陆（首次成功的着陆回收发生在 2015 年
12 月 22 日）。2 号着陆区毗邻 1 号着陆区，用于回收"猎鹰"重型
火箭的两个助推级，首次成功的回收发生在 2018 年 2 月 6 日。

4A发射综合体（LC-4A，1958年9月3日）
西经80.5362°，北纬28.4663°

  作为 4 号发射综合体的子设施而建造，4A 发射综合体共支持了
三次"波马克"导弹的试射。第二次试射于 1958 年 10 月 21 日进行，
第三次于 1959 年 1 月 27 日进行，此后便被弃用，没有再进行任何
发射，但为浮空器飞行提供了存储和支持服务。

21号发射综合体（LC-21，1958年9月25日）
西经80.5402°，北纬28.4605°

  21 号发射综合体包括两座发射台，均建于 1956 年，并于 1957

年2月26日移交给美国空军以用作"鹅"导弹的试验场，共计发射3次，最后1次发射日期是1958年12月5日。随着"鹅"导弹项目的取消，21号发射综合体也进行了改造，用于"梅斯"巡航导弹的试射。"梅斯"导弹第一次试射的日期是1960年7月11日，最后一次是1963年7月17日，共计发射34次。关于这座发射设施和它相近的设施的命运可参见对22号发射综合体的介绍。

15号发射综合体（LC-15，1959年2月6日）
西经80.5493°，北纬28.4963°

除了用于测试和验证"阿特拉斯"火箭的11号、12号、13号和14号发射综合体，还有15号、16号、19号和20号发射综合体被建来用于研发美国第二型洲际弹道导弹"泰坦"。"泰坦"比激进的"阿特拉斯"导弹更遵循传统标准。"阿特拉斯"具有加压贮箱和"一级半"配置，而"泰坦"的功能要稍强一些，并获得了研发命令，以防"阿特拉斯"被证实有缺陷。15号发射综合体是首座发射"泰坦"导弹的发射台。

四座发射设施的建造合同签订于1956年4月23日，建设工作始于1957年2月，于次年7月1日完成。像"阿特拉斯"一样，"泰坦"的发射台也使用水平容器放置这些即将部署的洲际弹道导弹。1959年2月5日，发射设施的验收工作完成。"泰坦"的发射管制台基于"阿特拉斯"的发射管制台设计，但内部增加了一层。

1960年，15号发射综合体共发射了11次"泰坦"1号，最后

下图：21号发射综合体曾被用于发射"鹅"导弹；经过改造后，又用于发射"梅斯"巡航导弹。图中即为一个发射案例。（美国空军供图）

左图：15号发射综合体发射的第一枚"泰坦"1号，带有假上面级。（美国空军供图）

一次发射在 1960 年 9 月 29 日。"泰坦" 1 号使用不可储存的推进剂，由于液氧的温度极低，发射前必须在很短的时间内装载。人们因此寻求一种更使人信服的威慑力量，其使用可储存的推进剂，从而将发射准备时间大幅减少到几分钟。

答案是"泰坦" 2 号。它的先进之处不仅在于它使用可储存的推进剂，而且在制导系统方面有一定改进，执行核任务时的灵活性也有所提升。"泰坦" 1 号的支持设施必须进行更换和改造以适应"泰坦" 2 号。"泰坦" 2 号的推进剂改用四氧化二氮而非液氧，添加了一种名为 Aerozene 50 的肼混合物，而不再使用航天煤油 RP-1。这些调整都要求对发射设施进行改造。"泰坦" 2 号共发射十六次，首次发射在 1962 年 6 月 7 日，最后一次在 1964 年 4 月 9 日。15 号发射综合体于 1967 年 3 月停用，于 1967 年 6 月 13 日作为废弃建筑物出售并拆除，其发射管制台在 2012 年 11 月—2013 年 2 月被拆除。

上图：完全配置的两级 "泰坦" 1 号。（美国空军供图）

"泰坦" 2 号导弹的服役时间是 1963—1987 年，此后由于弹头老化以及美国核威慑力量架构的不断变化而退役。在"泰坦" 2 号的时代，它拥有全美国洲际弹道导弹最大的投掷重量，但无论何时，在役的导弹都没有达到 60 枚。"泰坦" 1 号和 2 号洲际弹道导弹的发展使它们的用途扩展到成为卫星发射器。后来的型号带有捆绑式助推器，可以为机密的国家安全卫星和 NASA 探测器等大型有效载荷提供真正的重型运载能力。

19号发射综合体（LC-19，1959年8月14日）
西经80.5542°，北纬28.5069°

19 号发射综合体与 15 号发射综合体同时签署建造合同。建设工作于 1957 年 2 月 18 日开始，于 1958 年 7 月完成，于 1959 年 6 月 16 日由美国空军验收。19 号发射综合体支持了十五次"泰坦" 1 号的发射，最后一次是 1962 年 1 月 29 日。第一次试射因固定臂故障而失败，原因是该臂在总推力建立之前过早释放了"泰坦"1号，导致导弹落回发射台。直到 1960 年 2 月 2 日进行的第二次试射中，导弹才成功发射。

大多数发射都通过试验计划支持 Mk4 型再入飞行器的开发，目的是使其适用于"阿特拉斯"E 型、F 型火箭和"泰坦"1 号导弹。Mk4 型由 Avco 公司（"阿波罗"飞船隔热板的生产商）生产，在铝制的内部框架外面涂有可烧蚀材料的外部涂层，可以在再入大气层时提供保护。Mk4 型装有 W-38 型核弹头，当量为 3.75 百万吨 TNT，约为广岛原子弹爆炸当量的 250 倍。

1961 年 7 月 25 日，一次值得注意的发射活动在 19 号发射综合体进行：一枚"泰坦"1 号在当日午后使用新型全惯性制导系统发射升空，成为第一枚完成全航程试验的导弹，打击距离达到 5 000 英里（8 400 千米）。总体而言，"泰坦"取得了不错的成绩。截至最后一枚"泰坦"1 号从 19 号发射综合体发射，"泰坦"1 号在卡纳维拉尔角共进行了 47 次研制试射，其中 72％完全成功，只有 8.5％完全失败。

随着"泰坦"1 号向"泰坦"2 号过渡，需要让基础的"泰坦"专用发射设施适应新型火箭。在此期间，NASA 承担了改造 19 号发射综合体的任务，以满足"双子座"计划的具体需求。始于 1962 年初的"双子座"计划进行交会和对接，开展对长时间太空飞行和太空行走的研究。这些项目都是完成"阿波罗"登月任务所必须开发的，但单人"水星"计划的能力有限，无法提供研究条件。

负责发射双人"双子座"飞船的运载火箭将是一枚载人型"泰坦"2 号，被称为"双子座"运载火箭。它将完成两次无人资格验证飞行和十次载人飞行任务。这些任务将全部从 19 号发射综合体发射并完成所有飞行活动。"双子座"运载火箭是对标准"泰坦"2 号导弹的重大改进，具有多项独特的技术功能，包括用于防止升空过程中发生垂直振动的抑制系统和用于帮助机组人员应对紧急情况的故障检测系统（例如可能需要激活飞船弹射座椅的情况）。

"双子座"运载火箭的操作程序也得到了改进，预填充冷却系统中增加了 13 000 磅（5 896 千克）的推进剂，质量多于同尺寸的"泰坦"2 号洲际弹道导弹的贮箱，这是由于密度增加了。此外，洲际弹道导弹的惯性制导系统还被替换为"双子座"运载火箭的无线电制导系统，可由地面指令操作。可靠性的总体提升提高了成功率，同时系统中的一些冗余确保了导致任务中止的故障数量减少。

"双子座"运载火箭1号（第一次无人资格验证飞行使用的火箭）于1962年9—10月由"泰坦"2号导弹的承包商——马丁公司在其位于马里兰州巴尔的摩的工厂内进行组装。"双子座"运载火箭1号于1963年10月26日交付给卡纳维拉尔角，三天后在19号发射综合体起竖；飞船则是由麦克唐纳飞机公司在密苏里州圣路易斯制造的，于1963年10月4日交付给卡纳维拉尔角。经过对于新航天器而言毫不让人意外的几次技术搁置和延期，新飞船和改装后的运载火箭首次完成了一体化试验。

1964年4月8日上午，"双子座"1号发射升空，将仍与"双子座"运载火箭第二级相连的无人飞船送入轨道。在任务执行期间，它们将一直保持这种状态。试验程序要求在航天器绕地球完整运行三周期间进行遥测评估，并且预计该航天器无法再入大气层——隔热罩预先钻有一些孔，以保证它在大气层的高温中烧毁。

由于"双子座"飞船的后部连接在火箭第二级上，它没有后续的点火级，其高度有望自然降低并离轨。飞船轨道的初始参数为204英里×99.6英里（328千米×160.25千米），但实际轨道比计划高出21英里（34千米）。因此，直到4月12日，飞船及火箭第二级仍在绕地球轨道飞行。飞行后的结果很好，运载火箭和飞船也获得了第二次无人试验的资格。在这次试验中，最重要的隔热罩与宇航员模拟器托盘共同提供了关于加

上图：在19号发射综合体为NASA"双子座"双人飞船提供发射服务时，"双子座"5号在发射台上起竖。起竖结构正处于回到水平位置前的中间位置。（NASA供图）

下图：图为19号发射综合体首次发射"双子座-泰坦"任务。19号发射综合体发射了"双子座"计划的全部12次任务，于1967年退役，于2013年被彻底拆除。（美国空军供图）

压舱和主动减速火箭的数据，用于对发射和再入／回收系统进行整体性能评估。这是载人航天任务的重要先决条件。

"双子座" 2 号运载火箭的建造始于 1962 年 9 月，完成于 1964 年 1 月，并于 1964 年 7 月 11 日交付给卡纳维拉尔角。火箭于 7 月 16 日起竖，第二天即开始测试。但由于 8 月 17 日发生了一起雷击事故，此前的所有测试工作宣告无效。11 天后，飓风 "克莱奥" 迫使 NASA 将火箭第二级从第一级上拆下，到 8 月 31 日才重新起竖。然后，飓风 "朵拉" 又席卷了卡纳维拉尔角，只能把整枚火箭移下发射台，直到 9 月 14 日再重新起竖。

1964 年 9 月 21 日，飞船被运到卡纳维拉尔角，并于 11 月 5 日与运载火箭配对，随后进行了一系列地面测试，准备于 12 月 9 日发射。点火按计划开始后，发动机液压突然降低。感测到故障后，火箭级在约 1.7 秒后自行关闭。发射活动被取消，被重新安排在 1965 年 1 月 19 日进行。NASA 曾希望在 1964 年就进行载人飞行，以防止与 1963 年的前一次 "水星" 飞行任务拉开长达一年的空窗期，但这个愿望无法实现。

发射随后按照计划进行。"双子座" 2 号飞船在发射后 5 分 53 秒与燃尽的上面级分离，达到 98.9 英里（160 千米）的最大高度后，开始沿弹道轨道向南大西洋降落。与 "双子座" 1 号的飞行不同，"双子座" 2 号飞船经历了所有再入操作程序，包括后部设备的分离、制动系统点火、再入和部署降落伞系统。所有程序都在误差容许的范围内运行。飞船在升空后 18 分 16 秒溅落在大西洋中，沿发射方向飞行了 2 143 英里（3 448 千米），并由 "尚普兰湖" 号航母打捞回收。

获准进行载人飞行的 "双子座" 3 号运载火箭于 1965 年 3 月 23 日发射了 "双子座" 3 号飞船。弗吉尔·"古斯"·格里索姆担任船长，约翰·杨担任乘员。19 号发射综合体在 1966 年 11 月 11 日的最后一次发射前共完成了 10 次 "双子座" 载人飞行任务以及 27 次 "泰坦" 1 号、2 号导弹的发射。这一年，NASA 本以为美国空军会在 "载人轨道实验室" 计划中发射额外的 "双子座" 飞船。这艘飞船原本计划从 40 号发射综合体使用 "泰坦" 3C 号火箭发射，但于 1969 年被取消。

19 号发射综合体于 1967 年 4 月 10 日停用，其服务塔和发射脐带塔于 1977 年 5 月 30 日被拆除。发射台上的白色房间本用于协助宇航员从发射台进入火箭顶部的飞船，被保护了起来供后人观摩。2003 年 9 月，它被修复并移交给了美国空军航天与导弹博物馆。19 号发射综合体的剩余结构在 2012 年和 2013 年被彻底拆除。

25B发射综合体（LC-25B，1959年8月14日）
西经80.5753°，北纬28.4303°

25B 和 25A 发射综合体本是一组（参见"25A 发射综合体"），但前者于 1958 年 1 月完成建造并修建有检修平台。1957 年 3 月 1 日，美国海军签署了"北极星"项目的"舰船运动模拟器"合同，目的是为水下潜艇发射的导弹评估设计要求，而潜艇在变化的海况下可能进行俯仰和滚转运动。该模拟器提前安装在 25B 发射综合体上，并在 25B 发射综合体启用的当天首次使用。

截至 1960 年 8 月 2 日 25B 发射综合体完成最后一次任务时，共有 8 枚"北极星"导弹从 25B 发射综合体发射，包括 1 枚测试弹和 7 枚 A1 型导弹。船舶运动模拟器于 1961 年 10 月被封存，而 25B 发射综合体于 1969 年 9 月被拆除。

29A发射综合体（LC-29A，1959年9月21日）
西经80.5771°，北纬28.4296°

29A 发射综合体根据 1958 年 8 月 12 日签订的合同建造，并于 1959 年 8 月 25 日完工。尽管建造 29A 发射综合体时还计划建造与其同组的 29B 发射综合体，但前者成了当地唯一的发射台，并被美国海军正式接收作为测试场地，可以从此处向大西洋导弹靶场发射"北极星"潜射弹道导弹。

1959 年 9 月 21 日—1960 年 4 月 29 日，美国海军进行了 14 次"北极星"A1X 试射；随后，1961 年 1 月 10 日—1965 年 11 月 12 日，进行了 15 次"北极星"A2 试射；1962 年 8 月 7 日—1967 年 11 月 1 日，进

上图：美国海军的"北极星"A3试验弹安装在29A发射综合体的发射台上，准备试射。这一系列试射活动使29A发射综合体不断处于时开时关的状态，忙碌了二十余年。（美国海军供图）

上图：并非所有发射台都支持大型导弹和卫星发射器。43号发射综合体执行了弹道探空火箭的科学研究发射任务。如图所示，设计了"探索者"1号星载仪器的詹姆斯·范艾伦博士手持"洛基"探空火箭和"气球火箭"。（NASA供图）

行了18次"北极星"A3试射。此后是3次"北极星"A3"羚羊"的试射，它是为英国皇家海军专门研发的一种型号，由美国海军的KH793计划演变而来。KH793计划则是为应对苏联在莫斯科周围建造反弹道导弹系统而开发的。

"羚羊"的3次试射在1966年11月17日—1967年3月2日进行，隶属于英国的一项秘密计划。该计划意图使英国海军保有通过摧毁莫斯科政府而使苏联领导层群龙无首的能力。这一直是英国的目标，也是与美国"统一作战行动计划"的相关共识。由于莫斯科附近部署有反弹道导弹系统，英国对于自己的能力并不太确信。如果苏联人也这么认为的话，"羚羊"的威慑就是苍白无力的。

然而，此处需要点明的是"羚羊"和"超级羚羊"反弹道导弹计划最终促成了"舍瓦利纳"系统的部署，为英国提供了多弹头分导再入飞行器以及一种可以机动回避反弹道导弹系统的总线平台。

英国不仅对"舍瓦利纳"系统携带的核装置进行了地下测试，还在潜艇上实施了持续的验证和训练计划。29A号发射综合体一度被置于待命状态，但为了支持"舍瓦利纳"系统而重新启用，在1977年9月11日—1980年5月19日进行了10次发射。

43号发射综合体（LC-43，1959年9月25日）
西经80.5585°，北纬28.4667°

20世纪50年代后期，美国决定大幅扩建探空火箭发射设施并建造了五座发射台。A、B、C三座发射台靠得很近，而D、E两座发射台相对偏南。随着卡纳维拉尔角的导弹试验项目向发射高价值卫星和航天器转移，对气象数据的需求日益增加，而大部分需求来自浮空气球以及高层大气物理学/气象学探空火箭。

在航天飞机计划实施期间，对于气象数据的需求尤为迫切。在

1969 年 11 月"阿波罗"12 号飞船遭雷击后，邻近地区的雷电风暴问题开始被重视。而且，天气信息对于航天飞机的着陆操作也非常重要。这些发射设施也支持了这一需求。

截至 1984 年 2 月 27 日，已有约 4 680 枚探空火箭升空，包括"奈基"的各种变体、"卡琼镖"、"洛基"、"超级洛基"、"阿卡斯"和"雨果"。其中许多型号不再需要为发射场区域上空大气提供详细气象信息，而是被用于一般气象研究。

1984 年，探空火箭的发射工作被转移到 47 号发射综合体，以便为建造 46 号发射综合体腾出空间，以支持"泰坦"导弹的发射。

16号发射综合体（LC-16，1959年12月12日）
西经80.5518°，北纬28.5017°

16 号发射综合体是计划为"泰坦"弹道导弹建造的四座发射设施之一（参见"15 号发射综合体"）。建造 16 号发射综合体的合同于 1957 年 1 月 30 日签订，施工于 1958 年 7 月完成。美空军于 1959 年 2 月 19 日对它进行了验收，并为同年晚些时候"泰坦"1 号的首次发射做好了准备。这次发射很遗憾地失败了，原因是自毁系统中的一个故障在点火时被触发，将导弹炸毁在了发射台上。接下来的两次发射也失败了，不过原因不同。1960 年 4 月 8 日，"泰坦"1 号首次从 16 号发射综合体成功发射。此后，该型导弹又进行了两次成功的发射，最后一次发射是在 1960 年 5 月 27 日。

为发射"泰坦"2 号导弹，16 号发射综合体经历了改造，其发射活动中断近两年。1962 年 3 月 16 日，16 号发射综合体首次发射了"泰坦"2 号导弹，使用 Mk6 型再入飞行器进行了再入试验。16 号发射综合体总共支持了七次"泰坦"2 号发射，其中三次彻底失败，最后一次发射是在 1963 年 5 月 29 日。随着"泰坦"2 号系列研制试射的结束，16 号发射综合体被分配给 NASA，以支持"双子座"计划，供机组乘员训练使用。

1966 年底，在"双子座"计划结束后，16 号发射综合体被改造为静态测试设施，供"阿波罗"服务舱的服务推进系统使用。

下图：16 号发射综合体为1960年3月8日"泰坦"1号的戏剧性发射提供了背景。十年后，该发射设施接受改造，用于"潘兴"系列战区导弹的试射。（美国空军供图）

上图：20世纪80年代多次从16号发射综合体发射的"潘兴"2导弹。北约当时在紧急寻求应对苏联部署SS-20战区导弹的措施。（美国陆军供图）

该系统的主发动机用于使对接后的"阿波罗"飞船和登月舱减速泊入月球轨道，并使"阿波罗"飞船返回地球。它也负责在地月之间进行轨道校正，还负责在有或没有登月舱的情况下改变绕月轨道。

1969年，NASA停止使用16号发射综合体并撤离，但三年后，它被交还给美国空军。在1973年的一次军种间转移中，美国陆军接管了这座设施，准备利用它进行"潘兴"1A战区导弹的一系列试射。1974年5月7日—1983年10月13日，16号发射综合体共支持88次发射。发射台一直保持忙碌状态，最忙碌的时候，有6枚导弹放置在为"泰坦"洲际弹道导弹建造的发射管制台前方未铺设砖块的区域中。

16号发射综合体的第四份工作是支持更先进、能力更强的"潘兴"2导弹的开发。该型导弹与陆射巡航导弹一同被部署到西欧的"北约"国家，以直接对苏联部署SS-20弹道导弹做出响应。第一枚"潘兴"2于1982年7月22日从16号发射综合体发射升空，最后一枚则于1988年3月21日从16号发射综合体发射。1987年12月8日，时任美国总统里根和时任苏共中央总书记戈尔巴乔夫签署了《中程核力量协定》，"潘兴"2导弹因而停用，试验计划也随之结束。

2016年，私人开发公司月球快递迁入16号发射综合体进行小型月球着陆器的试验。

30号（30A）发射综合体（LC-30/-30A，1960年2月25日）西经80.5792°，北纬28.4391°

30号（30A）发射综合体始建于1958年12月，专为测试"潘兴"1战区导弹而建造，于1960年1月22日竣工，于2月10日交付美国陆军。30号（30A）发射综合体是双发射台配置，带有对应的服务塔和用于检修的设施大楼，由直升机起降场提供服务。发射管制台的屋顶厚8英寸（20厘米）。

1960年2月25日，30A发射综合体进行了首次发射，共计发射45次，最后的发射在1963年3月21日进行。1961年1月5日—

1963 年 4 月 24 日，30A 发射综合体共发射了 10 枚"潘兴"1 导弹。30A 发射综合体在最后一次发射结束后退役，移动塔架于 1968 年 2 月 14 日拆除，作为废品被出售。1968 年 3 月，美国海军接管了这处场地，在此装配用于海上测试的鱼雷。

上图：30号（30A）发射综合体的服役时间只有短短三年，专为测试"潘兴"1导弹而建造。图为该导弹在1961年1月25日的发射场景。（美国陆军供图）

20号发射综合体（LC-20，1960年7月1日）
西经80.5567°，北纬28.5121°

继 15 号、16 号和 19 号发射综合体之后，20 号发射综合体成为四座"泰坦"1 号发射设施中最后开始执行发射任务的一座。20 号发射综合体于 1956 年 4 月 23 日签署施工合同，于 1957 年 2 月开始施工，于 1959 年 9 月 10 日竣工并交付。就像许多新发射场的命运一样，首次发射总是由于莫名其妙的原因而失败，第二次亦然，直到 1960 年 8 月 30 日的第三次发射使 Mk4 型再入飞行器的最大高度达到了 600 英里（966 千米）。1961 年 11 月 21 日，美国空军全体人员首次在卡纳维拉尔角执行了"泰坦"1 号的发射。1961 年 12 月 13 日进行了"泰坦"1 号的第十六次，也是最后一次发射。

像许多同类发射台一样，20 号发射综合体必须适应不断变化的时代，支持新一代火箭和运载器的需求。在 20 号发射综合体完成"泰坦"1 号的发射任务后，经过一段时间的改造，"泰坦"3 号卫星发射器在 20 号发射综合体的发射便成为可能。"泰坦"2 号已被选为"双子座"飞船的运载器，并开发了一种新的上面级——"变轨级"，可将重达 6 800 磅（3 100 千克）的有效载荷发射到低地球轨道，也可将军用有效载荷送入地球同步转移轨道。

变轨级自 1962 年 8 月就开始研发，它将构成改进型"泰坦"2 号的第三级，组成"泰坦"3A 号运载火箭。通过在太空中多次点火并机动，变轨级可以在不同的轨道上部署各种卫星，因而接替了"阿金纳"。基本配置的"泰坦"2 号导弹有潜力提供比附加有变轨级的三级配置更大的推力，可把比"双子座"飞船更重的有效载荷发射到太空中。运载器的推力可以通过在芯一级的任意一侧添加固体推进剂助推器实现扩增，这种配置定义

下图：20号发射综合体是用于支持"泰坦"1号试射活动的四座发射设施中最后投用的一座，于1960年7月1日发射了第一枚"泰坦"3A导弹。（美国空军供图）

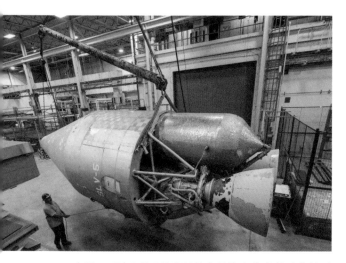

上图："泰坦"3号从20号发射综合体发射时使用了"变轨级"。图为一台较老且未发射过的样机。（美国空军供图）

了"泰坦"3号的规制，无论它是否携带额外的助推器。

第一枚"泰坦"3A号于1964年9月1日从20号发射综合体发射升空，但变轨级未能为推进剂贮箱加压以接手前二级的工作，而且过早熄火，没有入轨，故而未能实现目标。12月10日的第二次发射取得了成功。"泰坦"3A号在此次发射中将LES-1送入轨道以测试卫星通信技术。1965年2月11日，这项技术或将获得军事应用。"泰坦"3A号的第四次（也是最后一次）发射是在1965年5月6日，搭载了LES-2卫星和LCS-1（一个用于校准雷达的大铝球）。这次成功发射免去了"泰坦"3A号进行第五次发射的需要，而变轨级也被认定具有执行更重要的"泰坦"3C号任务的资格（1965年6月18日首飞，参见"40号发射综合体"）。

20号发射综合体本该在美国空军Dyna-Soar助推滑翔跨大气层飞行器项目中发挥至关重要的作用。Dyna-Soar在太空时代到来之前就已在研发，但该计划于1963年被取消。20号发射综合体于1967年4月停用。同年6月13日，可以从发射台上拆卸的金属制品都被作为废旧钢铁出售。1988年11月1日，巴特勒建筑公司开始在原场地上建造两座新的发射台A和B，以支持战略防御计划组织对两座"星鸟"运载火箭发射台的需求。

1983年，时任总统里根宣布，"星鸟"是NASA航天飞机计划的地面部分，负责为美国国防部的"星球大战"弹道导弹防御计划开展试验。"星鸟"火箭将从20号发射综合体和北太平洋威克岛上的设施发射。"星鸟"是由轨道科学公司制造的一型四级固体推进剂亚轨道火箭，在飞行过程中的形态很像一枚弹道导弹。

航天飞机将搭载欧洲的"太空实验室"，其中装有成套的"星实验室"设备，用于在"星鸟"火箭升空时对其进行辨识和跟踪，验证了天基系统成功标记飞行中的导弹以及通过战略防御计划的其他攻击性要素摧毁导弹的能力。此次任务原定编号为STS-50，计划于1992年5月发射，但该项目于1990年被取消。

美国空军对场地进行了改造，使之适应"星鸟"火箭。改建工程取得了很大进展，于1989年12月移交给靶场后竣工。两座发射台均配备有58英尺（17.7米）长的轨道、独立的发射设施建筑和有效载荷组装设施。1990年12月18日，第一枚"星鸟"火箭试射升空。它是曾被视为美国弹道导弹防御系统基石的唯一一型火箭。

不过，对20号发射综合体的使用还在继续。1991年6月18日在此发射的"勘探者"探空火箭发射失败，1991年8月20日由"民兵"导弹改装而成的"白羊座"运载火箭再次发射失败。其他试验型火箭接连发射，最后一枚于2000年12月13日发射。目前，20号发射综合体被用作NASA的先进技术开发中心，负责研究新型和创新型航天站技术，并与佛罗里达州航空国民警卫队共享场地。

31号发射综合体（LC-31A/B，1961年2月1日）
西经80.5563°，北纬28.4516°

31A发射综合体是为"民兵"洲际弹道导弹建造的四座发射台（分属于两座发射设施）之一，是首个用于发射这种导弹的发射台，发射了"民兵"固体推进剂导弹的三型变体。31A发射综合体的建造合同于1959年7月29日签订，于1960年11月完成了主要砖结构的建设。

31号发射综合体由发射台A和B组成，32号发射综合体也采用了类似的结构。每座设施中，A发射台都是按照常规发射台建造的，B发射台则是保护型发射井，供在分散的空军基地部署的导弹发射使用。一座发射管制台为发射台和发射井提供发射服务，有两层楼高，非常像"泰坦"2号的发射管制台。服务塔安装在铁轨上，高65英尺（19.8米），重190吨。发射井的深度为90英尺（27.4米），直径为12英尺（3.65米），所需设施由一间在相邻的发射台下面的61.7英尺×17英尺（18.8米×5.18米）的大型设备室支持。

下图：31号发射综合体支持了"民兵"1型导弹的一轮试射。为发射"民兵"洲际弹道导弹而建造的四座发射台分属两个场地，包括31号发射综合体的两座发射台和32号发射综合体的两座发射台。（美国空军供图）

189

上图：在"民兵"1导弹开发完毕后，32号和31号发射综合体一起被拆除，场地用于保存1986年1月28日"挑战者"号航天飞机失事后的残骸。（NASA供图）

截至1963年2月20日，31A发射综合体共支持发射了6枚"民兵"1A导弹。1961年12月18日—1962年11月19日，从31B发射综合体发射了一系列"民兵"1A导弹；1962年12月14日—1964年9月29日，又从31B发射综合体发射了15枚"民兵"1B导弹。此后，31号发射综合体接受改造，用于发射"民兵"2导弹。

第一枚"民兵"2导弹于1964年12月6日从31B发射综合体发射升空，最后一枚于1966年4月1日发射。此后，该发射台被存放在临时仓库中等待改造，以支持性能更为优异的"民兵"3导弹的试射（该型导弹目前仍在服役）。1969年3月26日—1969年9月23日，从31B发射综合体的发射井发射了4枚"民兵"2导弹，此后该发射井立即停用。但是，1970年3月14日起，31A发射综合体被用于"民兵"2导弹的移动可行性试验。1972年，美国陆军改造了31A发射综合体，用于开展"潘兴"1A战区导弹试验。该型共12枚导弹于1973年2月21日—3月19日发射。

在31号发射综合体完成最后一次发射之后，按惯例办理了停用和关闭手续。在1986年1月28日"挑战者"号航天飞机的事故发生后，NASA对航天飞机的残骸进行了取证分析，提取了所有可收集的信息并记录在案，然后将残骸安放在31B和32B发射综合体的发射井中并封存了这两个发射井。

32号发射综合体（LC-32A/B，1961年8月30日）
西经80.5556°，北纬28.4537°

带A和B两个发射台的32号发射综合体是与31号发射综合体相配套的另一座发射设施，用来支持"民兵"导弹系统的开发、试验和鉴定计划。32号发射综合体的总体配置与31号发射综合体基本相同，但它的独特之处在于，建造完毕后，没有从A发射台传统的硬质表面上发射任何航天器。

最初，在31A发射综合体附近建造了拥有1 700英尺（518米）

长轨道的移动轨道系统，以模拟"移动地面系统"，后者是在"民兵"部署中应用的早期概念。人们认为，移动轨道系统是使洲际弹道导弹的实际发射地点不断移动的一种方式，可以迷惑苏联去摧毁意在消灭美国洲际弹道导弹部队的反导导弹。1961年12月，该系统被弃用，改为在加固的发射井中部署"民兵"导弹。

32B发射综合体共支持发射了9枚"民兵"导弹，其中第1枚在点火后立即爆炸，其余8枚中也有2枚发射失败。32B发射综合体最后一次发射"民兵"1A导弹的日期是1962年8月9日。1962年12月7日—1964年3月30日，32B发射综合体的发射井共发射了15枚"民兵"1B，该型导弹于1964年末改型为"民兵"2。1964年9月24日—1968年2月7日，共有14枚"民兵"2导弹发射升空。此后，在1968年8月16日—1970年12月14日，又发射了13枚"民兵"2导弹。

关于使用32B发射综合体保存"挑战者"航天飞机残骸的信息，可参阅"31号发射综合体"。

34号发射综合体（LC-34，1961年10月27日）
西经80.5611°，北纬28.5218°

34号发射综合体是卡纳维拉尔角历史最悠久的发射设施之一。它是首个为航天运载火箭"土星"1号和1B号建造的发射设施，而不是用于测试弹道导弹的发射场。三名宇航员（格里索姆、怀特和查菲）在此地进行载人飞行演练时丧生于一场大火中。这里也是第一艘载人"阿波罗"飞船进入轨道的起点，更是载人飞船最后一次从卡纳维拉尔角空军基地起飞的地方。

34号发射综合体选址要考虑到"土星"1号第一级的功率，以及一旦火箭升空过程中在发射台上爆炸或失控会输出多少能量。"土星"1号火箭已在其他章节中进行了介绍，在此仅提醒一下：它是美国陆军弹道导弹局通过红石兵工厂（位于亚拉巴马州亨茨维尔，后来马歇尔航天飞行中心的所在）制造的，旨在响应1956年对制造大型运载火箭的动员，旨在将一些重型军事卫星（当时计划用于通信目的）送入轨道。

一般要求是发射器必须能够将质量为40 000磅（18 000千克）的物体发射入轨或使质量为11 900磅（5 400千克）的物体达到逃

上图：在引入最优的两级运载火箭（SA-5与SA-10）之前，34号发射综合体是"土星"1号火箭执行弹道飞行任务的发射设施。34号发射综合体是卡纳维拉尔角的第一座重要建筑，为完成NASA从马歇尔航天飞行中心冯·布劳恩小组继承的雄心勃勃的计划而筹建。图中清晰可见的是缺失脐带塔的唯一的发射架，还可以看见沿着铁轨和圆顶发射管制台运行的大型服务结构。（NASA供图）

逸速度。计算表明，运载火箭的第一级推力至少需要达到 150 万磅（6 700 千牛）。这是美国当时最大的运载火箭——"泰坦"1号推力的 3.5 倍。那时，"泰坦"1 号火箭仍在开发中，距离首飞还有三年的时间。于是，NASA 决定对现有的火箭发动机进行集束化处理并在红石兵工厂现有的"木星"火箭生产线和军用火箭生产线上组装贮箱。

"土星"火箭不是武器装备，没有军事价值，而是可以完成雄心勃勃的航天任务的重型运载工具。在 1958 年 NASA 成立时，没有人能预料到美国的所有航天计划都将以这家新的民用机构为中心，美国空军和陆军都只顾着继续推动自己的项目和计划以满足自身独特的倾向性需求。因此，即使考虑将陆军弹道导弹局的"土星"计划移交给 NASA，陆军仍会考虑自行应用"土星"1号火箭。

最初，NASA 在为这枚巨型火箭选择发射场场址时考察了各种不同的场地，同时详细研究了这种巨型火箭的发射方法，包括从近海沉箱中发射以最大限度地减少声学和冲击影响，并在事故发生时保障人员安全。最终，他们决定建造一座常规的硬质地面发射场，并于 1959 年 6 月 3 日批准了 34 号发射综合体的建造合同。这样的进展速度与 1960 年 10 月进行首次发射的计划相称。当时，"土星"1 号火箭的正式名称还是"朱诺"5 号，是"朱诺"2 号火箭的升级型号，但该项目转移到 NASA 之后，采用了"土星"这个更受欢迎的名称。

合同授出五天后，34 号发射综合体的建造工作就开始了。工程进展迅速，发射管制台的最终验收工作于 1960 年 8 月 11 日完成。34 号发射综合体的总体设计以火箭各级的垂直装配原则和发射台自身的要素为基础，包括一根靠近组装好的火箭箭体的固定服务杆、一座用于在火箭发射前工作的移动服务塔、一座用于控制发射活动并支持基础设施（包括推进剂贮箱以及液压、气动和电力供应）的发射管制台。

34 号发射综合体占地 45 英亩（18.2 公顷），由钢筋混凝土建造的中央发射台的直径为 438 英尺（133.5 米），厚 8 英寸（20.3 厘米）。它包含一个正方形中央基座，边长 42 英尺（12.8 米），高 27 英尺（8.2

上图："土星"1号SA-3任务发射前，其大型服务塔已就位，脐带塔位于火箭后侧，组装有假的上面级。（NASA供图）

上图：SA-3任务第三次发射了"土星"1号火箭，它也是34号发射综合体发射的倒数第二枚单级"土星"火箭。34号发射综合体后来经过改造，用于发射"土星"1B号。（NASA供图）

米）。基座的地基由 4 400 立方码（3 364 立方米）的混凝土和 580 美吨（526 吨）的钢材筑成，在中间位置深 8 英尺（2.4 米），边缘位置深 4 英尺（1.2 米）。基座顶部的环上用螺栓固定着八条臂，其中四条用于支撑火箭，另外四条用于在全部八台发动机正常运行时，从点火到升空的过程中为火箭提供支撑和限制。

基座下方的钢结构包括安装在轨道上的导流板。导流板会将 5 000℉（2 760℃）的火焰引入边长为 26 英尺（7.9 米）的正方形开口中，经两个相对的出口导出。导流板长 43 英尺（13 米）、宽 32 英尺（9.7 米）、高 21 英尺（6.4 米）、重 150 美吨（136 吨）。备用导流板停放在基座同一侧的轨道支线上。基座附近固定有脐带塔。首次发射时，脐带塔仅 27 英尺（8.2 米）高，但后来加装了上面级，脐带塔的总高度达到 240 英尺（73 米），其边长为 24 英尺（7.3 米）。

服务塔由两根垂直桁架柱组成，顶部由拱形结构连接。它的高度为 310 英尺（94.5 米），每根桁架柱底面的长为 70 英尺（21.3 米），宽为 37 英尺（11.27 米）。两根桁架柱之间的空间为 56 英尺（17 米），可以容纳"土星"火箭。服务塔需要通过铁轨移动到火箭上方，从而包裹住火箭以进行检验。在服务塔顶部的中央装有一台承重力为

左图：韦恩赫尔·冯·布劳恩（左）和肯尼迪航天中心主任库尔特·德布斯正在说笑，而34号发射综合体和SA-4任务的火箭就在他们身后。这是"土星"1号的最后一次弹道试验。（NASA供图）

54.4吨的桥式起重机，用于调节火箭各级的位置。

服务塔在建时，是世界上最大的移动塔，由两条标准规格的轨道支撑。一名操作员可以在高27英尺（8.2米）的驾驶室中控制服务塔移动，并可在检查后将其从发射台移出至600英尺（182.9米）外。它于1961年3月26日首次移动。

发射中心（发射管制台）以卡纳维拉尔角的"阿特拉斯"和"泰坦"火箭的发射台样式为基础。发射管制台距离发射台基座1 000英尺（305米）。发射管制台的直径为120英尺（36.5米）、高30英尺（9.1米）、厚5—7英尺（1.5—2.1米）；被分为两层，各拥有10 000平方英尺（929平方米）的受保护建筑面积，在相邻的设备室内还有2 150平方英尺（199.7平方米）的无保护建筑面积，在发射期间无人使用。发射管制台的最终查验工作于1960年8月11日进行。

上图：时任总统肯尼迪于1963年11月16日访问了34号发射综合体的发射管制台并听取了乔治·米勒博士（最左侧，未入镜）的汇报。听众（从左至右）包括：NASA局长詹姆斯·韦伯、副总统林登·约翰逊、肯尼迪航天中心主任库尔特·德布斯博士和总统肯尼迪。右二手托下巴的则是国防部长罗伯特·麦克纳马拉。（NASA供图）

发射管制台的第一层供参与跟踪和遥测操作的火箭第一级与上面级承包商人员使用。主点火室位于二层，设有控制台、测试监控、指挥台以及若干监控和记录设备站。一间小型观察室与操作区由玻璃隔开，可以从发射管制台顶部的观察露台观看该区域发射前的活动。

两台液氧容器和一台RP-1容器负责向

左图：肯尼迪与冯·布劳恩（中）和副局长罗伯特·西曼斯（左）在"土星"1号火箭的模型前参观34号发射综合体。那时，最后一枚预定从34号发射综合体发射的"土星"1号火箭已经升空。（NASA供图）

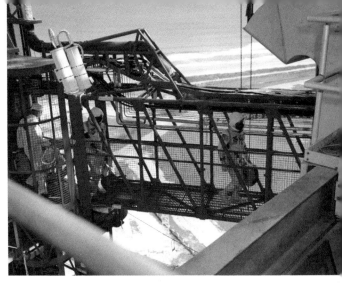

右图：经过一些改造后，"阿波罗"1号的首次飞行任务定于1967年2月回到34号发射综合体执行。这是"阿波罗"系列载人飞船的首次飞行。图中的宇航员进出臂允许乘员进入指令舱。（NASA供图）

火箭供应推进剂。这些球形容器在发射前的倒计时阶段为火箭提供液氧和煤油。液氧分装在两个贮箱中，每个贮箱的容量为125 000美制加仑（473 125升），位于距离基座650英尺（198米）的地方。供应管线的直径为6英寸（15.2厘米），流量最高为2 500美制加仑/分钟（9 426升/分钟）。将"土星"1号的燃料箱注满液氧需要40分钟。RP-1贮箱的容量与液氧贮箱的容量相同，位于距离火箭950英尺（289.5米）的地方。其独特之处在于可根据控制大楼的指令完全自动化运行，但也需要40分钟才能将"土星"1号火箭的燃料箱加满。当"土星"1号的衍生型号——"土星"1B号从34号发射综合体发射时，单个贮箱就提供了125 000美制加仑（473 125升）的燃料。

上图：1967年1月27日的"阿波罗"1号大火之后，34号发射综合体于1968年10月11日完成了"阿波罗"7号的发射任务。这是"阿波罗"的第一次载人飞行任务，飞船上乘坐了斯基拉、艾西尔和坎宁安三名宇航员。此后，34号发射综合体被停用。（NASA供图）

高压气体设施提供了对于火箭的发射准备至关重要的氮气和氦气，位于离基座约1 100英尺（335米）处，由两组共36台储藏容器组成。其中4台容器装有氦气，供火箭上的液氧贮箱鼓泡；另外32台容器则装有氮气，用于吹扫氧化剂和燃料管线、发动机和仪表舱以及提供支撑的空气轴承和压力操纵组件（如阀门）。

分离槽位于发射设施的近岸一侧，距离发射设施300英尺（91米）。它是一个贮槽，用于收集可能溢到发射台上的燃料，从而防

右图：当AS-205任务从34号发射综合体完成升空时（34号发射综合体的最后一次发射），照片记录下了令人回味无穷的火焰和钢制结构的影像。（NASA供图）

上图：沃尔特·斯基拉坐在指挥官沙发上，透过左前方的侧窗凝视外部。斯基拉乘坐"阿波罗"7号在地球轨道上执行任务的过程中，很少有机会这样做。（NASA供图）

下图：34号发射综合体至今仍然作为三位丧生于大火的宇航员——格里索姆、怀特和查菲的纪念碑而保留。在这一天，残酷的现实让他们意识到这项事业的危险无处不在。（NASA供图）

止燃料进入排水通道。发射台安装有供水系统，且遍及发射设施的各个部位，既是防火的安全措施，又可以作为灭火系统，扑灭在箭尾区域可能燃起的大火。若位于火箭第一级底部的发动机舱内起火，而第一级必须在发射台上关闭，供水系统也可以扑灭可能发生的火灾。

34号发射综合体的移交完成于1961年2月，开始为"土星"1号火箭的第一次发射做准备。第一次发射任务（SA-1）中，火箭只有第一级点火，但火箭按计划飞行，达到了85英里（137千米）的高度，沿试射方向飞行215英里（346千米）。SA-2任务随后于1962年4月25日发射，任务的最后阶段将假上面级打开，并将22 900加仑（86 676升）的压舱水排放到高65英里（105千米）的高层大气中，用于科学分析。SA-3任务于1962年11月16日发射，重复了排水实验。之后，SA-4任务于1963年3月28日成功进行了发动机熄火能力的验证：一台发动机熄火，其余七台H-1发动机则继续点火更长的时间，以补偿推力的减少。

在将近三年的时间里，"土星"火箭的发射任务被转到37号发射综合体执行，并通过增加S-4上面级使火箭更加成熟，从而首次将有效载荷送入轨道。共有6枚"土星"1B号火箭从37号发射综合体发射。与此同时，34号发射综合体也进行了改造，以配合更强大的S-4B上面级的发射。加装S-4B上面级以及更强大的第一级后，

纪念逝去的"阿波罗"1号宇航员的纪念牌。（大卫·贝克供图）

"土星"1 号火箭由此成为"土星"1B 号，其首次飞行任务（AS-201）于 1966 年 2 月 26 日在 34 号发射综合体执行，首次将"阿波罗"一批次飞船送入亚轨道，最高高度达到 306 英里（492 千米），沿发射方向飞行距离为 5 268 英里（8 477 千米）。

"土星"1B 号的第二次飞行任务（AS-203）在 37 号发射综合体执行，但第三次任务（AS-202）于 1966 年 8 月 25 日回到了 34 号发射综合体发射，对"阿波罗"一批次飞船进行了另一次试验：沿预定的轨迹飞行，对其隔热罩进行测试，并对发射器进行资格验证。"土星"1B 号的 AS-204 任务原本计划为 1967 年 2 月下旬进行的首次载人"阿波罗"飞行做准备，但 1 月 27 日在 34 号发射综合体倒数模拟的过程中，突发的大火导致格里索姆、怀特和查菲三名宇航员丧生。

AS-204 发射器被转移到 37 号发射综合体执行首个登月舱的无人飞行任务。AS-205 任务的发射器则于 1968 年 10 月 11 日被用来从 34 号发射综合体发射"阿波罗"7 号飞船。此次飞行任务由斯基拉、坎宁安和艾西尔三名宇航员执行，历时近 11 天，验证了该飞船的技术完整性并证明其有资格在两个月后与从 39 号发射综合体发射的"阿波罗"8 号飞船一起绕月飞行。虽然"阿波罗"7 号的宇航员不会再进入太空，但他们所取得的成绩使美国民众重拾了"阿波罗"计划可以在 20 世纪 60 年代末实现人类登陆月球的信心。

最初，NASA 计划在 34 号发射综合体南边建造第二座发射台（34B 发射综合体），但后来他们意识到这样会导致其距离 20 号发射综合体仅 2 400 英尺（730 米）时，于是取消了计划，也由此促成了 37 号发射综合体的修建。在"土星"1 号火箭开始发射后，人们盼望这种火箭能携带最早的一批"阿波罗"号乘员进行地球轨道试飞，但这种做法随后被认为没有必要。凭借"土星"1B 号的仅此一次载人"阿波罗"发射失败，就足以使这项任务被转移给庞大的"土星"5 号火箭。

1968 年 11 月 29 日，在"阿波罗"7 号结束飞行后，NASA 发布了一份关于停用 34 号和 37 号发射综合体的备忘录，从而为卡纳维拉尔角和肯尼迪航天中心的这一段历史时期画上了句号。此后，全部载人航天发射任务均由 39 号发射综合体执行。

上图：36A发射综合体准备将"先锋"10号航天器送往木星。这项任务于1972年3月3日发射。（NASA供图）

下图：36A发射综合体于2007年被拆除，它的未来被蓝色起源公司的"新格伦"发射器绑定。（NASA供图）

36A发射综合体（LC-36A，1962年5月8日）
西经80.5378°，北纬28.5336°

36A发射综合体是专门为发射"阿特拉斯－半人马座"运载火箭而建造的。该型火箭是"阿特拉斯"洲际弹道导弹的改进型，与低温的"半人马座"上面级结合，利用高能液氧－液氢推进剂提高了有效载荷承载能力。"半人马座"的开发过程中困难重重：它首先由马歇尔航天飞行中心（该中心率先开发了"土星"1号火箭的S-4级）发起，然后在一片反对声中被转移到刘易斯研究中心。

"阿特拉斯－半人马座"火箭是众多航天任务获得成功的关键，因此36A发射综合体必然会作为卡纳维拉尔角最有历史意义的地点之一而被载入史册。这样一段简短的介绍并不能完全概括从36A发射综合体发射的大量卫星和航天器。

36A发射综合体最初作为独立发射台建造，于1961年2月建成。但同年晚些时候，第二座发射台的招标工作就已启动。1962年5月8日，36A发射综合体支持的第一次试射失败，"半人马座"火箭升空后仅55秒就发生爆炸，但1963年11月27日的第二次试射成功了。

36A发射综合体由美国空军建造，其管理权于1963年移交给了NASA。1964年6月30日进行的第三次发射计划将有效载荷送入地球同步轨道，但同样遭遇失败。不过，12月11日的发射取得了成功。为了研制出技术先进的低温上面级，研发人员经历了一段困难而漫长的时期，但1965年3月2日的最后一次研发飞行还是失败了。

"阿特拉斯－半人马座"火箭后来成为有史以来最成功的运载火箭之一，为旧的洲际弹道导弹赋予了全新的生命力。这种组合将取代早期的"阿特拉斯－阿金纳"火箭。

"勘测者"号软着陆月球探测器计划就完全仰仗于"阿特拉斯－半人马座"火箭，而它本身也是迄今为止发射升空的最复杂的无人航天器之一。

"勘测者"号克服万难，于 1966 年 5 月 30 日成功完成了首次全面运行飞行。于 6 月 2 日降落于月球表面后，它也成为首个可控地降落在另一个世界的航天器。苏联的"月球"9 号于同年 2 月 3 日降落在月球上，但该航天器是从猛烈撞击中幸存下来的，并不受可调节降落发动机的控制。"勘测者"号航天器共发射七架，其中三架从 36B 发射综合体发射，五架取得了成功。最后一架"勘测者"号于 1967 年 1 月 7 日发射。

"阿特拉斯－半人马座"火箭在之后的其他任务中也取得了成功，如 1969 年 3 月 27 日搭载"水手"7 号发射，这是自四年前成功完成"水手"4 号任务以来的首次飞越火星任务。随后是应用技术卫星，再之后是通信卫星。36A 发射综合体的另一个"第一"是 1972 年 3 月 3 日发射的"先锋"10 号任务。这是第一架穿越小行星带的航天器，也是第一架飞越木星的航天器（于 1973 年飞越）。在接下来的几年中，该型火箭主要承担通信卫星的发射任务，于 1978 年 5 月 20 日执行了"先锋金星轨道器"发射任务，随后又于同年 8 月 8 日发射了"金星多探测器"任务，之后又发射了一系列通信卫星。

1988 年 12 月 1 日，NASA 签订了一份新的脐带塔合同，以便在 36A 发射综合体上发射改进的"阿特拉斯"2 号－"半人马座"运载火箭，并且针对现有的移动服务塔进行了大量修缮工作，以应对卡纳维拉尔角地区常见的锈蚀问题。这项工作于 1989 年 10 月完成。1992 年 2 月 11 日，首枚"阿特拉斯"2 号运载火箭从 36A 发射综合体发射；1998 年 3 月 16 日，发射了共计九枚中的最后一枚。1994 年 8 月 3 日—2004 年 8 月 31 日，共有 28 枚"阿特拉斯"2A/AS 火箭发射。该型火箭共计发射 63 枚，最后一枚于 2004 年 8 月 31 日从 36A 发射综合体升空，为美国国家侦察局发射了一个机密有效载荷。

最后一枚"阿特拉斯"2A/AS 火箭也是由原始的洛克达因火箭发动机驱动的 576 枚"阿特拉斯"火箭中的最后一枚。在美国空军第 45 太空联队的管理下，36 号发射综合体于 2007 年被拆除，36A 发射综合体的移动服务塔于 6 月 16 日被炸毁，而 36B 发射综合体的移动服务塔先于它 12 分钟被炸毁。空出的场地被月球快递公司用于小型月球着陆器的测试。2015 年，蓝色起源公司签署了该场地的长期租赁协议，用于测试该公司未来的运载器。月球快递公司在 2016 年将测试场地范围扩大到 17 号和 18 号发射综合体。蓝色起源公司于 2016 年 6 月公布了其研制的"新格伦"运载火箭，该火箭具有可重复使用的第一级，起飞推力达 385 万磅（17 125 千牛）。

37号发射综合体（LC-37A/B，1964年1月29日）
西经80.5680°，北纬28.4713° 与西经80.5644°，北纬28.5313°

37 号发射综合体被规划为双发射台配置，但 37A 发射综合体从未被用于发射，而 37B 发射综合体见证了"土星"1 号火箭首次以轨道配置发射，因此它本身就有资格作为历史遗迹。NASA 正是通过此次发射在运载能力方面赶上了苏联。已故总统肯尼迪曾指出，美国通过此次发射在苏联的"斯普特尼克"卫星和尤里·加加林的太空飞行面前获得了平等的地位。

1961 年 3 月，37 号发射综合体的建设招标工作启动，次月即开始场地整备工作。1963 年 8 月 7 日，37B 发射综合体竣工，37A 发射综合体的建设工程则于十天后完成。两座发射台各自拥有发射架和发射脐带塔，一座公共维修塔沿铁轨在两座发射塔之间移动。刚建成的 37 号发射综合体是当时世界上最大的可移动结构，每座发射台都配有千斤顶，以确保维修塔就位后可分担塔底车轮的承重。

37A 发射台

37B 发射台

上图：37号发射综合体将两座单独的发射台联合起来，是34号发射综合体的升级版本，具有包括发射管制台和维修结构在内的综合设施。这些设施是专为"土星"1号和1B号火箭设计的。（大卫·贝克供图）

每座发射台的面积为 300 平方英尺（27.87 平方米），发射台基座是边长为 55 英尺（16.7 米）的正方形，高 35 英尺（10.7 米），配有八条相同的固定臂。火焰导流板长 43 英尺（13.1 米），宽 32.3 英尺（9.8 米），高 21 英尺（6.47 米），重 136 吨，由 ASTM A36 钢（用于制造干燥的屋顶桁架结构）制成。脐带塔的高度为 268

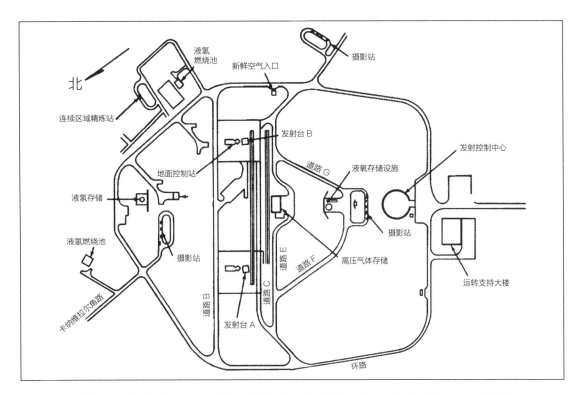

北

液氢燃烧池
新鲜空气入口
摄影站
连续区域精炼站
发射台 B
地面控制站
发射控制中心
液氧存储设施
道路 G
液氢存储
摄影站
液氢燃烧池
高压气体存储
摄影站
道路 E
道路 F
运转支持大楼
道路 B
道路 C
卡纳维拉尔角路
发射台 A
环路

上图：37号发射综合体（带A和B两座发射台）及其支持设施（带服务道路）的平面图。（NASA供图）

英尺（81.68 米），高 35 英尺（10.67 米）的底座边长为 32 英尺（9.75米），塔顶逐渐收窄至 14 英尺（4.26 米）见方。分别为两座发射台服务的两座固定脐带塔相距 900 英尺（274 米），一条旋臂为第一级服务，两条为 S-4 级服务，一条为航天器服务。

公共服务结构的高度（不包括顶部塔架）为 300 英尺（91.4 米），底座为边长 120 英尺（36.57 米）的正方形，总重量为 3 175 吨。公共服务结构可根据需要在两座发射台之间沿着长 1 200 英尺（365.76米）的铁轨移动。其庞大尺寸是为了适应 1961 年最终敲定设计规范时体量大增的"土星"火箭。

RP-1 火箭燃料存储在长 67 英尺（20.4 米）、直径为 12 英尺（3.65米）、由土方保护的圆柱形贮箱中，容量为 43 500 美制加仑（164 647升）。液氧被储存在两个双层球形贮箱中，贮箱的外径为 42.5 英尺（12.87 米），容量为 125 000 美制加仑（473 125 升）。供 S-4 级和 S-4B 级使用的液氢被储存在直径为 38.8 英尺（11.8 米）、容量为 125 000 美制加仑的双层球形贮箱中。

上图：37号发射综合体的清晰全貌。图中可见服务结构的一条共用轨道，以及发射台上的SA-5任务火箭和火焰导流器。它是第一枚从37号发射综合体发射的火箭。（NASA供图）

发射控制中心为一栋两层高的圆顶建筑，位于距发射台1 200英尺（365.76米）处，能够承受2 188磅/平方英寸（15 000千帕）的爆压。发射控制中心的内层壳体结构为5英尺（1.52米）厚的钢筋混凝土结构，顶部厚7英尺（2.1米），底部厚41英尺（12.5米）。内层内部还铺有2英寸（5厘米）厚的隔音材料，有助于控制发射的噪声影响。位于一旁的运转支持大楼长101.9英尺（31米），宽40英尺（12.19米）。另一座备件存放仓库的长度为162英尺（49.37米），宽度为42英尺（12.8米）。

1963年8月，37号发射综合体在被验收后，立即开始了两级"土星"1号的首次发射准备工作。该型火箭的前四次发射都在34号发射综合体进行，采用弹道式飞行轨迹，只有第一级工作。SA-5任务的发射于1964年1月29日上午11时25分进行，获得圆满成功。火箭第一级达到了150万磅（6 672千牛）的最大推力，而S-4低

下图：SA-7任务准备发射时37号发射综合体的服务结构后部的清晰视图。（NASA供图）

下图：1968年1月22日，第一个登月舱LM-1升空之前，37号发射综合体支持发射的AS-204任务。自美国决定发射"土星"1B号火箭以支持后来取消的"阿波罗应用计划"以至37号发射综合体停用，这是37号发射综合体仅有的八次发射活动之一。（NASA供图）

温上面级的 6 台 RL-10 火箭发动机提供了 90 000 磅（400.32 千牛）的推力。这也是"土星"1 号火箭二批次制导系统的首次测试。

SA-6 任务于 1964 年 5 月 28 日搭载"阿波罗"飞船模型和逃逸塔（SA-5 任务搭载有"木星"鼻锥）发射，同样取得了成功，验证了运载火箭与航天器的兼容性。随后，37 号发射综合体又支持了最后四次"土星"火箭的发射：1964 年 9 月 18 日的 SA-7 任务，1965 年 2 月 16 日的 SA-9 任务，1965 年 5 月 25 日的 SA-8 任务，以及 1965 年 7 月 30 日的 SA-10 任务。最后三次发射搭载了"飞马座"大型微流星体探测卫星。该卫星将大型翼状阵列部署在轨道上，用于记录低地球轨道上撞击阵列的粒子数量和大小。

继"土星"1B 号火箭于 1966 年 2 月 26 日从 34 号发射综合体首次发射后，其第二次发射任务（AS-203）于 1966 年 7 月 5 日从

上图：37 号发射综合体经过全面改造后，现在是大型"德尔塔"4 型运载火箭的水平综合装配设施所在地。（NASA 供图）

下图：正如这幅布局图所示，37 号发射综合体反映了新时代商业用户对重型运载火箭的需求。它已经彻底进行了改造。（联合发射联盟供图）

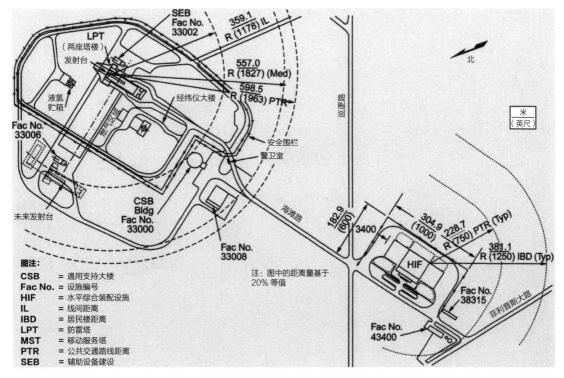

37 号发射综合体升空，进行该型火箭的首次轨道试验：将 S-4B 级部署入轨。这次任务中的 S-4B 级没有搭载"阿波罗"飞船有效载荷，而是加装了 28 英尺（8.5 米）长的空气动力整流罩，目的是测试 S-4B 在低重力环境下的工作状态，因为它是"土星"5 号火箭的第三级，需要二次点火才能将"阿波罗"有效载荷推离地球轨道并抵达地月转移轨道。

鉴于 1967 年 1 月 28 日"阿波罗"飞船大火对登月计划的影响，以及航天器研制过程中的延误，登月舱的首次测试推迟至 1968 年 1 月 22 日（"土星"1B 号火箭的第四次发射，也是从 37 号发射综合体升空的第二枚该型火箭）。AS-204 任务将 1 号登月舱部署在低地球轨道，成功验证了该月球着陆器的性能。37 号发射综合体仅支持发射了八枚火箭，就于 1969 年 1 月 1 日起被停用。"土星"1B 号后续的发射任务由 34 号和 39 号发射综合体承担。37 号发射综合体于 1971 年 11 月被封存，37B 发射综合体的服务结构于 1972 年 4 月废弃，整座设施于 1973 年 11 月重新由美国空军接管。

37 号发射综合体被停用大约 30 年后，波音公司于 1998 年 1 月 8 日获得了它的准入许可，用以支持该公司新研制的"德尔塔"4 型运载火箭的发射。波音公司是用于发射军用有效载荷的"改进型一次性运载火箭"合同的中标者。为发射威力巨大的新型"德尔塔"4 型火箭，37 号发射综合体的场地需要进行大规模重新设计。1999 年 8 月，水平综合装配设施开始运转。运载火箭将以水平姿态进行装配，通过铁轨移动到发射台上。在发射前几天，火箭会被提升到垂直姿态，预备加装有效载荷并进行发射前的最后检查。

37 号发射综合体被重新启用后，名称改为"37 号太空发射综合体"（SLC-37），包含一座发射台、一座移动服务塔、一座公共支持大楼、一座独立的支持设备大楼以及相关的支持基础设施。水平综合装配设施严格遵循运载火箭的设计趋势（火箭第一级通常由使用固体推进剂的大功率助推火箭作为补充），水平综合装配设施的建筑布局和配置由此大不相同，火箭在水平方向上装配就是其特点之一。

此外，运载火箭的可选配置取决于有效载荷的大小和质量，这就要求在组装阶段具备更大的灵活性。最小的"德尔塔"4 型火箭由不带助推器的通用助推器核心组成，称为"单杆"配置；中型火箭具有两台或四台由"德尔塔"2型或3型火箭项目衍生而来的小型捆绑式助推器；最大的"德尔塔"4型重型火箭包含三台通用助推器核心单元，以平行配置绑在一起，起飞推力超过210万磅（9 340千牛）。上述配置都为37号太空发射综合体的设计和所需的建筑物提供了参照。

移动服务塔的高度为330英尺（100.5米），顶部装有45吨重的桥式起重机，吊钩高度为300英尺（91.4米），使用液压驱动系统移动到服务位置。液压驱动系统具备气动和液压驱动平台，设计目的是容纳"德尔塔"4型火箭的五种不同配置，适应上面级和有效载荷整流罩的不同尺寸。水平综合装配设施并不直接属于37号太空发射综合体的发射台区域，但要负责组装选定的配置。它七层高的建筑体中包含两座可以容纳四枚"单杆"火箭或两枚带有

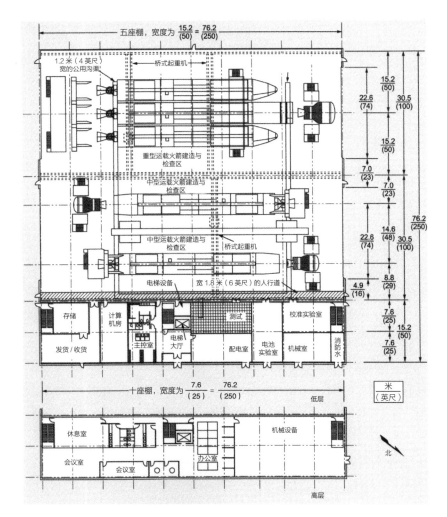

左图：水平综合装配设施允许同时装配多个火箭组件，这是对航天项目初期的垂直堆叠装配传统的改进。（联合发射联盟供图）

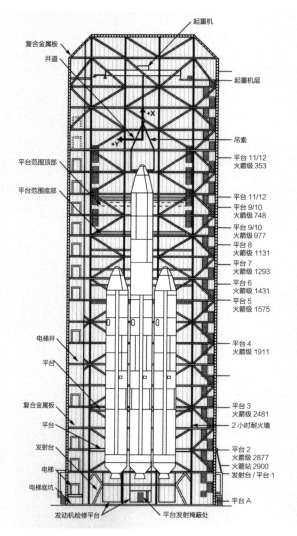

图中标注：
- 起重机
- 复合金属板
- 井道
- 起重机层
- +X
- 吊索
- +Y
- 平台 11/12 火箭级 353
- 平台范围顶部
- 平台范围底部
- 平台 11/12
- 平台 9/10 火箭级 748
- 平台 9/10 火箭级 977
- 平台 8 火箭级 1131
- 平台 7 火箭级 1293
- 平台 6 火箭级 1431
- 平台 5 火箭级 1575
- 电梯井
- 平台 4 火箭级 1911
- 平台
- 复合金属板
- 平台 3 火箭级 2481
- 2 小时耐火墙
- 平台
- 发射台
- 电梯
- 平台 2 火箭级 2877 火箭站 2900 发射台 / 平台 1
- 电梯底坑
- 发动机检修平台
- 平台发射掩蔽处
- 平台 A

上图：37号发射综合体的移动服务塔允许在330英尺（100.5米）高的结构中开展各种有效载荷配置和维护工作。（联合发射联盟供图）

捆绑式助推器的"德尔塔"火箭的棚。每座棚的面积为 250 英尺（76.2米）×100 英尺（30.5 米），两头各有一台 22.67 吨的多功能桥式起重机和一扇高 74 英尺（22.6 米）的门。

火箭被运送到发射台附近后，就与固定发射台架连接。后者将火箭从水平位置旋转到垂直位置，并抬升到发射台上。发射台宽 65 英尺（20 米），长45 英尺（13.7 米），高23 英尺（7 米）。该发射台拥有一个体积为 250 000美制加仑（946 250 升）的液氧贮箱和一个体积为850 000 美制加仑（321.7万升）的液氢贮箱。

37 号太空发射综合体的新生始于 2002 年 11 月20 日，第一枚"德尔塔"4 型火箭携带欧洲电信联盟的欧洲通信卫星公司 W5 卫星执行发射任务，开始发展旧式"德尔塔"2 型火箭之外的新火箭（不过"德尔塔"2 型火箭仍服役至 2017 年）。此后进行了几次机密发射。NASA 于 2006 年 5 月 24 日又使用 37 号太空发射综合体发射了"地球静止环境业务"13 号气象卫星。随后，又进行了"地球静止环境业务"卫星的一系列发射，中间穿插有军事卫星的发射。

2014 年 12 月 5 日，NASA 载人重返太空计划达到了新的里程碑。在这一天，重型"德尔塔"4 型火箭在"探索飞行试验"第一次任务中发射了无人驾驶的"猎户座"飞船，将飞船送至 3 610 英里（5 809 千米）的高度后，再返回地球，并在发射后约 4 小时 24分成功降落在加利福尼亚州的巴哈。37 号太空发射综合体此后继续用于"德尔塔"4型火箭的发射。

40号发射综合体（LC-40，1965年6月18日）
西经80.5772°，北纬28.5620°

自20世纪60年代初决定将"泰坦"2号洲际弹道导弹用作卫星发射器以来，为满足这一要求，该型火箭的上面级发展出了多种配置。40号发射综合体专为支持"泰坦"3C号的发射而建造，采用了双发射台配置，通过综合转运发射设施与41号发射综合体相连。40号发射综合体的两座发射台和综合转运发射设施都位于卡纳维拉尔角的北端。

综合转运发射设施的概念由大型运载火箭规划小组提出，该小组由美国国防部和NASA的人员组成。他们认识到需要制造比现有型号更大的运载火箭，于是通过在"泰坦"3C号的第一级上加装两台固体火箭助推器以显著提高其推力，第一级也因此加长。两台固体火箭助推器的起飞推力为243万磅（20 408千牛），点火120秒后脱落，第一级随即点火，变轨级在第一级脱落后点火。

"泰坦"3C号火箭的有效载荷运载能力显著提升，但是由于需要缩短火箭的装配时间，双发射台辅以综合转运发射设施的概念得到了发展。概念的实现则需要在多个方面投入大量的开发工作，正如NASA的39号发射综合体和更北边的月球火箭发射场那样。为了建造综合转运发射设施，从香蕉河挖出约660万立方码（600万立方米）的填充物，建造了三座人工岛，岛上建设有19.9英里（32千米）长的铁路系统、固体火箭助推器段的储存区、垂直综合装配大楼、固体发动机装配大楼、转运系统以及两座发射综合体。

火箭芯级交付给固体发动机装配大楼，组装成单级火箭，再进入垂直综合装配大楼，与固体火箭发动机以及所有的有效载荷组装在一起。装配完成后，整枚火箭将在大约五天后移至40号或41号发射综合体进行发射。在后来的任务中，低温"半人马座"上面级被用于将较重的有效载荷发射到地球轨道或被用于在飞行过程中发射行星际探测器。

40号发射综合体具有重大历史意义的原因众多，但主要在于它承担了"泰坦"3C号的首次发射任务。然而，"泰坦"3C号在1965年10月15日的第二次发射中虽成功起飞并入轨，但变轨级发生了

上图：由于决定以"泰坦"2号系列火箭为基础开发重型运载火箭并添加固体火箭助推器从而制造"泰坦"3C号火箭，40号发射综合体被改造为综合转运发射设施，与41号发射综合体联合使用。两座设施都可以作为对方的发射器与有效载荷准备区。（美国空军供图）

上图：建造中的运载火箭／有效载荷装配设施以及转运道路。（美国空军供图）

上图：40号与41号发射综合体的综合转运发射设施允许同时装配四枚"泰坦"运载火箭，以快速响应按需发射的要求。（美国空军供图）

爆炸。变轨级的发动机为了将三颗卫星推入预定的轨道而重新启动，但最终还是失败了。

1966年11月3日的第三次发射成功搭载了空军"载人轨道实验室"的模型，还重新发射了"双子座"2号飞船。该飞船曾由NASA于1965年1月19日发射升空，之后被成功回收；在1966年的发射中，该飞船再次被成功回收。"双子座"2号也见证了载人航天器（尽管在这种情况下并没有载人）首次重复进入太空并两次成功回收。NASA在首次使用综合转运发射设施和40号发射综合体之前，又进行了几次军事发射。

1974年5月30日，NASA将其第六颗应用技术卫星发射到地球同步轨道。这颗卫星进行了多次在轨机动，移动至不同的经度上空。1976年，它移动至美洲、印度洋上空；1979年起，进入漂移轨道。美国空军从1982年10月30日开始使用更强大的"泰坦"34D火箭，可在最终入轨阶段使用固体推进剂惯性上面级将两颗军事通信卫星送入轨道，有些发射任务中则使用变轨级助推入轨。

接连的发射将各种各样的军事有效载荷送入了轨道。1990年1月1日，英国"天网"4A号军事通信卫星成功发射入轨。在1986年1月28日"挑战者"号航天飞机的灾难发生之前，该系列卫星一直由航天飞机发射。这起灾难发生后，许多卫星转由消耗性运载火箭发射。"天网"4A号卫星是由"泰坦"3号火箭（也称为商用"泰坦"火箭）搭载发射的首个有效载荷。随后该型火箭连续两次发射商业通信卫星，并于1992年9月25日使用40号发射综合体发射了NASA的"火星观测者"号任务。发射虽然成功了，但探测器在进入火星轨道过程中与地面失联,任务失败。

这是"泰坦"3号火箭的第四次,也是最后一次飞行。当时,美国空军在中型一次性运载火箭中选择了"德尔塔"2型火箭,而非"泰坦"系列。"泰坦"系列火箭的制造商马丁·玛丽埃塔公司曾将其作为商业产品推向市场,但未获成功。"泰坦"2号火箭是该系列最后的重型运载火箭,于1989年6月14日首次从41号发射综合体发射,于1994年2月7日又在40号发射综合体发射了一颗高级军事通信卫星。

1997年10月15日,"卡西尼-惠更斯"号航天器于40号发射综合体发射升空。该航天器依次飞越金星、地球、小行星"马苏尔斯基"和木星(获得引力加速),并于2004年7月1日抵达土星。这是40号发射综合体为NASA执行的最后一次任务,但在2005年4月30日最后一次(第17次)发射"泰坦"4号火箭之后,它又执行过一些机密发射任务。这是"泰坦"运载火箭计划结束的开始,40号发射综合体就此处于待命状态,等待NASA在"星座"计划中使用40号发射综合体发射"战神"火箭的决定。

移动服务塔则于2008年4月27日被拆除,当时40号发射综合体已准备好迎接新的租户——SpaceX公司的"猎鹰"9号火箭。相应的改造工作包括建造大型机库供火箭装配,建造新的发射台、移动运输设备/起竖架系统,以及各种小型支持建筑物。"猎鹰"9号火箭的首次试射于2010年6月4日展开,它从改造后的发射台上起飞,并搭载有"龙"货运飞船。该货运飞船先前已在太平洋上空

上图:1966年11月3日,40号发射综合体支持了搭载有"载人轨道实验室"模型和"双子座"2号飞船的"泰坦"3C号火箭的发射。(美国空军供图)

下图:40号发射综合体现在为SpaceX的"猎鹰"9号火箭提供发射服务,将卡纳维拉尔角传统的发射台用于商业租赁,因为综合转运发射设施和"泰坦"系列火箭已经退役。(SpaceX供图)

的亚轨道上成功回收。

　　"猎鹰"9号火箭的第二次发射是在2012年5月22日，它将第二艘"龙"飞船送入轨道。该飞船在三天后与国际空间站对接，这是全球首次向国际空间站进行商业运输。下一次货运任务于2012年10月8日发射。虽然"猎鹰"9号火箭发生了故障，但并未影响CRS-1任务的"龙"飞船顺利将货物交付给国际空间站。CRS-2任务随后于2013年3月1日的下一次发射中升空，但后续的问题将对接推迟了一天。

　　"猎鹰"9号火箭在2014年1月6日的一次发射中将一颗泰国通信卫星送入地球静止轨道，然后又于2014年4月18日将另一艘"龙"飞船送往国际空间站。同年7月14日，一系列通信卫星升空；随后在8月5日发射了"亚洲卫星"8号，9月7日发射了"亚洲卫星"6号。前往国际空间站的CRS-4和CRS-5任务的"龙"飞船分别于2014年9月21日和2015年1月10日发射升空。2015年2月11日，"猎鹰"9号火箭从40号发射综合体起飞，发射了一颗深空气候观测卫星（DSCOVR）。这颗卫星源自时任美国副总统阿尔·戈尔的一个想法：将一颗有能力连续拍摄地球照片的卫星送入轨道，向人类传达生态信息。自那以来，"猎鹰"9号火箭一直保持着不懈的发射步伐。

　　"猎鹰"9号火箭一直以稳定、连续的节奏发射"龙"飞船和其他商业载荷，仅因2016年9月1日的一次灾难性事故而中断。火箭当时正在发射台上进行静态点火测试，故障发生而导致火箭第二级爆炸。第二级中装载有推进剂以模拟火箭的全部质量，也导致了搭载卫星的损毁。发射场于2017年12月15日恢复使用，支持发射了一艘"龙"货运飞船，并继续为"猎鹰"9号火箭向国际空间站的补给发射和将商业卫星送入轨道提供服务。

36B发射综合体（LC-36B，1965年8月11日）
西经80.5410°，北纬28.4682°

　　36B发射综合体的布局与36A发射综合体基本相似，始建于1963年2月，竣工于1964年7月。36B发射综合体的前三次发射任务都是"阿特拉斯－半人马座"火箭的试射，携带有"勘测者"号探测器的模型。在1967年4月17日的第四次发射中，真正的

"勘测者"3号探测器被成功发射，并于三天后成功降落在月球表面。1969年11月，乘坐"阿波罗"12号飞船执行第二次载人登月任务的宇航员康拉德和比恩访问的就是这架航天器，还将它的各个部分切下并带回了地球。

与36A发射综合体相比，36B发射综合体的发射工作起步缓慢，在1969年、1970年和1971年各只执行了一次发射任务。但是，从这里发射的任务都十分重要。1969年2月25日，"水手"6号从36B发射综合体发射，准备飞越火星；随后，首架火星轨道飞行器"水手"9号于1971年5月30日发射升空。从1973年初开始，36B发射综合体加快发射通信卫星的速度，充分利用了"阿特拉斯－半人马座"的发射能力，将有效载荷送入地球同步轨道。1973年4月6日，"先锋"11号紧随"先锋"10号探测器（从36A发射综合体发射）发射升空，准备飞越木星。它们此行还将在1979年飞越土星。

1973年11月3日，36B发射综合体发射了另一项历史性的行星飞行任务。"水手"10号探测器（第一个访问太阳系最内层行星的探测器）在飞往水星的途中飞越金星，进入了太阳同步轨道。它在1974年3月飞越水星后，又在1974年9月和1975年3月两次飞越水星。

1984年6月9日—1989年9月25日，36B发射综合体成功发

下图：图为36B发射综合体投入使用后不久的影像，展示了经典的"阿特拉斯"发射台的配置和布局，用于支持"半人马座"上面级配置。（NASA供图）

下图："阿特拉斯－半人马座"的后继型号"阿特拉斯"1号从36B发射综合体发射。"阿特拉斯"2A/AS系列火箭的服役时间为1965—2005年，它退役后，36A和36B发射综合体也都退役了。（NASA供图）

射了 8 枚"阿特拉斯 G- 半人马座"火箭，首次成功发射一颗国际通信卫星。该型火箭是"阿特拉斯"的扩展版本，具有改进的航电和电子系统。随后在 1990 年 7 月 25 日，"阿特拉斯" 1 号火箭首次发射，它是"阿特拉斯"系列中的最后一型采用经典设计的火箭。"阿特拉斯" 1 号火箭共发射十一次，最后一次发射是在 1997 年 4 月 25 日，其中 3 枚火箭未能将有效载荷送入正确的轨道。

1991 年 12 月 7 日—2004 年 5 月 19 日，36B 发射综合体共支持发射了 23 枚"阿特拉斯"2A/AS。该型火箭也是从这里开始服役的。"阿特拉斯" 3 号火箭的首次发射在 2000 年 5 月 24 日开展，采用了新的、由俄制 RD-180 发动机提供动力的第一级。该型火箭首次抛弃了传统的"一级半"配置（在这种旧配置中，两台助推发动机都会被抛出，而中央发动机继续点火，直至燃料耗尽）。

RD-180 发动机将"阿特拉斯"第一级的推力提高了一倍，并显著提高了有效载荷运载能力。3A 号火箭在"半人马座"级内部只有一台 RL-10 低温火箭发动机，而 3B 号具有常规的双 RL-10 发动机构造。"阿特拉斯" 3 号火箭共制造了 6 枚，最后 1 枚于 2005 年 2 月 3 日发射。所有发射任务均由 36B 发射综合体执行，并且都取得了成功。这次发射也标志着 36 号发射综合体的最后一次使用。

41号发射综合体（LC-41，1965年12月21日）
西经80.5829°，北纬28.5834°

41 号和 40 号发射综合体是为"综合转运发射"概念服务的一

下图：一枚载有"水星"电子情报收集卫星的"泰坦"4A-"半人马座"火箭在41号发射综合体上起竖。（美国空军供图）

左图：从原先"阿特拉斯"5号发射台改造而来的41号发射综合体支持NASA的一颗跟踪和数据中继卫星的发射。（NASA供图）

对发射设施。有关这一概念的细节和 40 号发射综合体背后原理的详细信息，参见"40 号发射综合体"。

　　从 41 号发射综合体首次发射的"泰坦"3C 号－变轨级运行良好，但最后一级发生故障，将所携带的卫星送入了错误的轨道。1966 年 6 月 16 日的下一次发射则创下了将 8 颗卫星成功送入地球同步轨道的纪录。这些军事通信卫星是多个在轨卫星集群的一部分，1966 年 8 月 26 日的第三次发射和 1967 年 1 月 18 日的第四次发射也携带了相关的有效载荷。连续的发射将多种与美国国防相关的卫星送入太空，包括数量更多的小型通信卫星群。

　　1974 年 12 月 10 日，NASA 首次使用 41 号发射综合体发射了"太阳神"1 号。这是 NASA 与联邦德国联合开发的天文卫星，也是对"泰坦"3E 号－"半人马座"新型火箭的验证测试。第一枚该型火箭于当年 2 月 11 日发射，但由于"半人马座"级发生故障而失败。41 号发射综合体在"太阳神"1 号之后执行了两次极为重要的 NASA 任务，分别是 1975 年 8 月 20 日的"维京"1 号和几周后的 9 月 9 日的"维京"2 号发射任务。两项任务都成功地将轨道器／着陆器送往火星，完成了首次软着陆和表面采样活动。

　　"太阳神"2 号任务于 1976 年 1 月 15 日发射，随后 NASA 又发射了两次"背靠背"的旗舰任务：8 月 20 日的"旅行者"2 号和 9 月 5 日的"旅行者"1 号。"旅行者"1 号加速超越"旅行者"2 号，于 1979 年 3 月飞越木星，于 1980 年 11 月飞越土星，然后飞向星际空间。"旅行者"2 号于 1979 年 7 月飞越木星，于 1981 年 8 月飞越土星，于 1986 年 1 月飞越天王星，于 1989 年 8 月飞越海王星，之后飞离了太阳系。

　　以上是"泰坦"3 号系列火箭的最后几次发射。之后，41 号发射综合体接受了改造，为支持更强大的新一代"泰坦"火箭变体做好准备。改造活动包括翻新移动服务塔、脐带塔和发射设施周围的各种支持设施。垂直装配大楼也接受了重大改造。强大的"泰坦"4 号系列火箭于 1989 年 6 月 14 日从 41 号发射综合体首次发射。它是基础型"泰坦"3C 号的进一步发展，具有更强大的助推器，可提供 320 万磅（14 234 千牛）的起飞推力，使用"半人马座"作为火箭的第三级。41 号发射综合体总共支持发射了九枚"泰坦"4A 号火箭，最后一次发射是在 1998 年 8 月 12 日。唯一一枚"泰坦"4B

上图：41号发射综合体如今看上去同它和40号发射综合体配对为综合转运发射设施提供服务的时代大不相同。可见卡纳维拉尔角和肯尼迪航天中心的发射台和发射设施一直在持续发展。（NASA供图）

号于 1999 年 4 月 9 日发射。

在 40 号发射综合体继续承担"泰坦"火箭的发射任务时，41 号发射综合体根据规划步入了一个新时代。它在美国空军管理的"改进型一次性运载火箭"计划中重建，为发射新的"阿特拉斯"5 号系列火箭服务。旧设施的拆除工作于 1999 年 10 月 14 日开始，奥利尚拆除公司炸毁了脐带塔和移动服务塔。2000 年夏季，新的垂直综合装配设施建成在发射台以南 1 800 英尺（549 米）的地方。它高 292 英尺（89 米），可以将"阿特拉斯"5 号火箭堆叠在自己的移动发射平台上。该设施还安装有一块 5 英尺（1.5 米）厚的石板，下方打有 65 英尺（19.8 米）深的桩，以支撑火箭和垂直综合装配设施巨大的重量。

一座容积为 42 000 美制加仑（158 970 升）的液氢贮箱在附近为"阿特拉斯"5 号火箭提供低温燃料，两座容积为 45 000 美制加仑（170 325 升）的液氧贮箱负责提供低温氧化剂。移动发射平台和新的"阿特拉斯航天飞行运营中心"于 2001 年建成。该中心包括一间任务操作室、一个两层的圆形会场、一座两层的发射控制中心以及一系列补充支持室，总面积为 30 000 平方英尺（2 787 平方米）。阿特拉斯航天飞行运营中心可以同时处理多达 6 枚"阿特拉斯"5 号运载火箭。

第一枚"阿特拉斯"5 号火箭于 2002 年 8 月 21 日从 41 号发射综合体发射升空，搭载发射了一颗民用通信卫星，迈出了一系列商业发射的第一步。随后，NASA 使用 41 号发射综合体发射了火星勘测轨道飞行器。该航天器于 2006 年 3 月开始绕火星飞行，截至本书撰写时（2018 年 7 月）仍在运行。NASA 的另一个里程碑任务是在 2006 年 1 月 19 日从 41 号发射综合体将"新视野"号探测器发射升空。它是最后一个飞越太阳系中从未被探索过的行星的机器人使者。2015 年 7 月，"新视野"号飞越冥王星（一颗矮行星，柯伊伯带中最大的天体），并计划在 2019 年 1 月飞越另一颗矮行星。

在为国防和民用客户进行一系列发射之后，NASA 于 2011 年 8 月 5 日再次使用 41 号发射综合体发射"朱诺"号探测器。2016 年 7 月，该探测器进入木星轨道，从近极轨道研究这颗巨大的行星，首次在高纬度观察木星表面的气象变化。这次发射之后，NASA 又于 2011 年 11 月 26 日发射了"火星科学实验室"和"好奇"号着陆器。2012 年 8 月 6 日，大小相当于一辆 SUV 的"好奇"号从悬停的天空起重机上降落到火星表面。

出人意料的是，商业太空货运公司轨道 ATK（现隶属于诺思罗普·格鲁曼创新系统公司）在其开发的"安塔瑞斯"运载火箭于沃罗普斯岛的发射台上爆炸后不久，就预定了"阿特拉斯"5 号火箭用于发射"天鹅座"货运飞船。轨道 ATK 公司这样做的目的是兑现其向国际空间站发射货物的合同承诺，交付已经准备好的货物清单。"天鹅座"使用"阿特拉斯"5 号火箭发射的租期一直要持续到"安塔瑞斯"火箭恢复在沃罗普斯岛的发射。首枚搭载"天鹅座"（CRS-4 任务）的"阿特拉斯"5 号火箭于 2015 年 12 月 6 日从 41 号发射综合体发射升空，随后分别于 2016 年 3 月 23 日和 2017 年 4 月 18 日进行了两次发射。

在 21 世纪 10 年代的十年间，41 号发射综合体承担过各种卫星和航天器的发射任务，主要发射的是军用有效载荷，并将继续履行它的义务。但是，在这个迅速发展的太空商业化新时代，现有的设施也会被租赁给商业公司用于非政府项目。波音公司正在开发采用弹道轨迹的 CST-100"星际客机"载人飞船，希望能在 2011 年 7 月 8 日航天飞机最后一次发射后第一次从美国本土将宇航员送入太空。

乐观的是，波音公司已为"星际客机"预留了 2018 年 8 月 27 日从 41 号发射综合体发射的时段。就算它没有如期发射，我们仍可确信，波音公司的载人航天器最终将从这里出发前往国际空间站。

39A发射综合体（LC-39A，1967年11月9日）
西经80.6040°，北纬28.6082°

最初设计时，39 号发射综合体包含五座发射台。前三座发射台的名称带有后缀 A、B 和 C，其顺序与如今从普拉亚林海滩向南延伸到泰特斯维尔的发射台顺序相反。实际建成的 39A 是最初命名的 39C，实际建成的 39B 是最初命名的 39B。它北面的原 39A 以及更北边的 39D 和 39E 则从未建起。对 39A 发射综合体的规划最终以 1964 年对 NASA 预算造成巨大压力而告终。在该发射场建起的仅有的两座发射台从南到北被命名为 39A 发射综合体和 39B 发射综合体。

两座发射台几乎相同，对 39A 发射综合体的描述也适用于 39B 发射综合体。两座发射台都采用八边形的外形，覆盖约 0.25 平方英里（0.647 平方千米）的面积，两座发射台之间相距 1.65 英里（2.66 千米）。驾车沿慢速道行驶，里程表显示 39A 发射综合体距离火箭装配大楼 3.44 英里（5.53 千米）。发射台在角度排列时考虑了上升火箭的方位角，但火焰隔离槽恰好指向正北。

发射台的直径为 3 000 英尺（914 米），而硬质地面的面积为 390 英尺（118.8 米）×325 英尺（99 米），由多个主要部分组成：包括硬质地面在内的发射台本身、一间发射台终端连接控制室、环境控制系统、高压气体存储设施、火焰隔离槽、停机坪以及紧急逃出系统。每个发射台需要 4 627 吨钢筋和 68 000 立方码（52 000 立方米）的钢筋混凝土用于建设。

每座发射台都是根据单独的合同建造的。39A 发射综合体始建于 1963 年 11 月，于 1965 年 10 月 4 日基本建成。AS-500F 任务的设施检验飞行器是"土星"5 号的结构复制件，用于验证连接物、接头和固定臂之间的交界面，以及发射脐带塔上摆臂之间的空隙。1966 年 5 月 25 日，即肯尼迪宣布登月目标的五年后，这枚检验飞

下图：39A 发射综合体（前景）和 39B 发射综合体所在的场地原本计划建造至少五座发射台，最终只建造了两座。它们的总体布局是 NASA 在最早期阶段设计的，当时 NASA 认为每年发射 12—15 枚"土星"5 号火箭是可行的。（NASA 供图）

行器才被运到 39A 发射综合体。

　　建设工程的一个主要问题是如何优化这片场地的沼泽土壤。施工人员需要从香蕉河中挖掘约 80 英尺（24.4 米）厚的吹填淤泥来加固底层土壤。淤泥以扁平的阶梯平台形式填充到沼泽地中，提供重量和向下的压力，以加固地基。每座"金字塔"（淤泥平台）都使用了 500 立方码（382.3 立方米）的填充物，总重 680 吨。在挖除填充物并开始施工之前，这一区域沉降了 4 英尺（1.22 米）。用于构建火焰隔离槽和发射台硬质地面的材料是一块混凝土垫层，它厚 11 英尺（3.35 米）、宽 150 英尺（45.72 米）、长 450 英尺（137.1 米）。

　　建造完成后，火焰隔离槽的底部与地面平齐，履带式运输车可将"土星"5 号火箭通过移动发射平台移至发射台顶部，使其高出地面 48 英尺（12.8 米）。发射台本身由位于火焰隔离槽两侧的蜂窝状结构组成，用于支持火箭的重量。每座发射台长 400 英尺（121.9 米），宽 40 英尺（12.19 米），高 42 英尺（14.6 米）。它们由独立、分隔的小室组成，中轴的混凝土隔板距两侧 20 英尺（6.1 米）处。小室的壁厚约 3 英尺（0.91 米），隔板的厚度为 33 英寸（93.8 厘米）。

　　移动发射系统的运转概念是在移动发射平台上装载从地面到"土星"5 号火箭之间的所有必要接口，通过脐带和摆臂将它们连接起来，亦如前文"月球火箭发射场"部分所述。连接完毕后，整个结构将从火箭装配大楼移出，前往发射设施。在那里，它将与永久固定在九座服务塔内部的电气、推进剂、气动和液压系统连接，以与移动发射平台对接。此外，履带式运输车可将移动发射平台和它上面的"土星"5 号火箭降低放置到六个基座上。在发射过程中，两根可伸长的附加臂将移动发射平台的底部临时固定在发射台上，以承受最大可达 47 562 吨的动态载荷和回弹冲力。

　　火焰隔离槽长 450 英尺（137.1 米）、宽 58 英尺（17.67 米）、高 42 英尺（12.8 米），侧面是两排基本平行的蜂窝结构。隔离槽的底部和槽壁上覆盖着耐火砖，可以承受高达 1 670℃（3 038℉）的温度。倒置的 V 形火焰导流板将沿着隔离槽引导火焰前后流动。

下图：在图中施工期间的火焰隔离槽可见，它的形状允许热气在与导流板引导的相反方向上自由流动，平行的两个侧面还可以支撑履带式运输车。（NASA 供图）

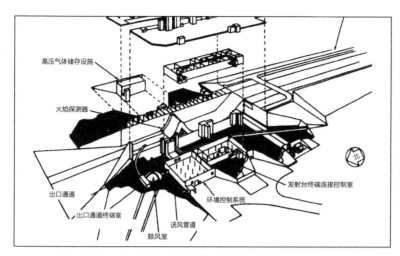

火焰导流板高 41.5 英尺（12.65 米），宽 48 英尺（14.63 米），长 77.25 英尺（23.54 米），重 2 866 吨。根据需要，它会通过轨道在火焰隔离槽中移入或移出。在发射台北面的轨道支线上还有第二块导流板。

发射台终端连接控制

上图：带有功能用房和控制设备的发射台局部剖视图。（NASA供图）

室以钢筋混凝土建成，共两层，位于火焰隔离槽西侧、发射台倾斜的肩部下方，被覆以 20 英尺（6.1 米）厚的土层。发射台终端连接控制的内部装有电气和电子设备，它们通过发射台控制中心和移动发射平台的传输线提供电力和数据连接。环境控制系统室在发射终端连接控制室的同一侧，也被类似地掩埋在泥土下方，用作调节和吹扫气体的分配点。电气和水系统的加压是由火焰隔离槽东侧、发射台下方的高压气体存储设施中的氮气和氦气提供的。

下图：各种基座和公用设施均提供导管，用于将发射台的设施与移动发射器配对。（NASA供图）

紧急逃出系统包括一个人员逃生系统，可用于发射前的紧急撤离情况。该系统由不锈钢斜槽构成，长约 200 英尺（61 米），呈超

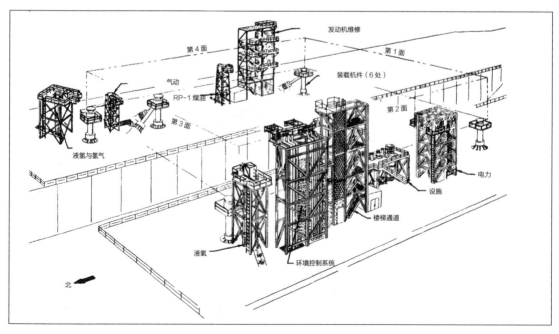

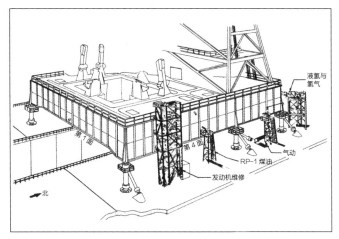

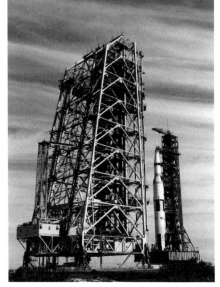

上图：移动发射器的位置允许它与发射台上的连接器配合。
（NASA供图）

上图：移动服务结构由履带式运输车运送到发射台上后，就可以通过它接触火箭和航天器的各个位置。（NASA供图）

高曲线形，始于与移动发射平台的交界面，延伸到发射台下方 40 英尺（12.2 米）处内衬橡胶的隔离室中。相邻的防爆室包含 20 张廓形沙发、安全吊带和维生设备，最多可支持 24 小时的使用。圆顶形鼓风室的直径为 40 英尺（12.2 米），壁厚 2.5 英尺（0.76 米），能够承受 500 磅 / 平方英尺（3 447 千帕）的爆压。可浮动的混凝土地板将椅子支撑在悬架系统，将 75G 的压力减小到 4G。

工业供水系统为两个发射区域服务，一座泵站能够以 45 000 美制加仑 / 分钟（170 325 升 / 分钟）的速度供水。发射区域内还有两套配电系统，一套用于工业供电，另一套用于仪器仪表供电，并配有应急发电机以提高可靠性。辅助基础设施包括推进剂存储设施，其内部的推进剂将用于"土星"5 号火箭、未来的航天飞机以及其他运载火箭。液氧存储在距离发射台 1 450 英尺（442 米）、容量为 900 000 美制加仑（3 406 500 升）的球形贮箱中，连有传输管道，流速可达 10 000 美制加仑 / 分钟（37 850 升 / 分钟）。

液氢存储在距离发射台 442 米的贮箱中，贮箱容积为 850 000 美制加仑（3 217 250 升），通过直径为 10 英寸（25.4 厘米）的管道，以 2 000 美制加仑 / 分钟（7 570 升 / 分钟）的最大速率输送。"土星"5 号火箭仅有第一级使用碳氢化合物燃料 RP-1（一种粗粒度煤油），存储在三个容量均为 86 000 美制加仑（325 510 升）的贮箱中，位于发射台东侧，距离发射台中心 1 350 英尺（411.5 米）。燃料能够以 10 000 美制加仑 / 分钟（37 850 升 / 分钟）的速率通过直径 8 英寸（20.3 厘米）的管道泵送。所有推进剂的输送作业均由发射控制中心控制。

月球火箭发射场是美国最大的工程成就之一，所有设施按时完工，并取得了令人瞩目的成就。它建造于太空竞赛期间，迄今仍在服役，是最为持久的太空设施之一。由于NASA只发射了六枚"土星"5号火箭就将人类送上了月球，远少于1962年设想的15枚火箭，以至于39号发射综合体一度显得有些多余。现在，它却成了卡纳维拉尔角最强大的设施之一，也是NASA以及商业火箭的发射场地。

第一枚进入39A发射综合体的"土星"5号根本不是真正的火箭，而是设施检验飞行器（AS-500F任务），于1966年5月25日登上发射台。"土星"5号火箭的首次发射（AS-501任务）于1967年11月9日进行，证明了1963—1964年间管理层变动后引入全面系统测试方案的正确性。此次发射还证明：高水平的质量保证可以免除大量发射火箭、逐步将上面级引入飞行程序的需要，可以从一开始就将其全部堆叠在一起。此次发射任务的名称是"阿波罗"4号，将"阿波罗"号飞船发射至11 344英里（18 256千米）的最高点，验证了飞船及其隔热罩的优异性能。

AS-502任务（"阿波罗"6号）于1968年4月4日发射，但振动问题导致S-2第二级的五台发动机中有两台提前关闭，导致该级的点火时间增加了58秒。S-4B第三级因此需要将点火时间延长29秒，以弥补速度上的不足，继而才能将飞船送入轨道。当火箭第三级二次点火，将"阿波罗"飞船推向类似于"阿波罗"4号的椭圆形轨道时，点火却失败了。最终，"阿波罗"服务舱点火7分22秒，达到了13 832英里（22 259千米）的最高点，指令舱也安全地返回了地球。不过，推进剂的储量已不足以继续提升飞船的速度，无法进一步测试隔热罩的性能。

尽管之前的发射存在技术问题，AS-503任务仍然于1968年12月21日发射升空。这是NASA最大胆的一项任务。火箭搭载了三名宇航员博尔曼、洛弗尔和安德斯（仅执行过第二次"阿波罗"载人飞行任务），在圣诞节前夕首次脱离地球轨道，将"阿波罗"8号飞船送入月球轨道。他们于12月25日出发返回地球，并于12月27日溅落在太平洋中。

1968年1月22日，"土星"1B号火箭携带第一个无人登月舱发射。之后，AS-504任务携带一个可居住的登月舱和一艘载人"阿波罗"飞船于 1969 年 3 月 3 日将"阿波罗"9 号的三位乘员麦克迪维特、斯科特和施魏卡特送入地球轨道。"土星"5 号火箭的表现达到了预期,让"阿波罗"飞船和登月舱完成了首次全面测试。从 S-4B 级顶部的适配器中脱离的登月舱进行了一系列分离和交会动作,验证了登月舱及其推进系统的工程设计的可行性。两艘飞船从月球表面返回时互相都无法对接的情况是一种概率极低的事件。施魏卡特由此展示发生这种情况时如何通过前廊离开并进入指令舱敞开的舱门,完成了"阿波罗"计划的首次太空行走。

"土星"5 号火箭的第五次发射是在 39B 发射综合体进行的,但之后一次发射任务——AS-506 则于 1969 年 7 月 16 日从 39A 发射综合体发射入轨。"阿波罗"11 号飞船的三名乘员——阿姆斯特朗、柯林斯和奥尔德林执行首次载人登月任务,于 7 月 20 日降落在月球

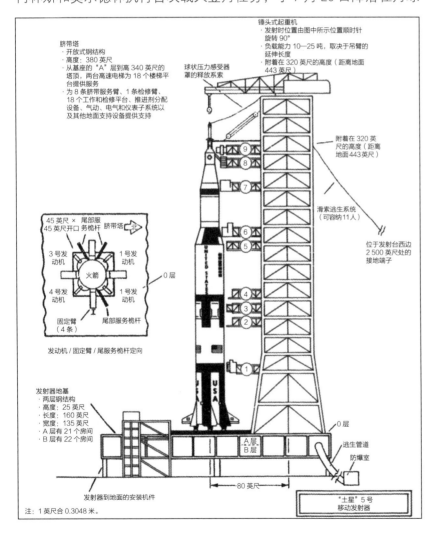

左图:发射脐带塔和摆臂为火箭各级和每艘航天器都提供了连接。(NASA供图)

表面，在肯尼迪设定登月这一历史目标的八年零两个月后将其实现。三名机组人员于 7 月 24 日返回地球。

美国的发射节奏在这一节点前保持着连贯而不休止。"土星" 5 号火箭每两个月发射一次。就算 "阿波罗" 11 号未能成功着陆，备用计划也会在同年 9 月进行 AS-507 任务。由于 "阿波罗" 11 号任务获得成功，AS-507 任务被推迟至 1969 年 11 月 14 日发射，将康拉德、戈登和比恩送上太空执行第二次登月任务。此次登月的着陆点精确靠近先前发射的 "勘测者" 3 号，在进行了两次月球舱外活动后返回地球。为了降低成本并使一次任务的成果为另一次任务所用，第三次登月尝试于 1970 年 4 月 11 日的 AS-508 任务开始。此次任务中，S-2 级的一台发动机在未影响 "阿波罗" 13 号发射的情况下提前关闭。然而，两个氧气贮箱中的一个爆炸，威胁到了宇航员的生命。三位宇航员只得将登月舱当作 "救生艇"，绕过月球背面进入返航轨道，最终安全溅落在太平洋中。

下次发射被推迟到 1971 年 1 月 31 日，由 AS-509 任务将 "阿波罗" 14 号飞船的三名乘员谢泼德、鲁萨和米切尔送入太空，完成了 NASA 的第三次载人登月任务。随后是 1971 年 7 月 26 日 AS-510 任务发射的 "阿波罗" 15 号飞船，将斯科特、沃登和欧文送上月球；AS-511 任务于 1972 年 4 月 16 日发射 "阿波罗" 16 号飞船，运送杨、马丁利和杜克完成登月；AS-512 任务于 1972 年 12 月 7 日发射 "阿波罗" 17 号飞船，搭载塞尔南、埃文斯和施密特三人前往月球。最后的这三次任务有所进步，能够停留在月球表面，支持三次完整的月面行走并利用月球巡逻车进行了科学勘测。月球巡逻车最后都被留在了月球表面。

在 "阿波罗" 时代，39A 发射综合体的最后一次发射任务是 AS-513，于 1973 年 5 月 14 日发射了一枚两级的 "土星" 5 号火箭，搭载预先安装的 "天空实验室" 空间站（由一段 S-4B 级改装而成）。在上升过程中，一条管道中的气压升高，撕裂了 "天空实验室" 的流星体屏蔽罩，还将先前紧紧固定在空间站外壳上的两个太阳能电池阵列之一的吊杆松开。而且，在第一级分离之后，S-1C 级和 S-2 级之间的适配器未能抛出，导致热量随着五台 S-2 级发动机的点火而积聚，几乎导致火箭在最终到达轨道前完全损坏。当制动火箭向连接 S-2 级和 "天空实验室" 的适配器点火时，向前喷射的爆炸波

右图：39号发射综合体的建造目的是支持"土星"5号火箭的发射。图中它发射了命运多舛的"阿波罗"13号飞船。（NASA供图）

上图：火焰导流板位于发射台的混凝土小室之间。（NASA供图）

将松开的太阳能阵列翼撕裂。

在最后一枚"土星"5号火箭发射之后，39A发射综合体就开始接受改造以适应航天飞机计划。这需要对发射台进行重大改造。那时，NASA研发航天飞机已有三年多的时间，他们对这种可重复使用的运输系统很有信心，计划每年发射多达45次，利用为"土星"5号火箭和"阿波罗"计划建造的发射台的现有能力，可以每两周发射一次。当然，如此高的发射效率从来也没有达成过，这也使得月球火箭发射场在内的所有设施避免了几乎无法解决的挑战。

间隔将近八年后，发射的轰鸣声再次从39A发射综合体传遍卡纳维拉尔角。这是1981年4月12日的首次航天飞机发射。在此期间，发射设施接受了大量的改造工作，以适应有翼的航天飞机。航天飞机将在轨道器的底部携带两台固体火箭助推器和三台低温主发动机，它的总高度仅为"土星"5号火箭的一半。因此，发射脐带塔接受了大幅改装（参见"月球火箭发射场"）。

下图：39A和39B发射综合体的配置已经完全更改。航天飞机、发射脐带塔和移动服务结构都被移除，并在发射台侧面建造了永久性服务和检修塔架。在左侧可以看到包含有效载荷更换室的旋转结构，整个结构被铰接在一起，可以围绕履带式运输车下方弯曲的轨道旋转一圈，将航天飞机包围起来。（NASA供图）

39A和39B两座发射台将被重新配置，用于在发射台上提供服务，将有效载荷放置在轨道器内。这与"阿波罗"时代的做法截然不同："阿波罗"飞船搭载在火箭上，放置在垂直装配大楼内部；而发射脐带塔在移动发射平台上与"土星"火箭并排放置，然后才移开。航天飞机不再需要"阿波罗"时代建造的移动服务结构，取而代之的是固定在发射台上的固定服务结构，其上连接有旋

转服务结构。航天飞机就位后,移动发射平台会移动到发射台的一旁,旋转服务结构则通过铰链转动,包围轨道器。

固定服务结构建于发射台西侧,是一个边长 40 英尺（12.19 米）的正方形开放式框架结构,支撑着可绕其旋转的旋转服务结构的铰链。固定服务结构的总高度为 247 英尺（75.3 米）,锤头式起重机的高度为 18 英尺（5.5 米）,而顶部的避雷针将总高度提高至发射台上方 347 英尺（105.76 米）。固定服务结构共十一层,第一层高出发射台 27 英尺（8.2 米）,其余每层比第一层高 20 英尺（6.1 米）。该结构仅有三条服务臂:一条氧气排放臂,一条氢气排放管与检修臂,以及一条轨道器检修臂。

轨道器检修臂从固定服务结构向外摆出 70°,可供工作人员通过轨道器的侧舱盖进出轨道器,其内部还设有一个可容纳 6 人的"无尘"房间。检修臂比发射台高 147 英尺（44.8 米）,自身长 65 英尺（19.8 米）、宽 5 英尺（1.52 米）、高 8 英尺（2.4 米）。上方是氢气

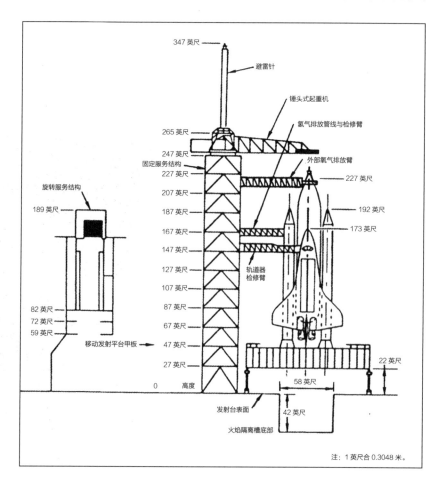

右图:固定与旋转服务结构的总体布置和尺寸。（NASA供图）

排放管贮箱间通道以及脐带臂，长48英尺（14.6米），重15 800磅（7 167千克），可旋转210°后伸出。氧气排放臂从塔架铰链延伸至排气罩铰链，长65英尺（19.8米）。排气罩（俗称"无檐帽"）的直径为13英尺（4米）。80英尺（24.38米）高的玻璃纤维避雷针通过一根电缆接地。电缆的两端分

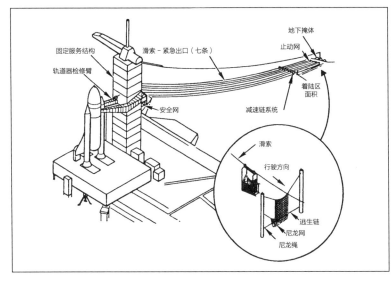

别固定在发射台南侧和北侧1 100英尺（335米）处，向上倾斜跨过避雷针并充当绝缘体，使电缆远离固定服务结构。

固定服务结构内置一个紧急逃出系统，机组人员可以通过七条滑索从轨道器检修臂下降到发射台西侧的地面上，迅速从即将发生的爆炸或其他灾难中逃脱。每条滑索都附有一个可容纳三人的吊篮，平时受到制动器的约束，紧急情况下会释放。随后，机组人员需要沿着长1 200英尺（365.7米）的滑索滑降到着陆区的止动线上，进入地下掩体。

上图：紧急逃出滑索系统不同于"阿波罗"时代使用的系统。它可以让机组人员安全抵达远离发射台的地方。（NASA供图）

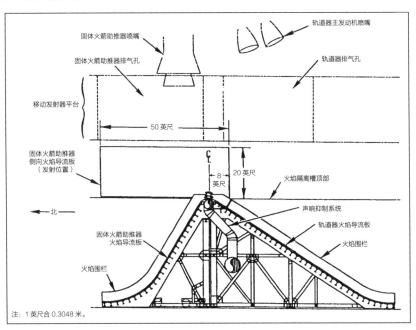

左图：图为火焰导流板的尺寸。在"阿波罗"任务期间，其表面以火山灰砂石进行了处理，在"土星"5号火箭F-1发动机的灼烧下变成了玻璃。（NASA供图）

旋转服务结构由一座旋转桥支撑，后者围绕发射台火焰隔离槽西侧的一根垂直枢轴转动，转动半径为 160 英尺（48.77 米），转弧为 120°。旋转服务结构的外端由两辆八轮卡车支撑。这两辆卡车沿着与发射台表面平齐安装的轨道移动，通过弯曲的桥梁穿过火焰隔离槽。

旋转服务结构长 102 英尺（31 米）、宽 50 英尺（15.24 米）、高 130 英尺（39.6 米），主结构的底部比发射台表面高出 59 英尺（18 米），顶部则高出 189 英尺（57.6 米）。它的轨道器检修臂分布于不同的五层，可供工作人员进入轨道器的有效载荷舱，也可以抵达其他层。旋转服务结构的一项基本功能是为处于受保护环境中的有效载荷提供接收站。这些有效载荷一直在几乎无菌的状态下建造、构建或装配，并在同样不受污染的状态下运送到轨道器载荷舱的内部。旋转服务结构引入了两个要素来实现此功能：一是有效载荷罐，用于将有效载荷运送到处于保护状态的发射台上；二是旋转服务结构自带的有效载荷更换室，允许将有效载荷移送到轨道器上。

有效载荷罐的内部与轨道器有效载荷托架的大小相当，为 65 英尺（19.8 米）× 15 英尺（4.57 米），外部长 65 英尺（19.8 米）、宽 18 英尺（5.48 米）、高 18.6 英尺（5.6 米）。它的载重能力为 65 000 磅（29 483 千克），是航天飞机的最大设计载重量，但从未真正实现。有效载荷罐在长 65 英尺（19.8 米）、宽 23 英尺（7 米）、带有 48 个轮子的平板卡车上移动，能够升高到 7 英尺（2.1 米）处或降低到 5.25 英尺（1.6 米）处。这辆平板卡车的空载重量为 104 吨，两端各有一个驾驶室，行驶速度在 0.25 英尺/秒（0.6 米/秒）至 10 英里/时（16 千米/时）之间。

作为旋转服务结构的组成部分，有效载荷更换室是一个环境受控的空间，与轨道器有效载荷托架的尺寸相配，因此可以将其密封并视为"无尘"房间，以最大限度地减少污染。在旋转服务结构处于打开位置时，有效载荷罐将被铰链吊升，收纳于有效载荷更换室内部。一旦旋转服务结构关闭，有效载荷罐封装完毕，就可以打开轨道器的有效载荷门，将有效载荷转移到轨道器内部，而不会污染沿海环境。

一些大型有效载荷，例如用于装配国际空间站的结构或加压舱段，在任务执行期间要么留在航天飞机中，要么被卸下并安装到国

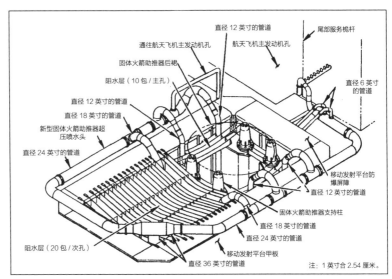

直径 12 英寸的管道
尾部服务桅杆
通往航天飞机主发动机孔
航天飞机主发动机孔
固体火箭助推器后裙
阻水层（10 包 / 主孔）
直径 6 英寸的管道
直径 12 英寸的管道
直径 18 英寸的管道
新型固体火箭助推器超压喷水头
直径 24 英寸的管道
移动发射平台防爆屏障
直径 12 英寸的管道
固体火箭助推器支持柱
直径 18 英寸的管道
直径 24 英寸的管道
移动发射平台甲板
阻水层（20 包 / 次孔）
直径 36 英寸的管道
注：1 英寸合 2.54 厘米。

右图：消声水系统的设计目的是消减声波，因为声波会冲击轨道器机翼的后缘、飞行操纵面和尾翼，使绝热瓦发生位移并造成损坏。（NASA供图）

右图：消声水系统启动后的大水测试。（NASA供图）

左图：2014年4月14日，SpaceX公司首席执行官格温·肖特维尔签署了使用39A发射综合体发射"猎鹰"9号和"猎鹰"重型运载火箭的合同。39A发射综合体首次支持的商业飞行于2017年2月10日进行，由"猎鹰"9号火箭将货物运送到国际空间站。（NASA供图）

际空间站上。这些有效载荷需要在水平方向上处理，为此构建了轨道器处理设施（在"月球火箭发射场"一节中已有相关介绍，不再赘述）。在轨道器处理设施组装的有效载荷会安装到轨道器内部，然后运到到垂直装配大楼进行垂直装配。

航天飞机首次发射时，固体火箭助推器发出的巨大声波冲击轨道器，使一些绝热瓦松动，因此有必要在 39 号发射综合体上增加一些设施。从一开始就设计好的标准消声系统在火焰导流板顶部有 16 个喷嘴，连接到距离发射台东北方向 290 英尺（88.4 米）处的水箱。水箱容积为 30 万美制加仑（113.50 万升），在三台主发动机点火之前，水箱开始喷出水雾。在改良后的消声系统控制下，当固体助推器点燃时，名为"报雨鸟"的六个大喷嘴会喷出水流。水也会喷到固体助推器的排气孔中，以提供过压保护。在火箭升空后约九秒钟，峰值流量会达到 90 万美制加仑 / 分钟（340 万升 / 分钟）。

39A 发射综合体共支持了 83 次航天飞机的发射，其中包括 1961 年 4 月 12 日的首次发射任务 STS-1，以及 2011 年 7 月 9 日的最后一次发射任务 STS-135。"亚特兰蒂斯"号航天飞机于这一天执行了最后一次前往国际空间站的飞行任务。最后一枚"土星"5 号火箭的发射和航天飞机的首飞相隔将近八年，而航天飞机的最后一次飞行与 39A 发射综合体的下一次使用相隔将近六年。当航天飞机结束征程时，人们预计会出现一型新的火箭——"战神"5 号（航天飞机机身硬件的衍生产品）以支持参与"星座"计划的新一代月球探险者。

2010 年，时任总统奥巴马取消了"星座"计划。这一决定影响了卡纳维拉尔角地区的活动，导致该地区失去了六千个工作岗位，只有少数承包商员工在其他地方找到了新工作。但是，卡纳维拉尔角对商业发射供应商的支持正在加强，并且越来越有兴趣向商业航天公司推销发射设施的租用。其后的几年中，SpaceX 等公司就 39A 发射综合体的使用达成了租约，埃隆·马斯克就在这里发射了"猎鹰"9 号火箭和"猎鹰"重型火箭，后者将一辆特斯拉汽车送入了太阳轨道。

在完成最后一次航天飞机任务后，39A 发射综合体第一次发射的是"猎鹰"9 号 v1.2 火箭搭载"龙"飞船的 CRS-10 任务。火箭第一级受控返回下降并在 1 号着陆区上软着陆。39A 发射综合体随后执行了更多商业发射。"猎鹰"重型火箭于 2018 年 2 月 6 日发射，它的两台侧置助推器同步返回 1 号和 2 号着陆区，完成软着陆。"龙"2 号飞船的载人飞行预定于 2019 年在 39A 发射综合体开始。

25C发射综合体（LC-25C，1968年8月16日）
西经80.5764°，北纬28.4311°

作为支持美国潜射弹道导弹计划的四座发射台之一，25C 发射综合体是 25 号发射综合体中的一座发射台，用于支持"波塞冬"导弹的试射。该型导弹比"北极星"更大，需要专用的发射场。负责 25 号发射综合体全部四座发射台的发射管制台已经针对"波塞冬"导弹接受了大范围现代化改造。

25C 发射综合体共支持了 16 次"波塞冬"C3 导弹的发射，最后一次发射于 1970 年 6 月 30 日完成。为支持"三叉戟"C4 导弹的试射，25C 发射综合体接受了重大改造，于 1977 年 1 月 18 日—1979 年 1 月 23 日共发射 18 枚"三叉戟"导弹。该发射台于 1979 年停用并拆除。

39B发射综合体（LC-39B，1969年5月18日）
西经80.6208°，北纬28.6272°

39B 发射综合体的建造始于 1963 年 12 月，于 1966 年 11 月 30 日完工。其配置与 39A 发射综合体基本相同，最大的不同点则在于发射台的顶部比海平面高出 55 英尺（16.7 米）。39B 发射综合体虽然于 1966 年就已建成，但直到 1969 年 5 月 18 日"阿波罗" 10 号发射时才首次使用。这是它自建成以来的唯一一次"土星"5 号火箭发射任务。

1973 年 5 月 25 日，39B 发射综合体在其第二次发射中完成了"天空实验室"第二次任务，也是首次将乘员送往"天空实验室"空间站的发射任务（该空间站已在十一天前

下图：2018 年 2 月 6 日，"猎鹰"重型火箭起飞前的场景。该火箭以 340 万磅（1 520 万牛）的起飞推力将一辆特斯拉汽车送入了日心轨道。（SpaceX供图）

从 39A 发射综合体发射）。"天空实验室"第二次任务使用了"土星"1B 号火箭，该型火箭先前在 34 号和 37 号发射综合体发射，但由于成本原因，这两座设施均已关闭。为了支持"天空实验室"的三次载人飞行，39 号发射综合体进行了改造，其中还包括使用所谓的"牛奶凳"！

1 号移动发射装置为适应"土星"1B 号火箭与"阿波罗"飞船的配置（从 S-4B 级往上到有效载荷，其配置其实与"土星"5 号火箭相同）而接受了重大改造。设计人员决定升高上面级各组件的高度，使它们与搭乘"土星"5 号火箭时的高度相同。方法就是竖起一个钢制底座（"牛奶凳"），使上面级和有效载荷升高到与搭乘"土星"5 号火箭相当的高度，这样它们就可以匹配上发射脐带塔的摆臂。钢制底座高 127 英尺（39 米），与 1 号移动发射装置接触的底部是边长为 48 英尺（14.6 米）的正方形，向上逐渐变细，到支撑起火箭第一级的顶部边长只有 21.9 英尺（6.6 米）。安装时需要移开"土星"5 号火箭的固定臂，1 号、2 号、3 号维修臂，以及四根尾部服务桅杆。

在这种配置下，1 号移动发射装置又于 1973 年 7 月 28 日执行了"天空实验室"第三次任务，于 1973 年 11 月 16 日执行了"天空实验室"第四次任务，并被用于"阿波罗－联盟"测试项目。该项目于 1975 年 7 月 15 日将最后一艘可用于对接的"阿波罗"号飞船发射升空，使其与苏联"联盟"号飞船一起飞行。"阿波罗－联盟"项目发射后，39B 发射综合体开始为执行航天飞机计划而接受改造，改造内容几乎与 39A 发射综合体为 1986 年 1 月 28 日的首次航天飞机发射任务（STS-51L）做出的改造完全相同。不幸的是，"挑战者"号航天飞机在这次发射中爆炸了。

1988 年 9 月 29 日，STS-25 任务（"发现"号航天飞机）从 39B 发射综合体升空，恢复了航天飞机的发射。39B 发射综合体共计发射航天飞机任务 53 次，最后一次是 2006 年 12 月 10 日夜间的 STS-116（"发现"号）任务。2009 年 5 月，39B 发射综合体为"奋进"号航天飞机的发射做好准备，从而为哈勃太空望远镜的维修任务提供支持。执行维修任务的是从 39A 发射综合体起飞的"亚特兰蒂斯"号航天飞机（STS-125 任务），这也是最后一次航天飞机不停靠国际空间站的飞行任务。一旦发生事故，航天飞机的乘员无法在空间站内停留一段时间以等待救援。

STS-125 任务返航后，NASA 立即开始对 39B 发射综合体的飞行计划进行修改，使其支持载人重返月球的"星座"计划。NASA 当时正在为该计划研发两种运载火箭，其硬件源自航天飞机计划，包括强大的固体火箭助推器。新型运载火箭名为"战神"1X，使用单台固体火箭助推器，在配置测试中装载了一个上面级模型（假上面级），可用于将"猎户座"飞船送入轨道。"战神"火箭于 2009 年 10 月 28 日发射升空，这也是 39B 发射综合体支持的最后一次发射。

此次发射之后，NASA 又将 39B 发射综合体恢复到航天飞机时代之前的配置，拆除了所有固定服务结构，使它适应将来可能使用它的运营者，它于 2014 年获得了新的机遇。历史悠久的 39A 发射综合体承担 SpaceX 公司和"猎鹰"9 号火箭的发射，而 39B 发射综合体将支持 NASA "太空发射系统"重型火箭的发射，最早可能在 2020 年进行不载人飞行。"太空发射系统 - 猎户座"的首次载人飞行预计将在 2022 年以后开始。预计届时国际空间站的商业载人飞行也会由 39A 发射综合体执行。

25D发射综合体（LC-25D，1969年9月17日）
西经80.5782°，北纬28.4295°

25D 发射综合体是为支持美国海军潜射弹道导弹计划而建造的四座发射台之一，也是发射更强大的"波塞冬"导弹的两座发射台之一。它仅执行过一次发射任务，即于 1969 年 9 月 17 日升空的"波塞冬"C3 导弹，

名称背后的故事

在这些繁忙的岁月里，卡纳维尔角和肯尼迪航天中心的发射场经历了一次又一次的更名。最初，时任总统杜鲁门于 1949 年 5 月 11 日签字移交了这片场地，用作制导导弹的发射场。一个月后，位于卡纳维拉尔角以南 15 英里（24 千米）处的香蕉河海军航空站（1948 年 9 月 1 日已移交于美国空军）更名为"联合远程试验场"。

为了彰显美国空军在卡纳维拉尔角的独家管理权，联合远程试验场于 1950 年 5 月 16 日去掉了名称中的"联合"一词。一天后，其总部被简化称作"远程试验场基地"。1950 年 8 月 1 日，为了纪念梅森·帕特里克少将，远程试验场更名为"帕特里克空军基地"。

1951 年 6 月 30 日，联合远程试验场分部更名为"空军导弹试验中心"，远程试验场基地更名为"佛罗里达导弹试验场"。1958 年，后者又更名为"东部试验场"，以便在加利福尼亚州范登堡空军基地的辖区之外建造西部试验场。出于对红石兵工厂（坐落于亚拉巴马州亨茨维尔）的导弹研发工作的重视，1951 年 12 月 1 日，试验导弹发射分部在美国陆军技术和工程部下成立。

试验导弹发射分部的成立是为了监督卡纳维拉尔角导弹试验区"红石"发射设施的建设，同时获得了美国空军导弹试验中心的设施援助和支持。1955 年 11 月 8 日，美国陆军的"木星"中程弹道导弹获准研发，陆军弹道导弹局在红石兵工厂成立，导弹试射实验室成为弹道导弹局业务发展部的一部分。导弹试射实验室从 1956 年 12 月 24 日开始运行，由冯·布劳恩领导。当业务发展部被移交给 NASA 时，导弹试射实验室更名为"发射作战指挥部"，与空军导弹试验中心并存。

1961 年 5 月 25 日，时任总统肯尼迪宣布登月目标。为完成这一目标，需要专门建造可发射重型"土星"运载火箭的发射场。该型火箭不同于美国空军或陆军此前制造的任何东西。8 月 24 日，NASA 和美国国防部签署一项协议，征用了 80 000 英亩（32 373 公顷）的土地。这片土地位于卡纳维拉尔角导弹试验区的北部和西部，NASA 将在此建造装配大楼、发射控制设施、发射台和基础设施。发射作战指挥部成为独立的 NASA 外部设施，该决定于 1962 年 7 月 1 日生效。它在卡纳维拉尔角的名称是发射作战中心。

在肯尼迪遇刺一周后的 1963 年 11 月 29 日，此前为创建 NASA 做了大量工作并说服肯尼迪致力于登月目标的继任总统林登·约翰逊将卡纳维拉尔角改名为"肯尼迪角"，将发射作战中心改名为"肯尼迪航天中心"。后来，市民向政府官员游说，希望恢复卡纳维拉尔角的原名并获采纳。肯尼迪航天中心如今只是 NASA 机构的名称。

发射高度达到 311 英里（500 千米）。与 25C 发射综合体一样，25D 发射综合体于 1979 年停用并拆除。

2012 年，原先建造 25 号和 29 号发射综合体的场地被用于建造美国海军的一座新测试设施，被称为"岸上战略武器系统"。该系统可以在一个综合场地测试所有的火控、发射系统和导航设备，而不是让各家承包商在美国各地的工厂中自行完成测试任务。该设施于 2015 年竣工。

46号发射综合体（LC-46，1987年1月15日）
西经80.5284°，北纬28.4585°

46 号发射综合体建成于 1984 年 2 月，目的是支持"三叉戟"2 型潜射弹道导弹的试射，并于 1986 年 11 月通过美国海军验收。发射控制中心位于舰队弹道导弹试验作战设施 62 615 号楼，控制了 1987 年 1 月 15 日的首次发射。到 1989 年 1 月 26 日，46 号发射综合体共发射了 19 枚导弹。此后，"三叉戟"2 型导弹从同年 3 月开始转为海上发射。46 号发射综合体进入待命状态。

由于美国海军没有新的要求，佛罗里达州航天发射场管理局赢得了美国空军的拨款，继而对发射场进行改造，使其适应小型商业发射。20 世纪 90 年代初已经有几项商业发射的提案。新的支持基础设施为 46 号发射综合体建成，其第一次发射是在 1998 年 1 月 7 日，

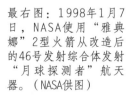

右图：46号发射综合体被启用以测试"三叉戟"2型潜射弹道导弹，后者为美国和英国的海基核威慑力奠定了基础。注意防爆脱离通道的特殊设计。（美国海军供图）

最右图：1998年1月7日，NASA使用"雅典娜"2型火箭从改造后的46号发射综合体发射"月球探测者"航天器。（NASA供图）

由一枚"雅典娜"2 型火箭搭载 NASA 的"月球探测者"升空。该型火箭此前共发射两次，均从范登堡空军基地的 6 号航天发射综合体发射。第一次发射虽然失败了，但是飞船一直飞抵月球，沿低极轨道飞行并进行了科学调查。

1999 年 1 月 27 日，一枚"雅典娜"1 型火箭将商业卫星 ROCSAT 1 送入轨道。2015 年 7 月 15 日，有关将 46 号发射综合体翻新并改造为"米诺陶"4 型小型卫星发射设施的公告发布。2017 年 8 月 26 日，"米诺陶"4 型火箭搭载国防技术卫星"作战响应空间" 5 号升空，这是 46 号发射综合体目前的最后一次发射。

约翰逊航天中心

约翰逊航天中心可以说是最著名，也是被提及最多的 NASA 设施。它于 1973 年 2 月 19 日获得现有名称，目的是纪念已故前总统林登·约翰逊。最初，这里是载人航天器中心，自 1965 年承担双人"双子座"计划开始，一直负责运营 NASA 的所有载人航天活动。然而，它的起源比这还要早得多。

事实上，早在 1960 年，NASA 就已经在为他们缺乏专门的载人任务支持机构而担忧。在那一年，只有单人"水星"计划获得了资助，而这是 NASA 在 1958 年 10 月取代 NACA 时从美国空军继承来的一个计划。"水星"计划得到了 NACA 的大量投入，所以当新的民用机构 NASA 问世时，该计划找到了一个接管它的自然去处。

针对"应将重点放在载人航天计划上，而不是迅速发展的潜在太空科学项目"这个问题，NASA 内部存在分歧，更别提还在争取资金的机器人行星探索计划了。尽管时任总统艾森豪威尔不愿全力支持载人航天任务，而是选择拭目以待，观望这项新努力可能会带来什么，但 NASA 有几位高级管理人员却敦促尽快迈出下一步。

NASA 已经决定，可以通过一个名为

下图：约翰逊航天中心是管理 NASA 载人航天计划和任务的所在地，其独特之处在于它使 NASA 取得了历史上最杰出的成就。（NASA 供图）

"阿波罗"的太空计划发展一系列有序而逐渐扩展的功能。保守的总统起初拒绝为这一计划提供资金，但许多曾在NACA工作过的员工都表示赞成，一直为推动人类飞出地球的这一天而奋斗。无论如何，许多概念性工作早已为"水星"计划之后的下一步做好了准备，这就要求研发能够支持地球轨道科学、绕月和月球轨道飞行的三人航天飞船，以此作为载人登陆月球表面的前奏。

上图：1965—1966年，"双子座"计划期间的任务控制大厅。人们当时学到了很多知识，为地球轨道和深空飞行任务的管理工作（包括同时运转两架载人飞行器）奠定了基础。（NASA供图）

当时，以及不久的将来，兰利研究中心下属的NASA航天任务组（由NASA局长格伦南建立于1958年）是负责执行管理和运营指导美国首次载人太空飞行之前所有行动的外部机构。1961年5月5日，艾伦·谢泼德乘坐飞船执行了一次弹道飞行任务，历时略长于15分钟。这是美国的第一次载人航天飞行，它使时任总统肯尼迪信心满满，在二十天后宣布了美国的登月计划。

为了给载人航天计划分配合适的办公场所，格伦南局长考虑将艾姆斯研究中心改建为NASA的载人航天机构。1961年，韦伯接任局长之职，他为建立一座新的航天中心申请了资金，但遭到预算局的拒绝。此后不久，NASA于9月19日宣布了在得克萨斯州休斯敦附近建造载人航天中心的决定，很快获得了批准，并立即着手寻找合适的场地。当时有人猜测，两个人共同选择了得克萨斯州：一个是来自得克萨斯州的副总统林登·约翰逊，另一个是负责处理NASA拨款的众议院小组委员会主席、休斯敦国会议员阿尔伯特·托马斯。

自1961年10月起，工作人员陆续搬出兰利研究中心的办公室，新设施则于1962年4月开始建造。载人航天器中心于1963年9月正式运行，但该设施首次支持航天飞

左图：在任务控制大厅刚投入使用时，大图像投射屏幕和电视投影用于显示信息。电视镜头的光束穿过不透明的胶片带投影到大屏幕上。电子系统从操作员处接收指令，为所有形式的显示信息（包括轨迹）提供视图模式控制。（NASA供图）

行是在 1965 年 6 月 3 日发射的"双子座"第四次飞行任务。该中心的职责包括设计、开发和测试航天器及其相关的载人飞行系统，选拔和培训宇航员，规划和执行载人飞行任务，广泛参与医疗、工程和科学领域的实验以协助载人航天飞行，以及了解与上述活动有关的太空环境。

为了履行上述职责，载人航天器中心被划分为数个指挥部，负责特定职能，例如航天器开发、宇航员培训或航天飞行规划。该中心自身具备灵活性，允许频繁地进行调整，以跟上不断变化的载人航天飞行发展方向。其中几个指挥部经过重组、合并或拆分，变为不同的小组，并根据需要创建新的指挥部。载人航天器中心还负责指导本地、NASA 全机构或承包商的支持活动，以完成该中心与指挥部、计划办公室的共同任务。后二者对中心主任负责，中心主任再向 NASA 总部汇报。

载人航天器中心占地 1 620 英亩（655 公顷），位于休斯敦东南约 25 英里（40 千米）处的清水湖畔，用地由莱斯大学捐赠。载人航天器中心拥有大约一百栋建筑物，包括九层的项目管理大楼，也包括每个入口处的微型交通亭。许多建筑物内有办公空间，但其他建筑物则专门用于执行和开展特定的任务和活动。在肯尼迪做出将人类送上月球的重大决定之前，尽管最初缺少建造新设施的资金，但这座专用于载人航天飞行的中心已获得艾森豪威尔政府的开发批准。登月目标则使得建造一座新的控制中心势在必行。

在"水星"计划有限的要求下，NASA 可以从卡纳维拉尔角的"水星"控制中心管理所承担的飞行任务。但随着载人航天飞行计划的扩大化，这样的管理就难以实施了。任务控制部门转移到新的载人航天器中心才是合乎逻辑的，但做出这一决定的背景是"双子座"和"阿波罗"计划的创建。载人航天器中心将拥有两个任务运行控制室设

上图："阿波罗"11号飞行任务圆满结束后，任务控制大厅宣布"1969年7月——任务完成"。但这只是一个序幕。由于"阿波罗"11号只开展了14次载人飞行，载人航天工作仍将延续数十年，持续执行任务。（NASA供图）

下图：飞行控制室经过重新配置，获得与先前迥然不同的功能。如此图所示为2009年8月飞行控制室参与STS-128任务期间。两年后，航天飞机退役。（NASA供图）

上图：自20世纪90年代末，飞行控制室一直为国际空间站全天候的太空活动提供支持，并接受了升级和重新配置，以实现持续、不间断的运转。（NASA供图）

上图：比技术更重要的是约翰逊航天中心管理着各种活动并控制飞行任务的男女工程师们。克里斯托弗·克拉夫特领衔设计了任务控制中心的概念并引领着该中心声名鹊起。他在卡纳维拉尔角指导中心的运作，然后才搬到休斯敦。（NASA供图）

施，一个执行飞行任务，另一个为下一次任务做准备。它在 1965 年 1 月的"双子座"2号飞行中首次进行了测试。

载人航天中心最著名的建筑物可能是最初命名为"综合任务控制中心"的建筑物。它通常被简称为"任务控制中心"，但现场的正式命名是"30 号楼"，分别有 30A、30M 和 30S 三座。30A 号楼负责管理任务控制中心，并且一直是进行飞行和任务设计以及规划和协调地面控制操作的场所。它也是"阿波罗"任务时期的任务规划和分析部的所在地。

由新成立的载人航天器中心控制的第一次飞行是 1965 年 6 月 3 日"双子座"4 号飞船的发射任务。该设施当时还为"双子座"和"阿波罗"计划提供了技术监测和开发服务，后者需要开发两种具有不同工程标准的独立航天器。载人航天器中心还负责任务规划和宇航员培训。它是选拔宇航员的基地，从这里选出了众多要执行特定任务的男性宇航员和后来的女性宇航员。载人航天器中心管理了一系列新的、此前未曾尝试的运行程序，包括太空行走、交会和对接，两艘在轨载人飞行器的同步通信、数据处理和跟踪，登月任务活动的开发，科学任务的整合，对新设备的熟悉和培训，以及未来任务战略的制定。

在"双子座"计划时期，由主要乘员和后备乘员组成的两人飞行任务被"阿波罗"的三人飞行任务所取代，并增加了支持乘

左图：支援小组是太空事件和任务控制大厅飞行管理决策之间的生命线。图为支援小组齐聚一堂，在1968年10月"阿波罗"7号任务期间的合影。（NASA供图）

员。执行特定任务的宇航员人数从 4 人增加到 9 人，同时预先分配的飞行任务多达四五项，这意味着最多可以有 45 名宇航员轮换执行各种任务，同时争相上报自己的日程表，以及训练设施和模拟器的使用需求。虽然 NASA 尽可能将任务围绕一套标准程序开展，但这并不能减轻人员周转和时间上的压力。

在"阿波罗"计划期间，载人航天器中心参与了应用研究，意在使用已有的航天器在月球上达成永久驻留或将现有航天器用于更高级的任务，于是进行了大规模的研发工作（如供宇航员在月球表面乘坐的月球车，以及用作大本营的各种居住区）。后来，随着"阿波罗"计划持续进行的希望不复存在，这项工作也不再开展，取而代之的是对可重复使用的航天飞机的研发。载人航天器中心与兰利研究中心、飞行研究中心紧密合作，设计了几种低成本、可重复使用的太空运输系统，最终为航天飞机计划所采纳。

上图：训练是取得成功的关键因素，它始于航天计划的早期。图中，宇航员谢泼德（右）和米切尔在"阿波罗"14 号飞行之前在这里进行了大量的月球探索准备工作。（NASA供图）

1970 年—1975 年，载人航天器中心投入了大量精力，使用"阿波罗"飞船执行其他飞行任务，同时开发航天飞机。在此期间，航天飞机的尺寸和配置发生了许多变化。在 1975 年进行"阿波罗－联盟"测试项目并与苏联人完成联合飞行之后，载人航天器中心彻底致力于航天飞机的研发。航天飞机计划于 1972 年正式获得批准，宣告了一个新时代的开启。在这个新时代，载人飞行器将持续运行。自 1981 年 4 月 12 日首架航天飞机飞行开始，载人航天器中心的业务核心围绕航天飞机持续了 30 年。

在载人航天飞行计划的发展过程中，宇航员一直是载人航天器中心的核心，他们的作用也在不断变化。载人航天器中心于 1965 年开始正式的任务管理运作时，第一批宇航员入选。这是自 1959 年 4 月"水星七杰"以来，NASA 选出的第四批宇航员，也是 NASA 第一批执行科学任务的宇航员。这也引发了众多争议，工程师、飞行员和一些管理人员担心，除了经验丰富的试飞员，其他人都不适合执行航天任务。在"阿波罗"17 号任务期间，1 名科学宇航员哈里森·施

上图：宇航员鲍恩和德鲁在桑尼·卡特训练中心的中性浮力实验室开始了训练课程。参与开发太空概念行走是宇航员在任务安全和飞行准备中一向发挥的作用的延伸。（NASA供图）

密特完成了在月球上的行走。之后又有 6 名科学宇航员被选中，其中 3 人飞往"天空实验室"空间站。

1966 年 4 月，又有 19 名宇航员入选，其中 3 名（杜克、米切尔和欧文）将在月球上行走，许多人则会进驻"天空实验室"或搭乘航天飞机飞行。1967 年 8 月，第二批 11 名科学宇航员入选，但都从未体验过太空飞行。由于"阿波罗应用计划"的废止，后续不再有载人航天计划；而且队伍中已经有了过多宇航员，他们能够执行任务的希望渺茫。实际上，航天飞机计划正式宣布的不到五年后，只有 7 名宇航员进入太空。作为进一步衰退的预兆，1969 年 8 月，NASA 从被取消的"美国空军载人轨道实验室"计划中继承了 7 名宇航员，所有人员都随同理查德·特鲁利搭乘航天飞机。特鲁利后来曾担任 NASA 局长，也是第一位担任 NASA 最高职务的退役宇航员。

1969 年 8 月，NASA 选拔了 35 名宇航员，下一次招募宇航员则要等到九年之后。NASA 在这一年的首次载人登月行动中备受关注，并且坚信他们将在航天飞机计划中取得成功。航天飞机计划预示着一个新时代的来临，为它所选拔的 35 名宇航员中包括 6 名女性，其中包括第一位在太空中飞行的美国女性萨莉·赖德、第一位非洲裔美国宇航员盖恩·布卢福德和第一位在太空中行走的美国女性宇航员凯瑟琳·沙利文。所有 35 名宇航员都乘坐航天飞机进入太空。NASA 相对频繁地选出了更多宇航员小组，最近的一次是在 2017 年选出的第 17 个小组，其中 6 人（正好一半）是女性。

截至 2018 年 1 月，宇航员已经为航天计划贡献了一些最伟大的成就，不过进入太

左图：对于排练简单的太空行走任务，中性浮力实验室是至关重要的训练辅助工具，也是飞行准备工作的重要组成部分。在这里的飞行准备工作中，技术人员会与宇航员合作对任务进行完善、修改和评估。（NASA供图）

空的美国人仍然只有 339 名，而全球也只有 24 人飞出了低地球轨道，这之中又只有 12 人进行过月球行走。从这个角度来看，与 1966 年"双子座" 11 号飞船的宇航员康拉德和比恩到达的 852 英里（1 372 千米，小于伦敦和罗马之间的直线距离）的高度相比，只有 24 人（任何国籍）飞到了距地球比这个距离更远的地方。到 NASA 在 21 世纪 20 年代初执行深空任务，而宇航员再次启程前往太空中另一个世界的引力环境时，这种情况才会改变。

自 2011 年 4 月 14 日起，30M 号楼（主楼）被命名为"克里斯托弗·克拉夫特任务控制中心"，以表彰其作为首任飞行总监所做的出色工作。30M 号楼一直是任务控制大厅的核心，也是任务行动的核心。它的前身是 1 号飞行控制室，其后更名为航天飞机飞行控制室，现为国际空间站控制室，最初则是"双子座"和"阿波罗"计划初期的任务运行控制室。它是"阿波罗"控制室及相关控制室的所在地，其中包括供承包商人员使用的设施和飞行控制器训练室。

30S 号楼（最初是航天飞机控制室）曾为原名为"自由"空间站的国际空间站服务，在转变为国际空间站的控制室之前更名为"白色飞行控制室"。现在，"猎户座"飞船有了一间"蓝色飞行控制室"，但是在航天飞机和国际空间站同时运行并需要单独的控制室支持时，这两座设施承担了一些共同的责任，责任也有交换。30S 号楼现在名为"克里斯托弗·克拉夫特飞行任务控制中心"，以表彰克里斯托弗·克拉夫特作为首位飞行控制主任以及自 1972 年以后任载人航天器中心主任时树立的良好声誉。

为了支持航天器的开发和工程设计，32 号楼设有太空环境模拟实验室。实验室中有两间真空室，其中一间高 120 英尺（36.5 米），直径 65 英尺（19.8 米）；另一间高 43 英尺（13.1 米），直径 35 英尺（10.7 米）。航天器或航天器元件可能会处于真空条件下，温度可设置在 −250℉（−157℃）至 +250℉（121℃）之间。14 号楼则设有消声室测试设施，在航天器通信测试期间，泡沫覆盖的墙壁、地板和天花板会吸收杂散信号。

9 号楼为全尺寸的硬件模型提供了仿真设施。该设施在"阿波罗"计划期间为月球表面部署科学仪器、训练航天飞机乘员熟悉航天飞机轨道器以及宇航员对国际空间站舱段的熟悉和训练提供了模拟。它被称为"航天飞行器样机设施"，是一个宽敞的开放空间，长 656

上图："阿波罗"号飞船首次在地球上的太空环境模拟实验室中体验了太空环境。（NASA供图）

下图：约翰逊航天中心的太空模拟设施的试验对象扩展到了卫星和航天器。图中的"应用技术卫星"是NASA所做的许多工作在多个中心应用中的一个综合展示。（NASA供图）

英尺（200米），主要用于容纳供宇航员熟悉和训练的国际空间站舱段。它将在未来发挥重要作用：NASA和国际空间站的国际合作伙伴准备支持月球轨道平台——"门廊"（一组加压和非加压舱段）以供人类在月球轨道持久居住。

模拟太空环境的需求已扩展到全人类。在20世纪60年代初，NASA意识到水产生的中性浮力可以很好地模拟太空中的失重感。最初，NASA利用兰利研究中心附近的公共游泳池进行试验，但是游客影响了工作的开展，于是试验被移至马里兰州麦克唐诺学校的一个游泳池。在那里，马尔科姆·斯科特·卡彭特成为第一位穿着宇航服试验的宇航员。然而，直到1966年执行"双子座"飞行任务的宇航员在飞船外工作遇到困难，NASA才开始认真对待这一问题，并恢复了在麦克唐诺学校的水池中的测试，以找到在工作场地约束宇航员、防止其过度劳累和体力透支的方法。

宇航员们认识到了对任务中的太空行走进行模拟、对复杂任务的最优执行方案进行排练的明智性，因此开始在约翰逊航天中心的5号楼使用浸水设施。后来的"双子座"和"阿波罗"任务中使用的则是直径为25英尺（7.62米）、深16英尺（4.9米）的水池。1979年，NASA马歇尔航天飞行中心的中性浮力模拟器关闭，在为航天飞机计划做准备的约翰逊航天中心于是拥有了自己的失重环境训练设施。该训练设施位于29号楼，长78英尺（24米）、宽33英尺（10米）、深25英尺（7.6米），服务到1998年。

NASA曾规划过一座长235英尺（72米）、

宽 135 英尺（41 米）、深 60 英尺（18 米）的定制设施，只是成本过高。但是，由于需要一座能够对国际空间站的各部分舱段进行全尺寸模型化的设施，NASA 从麦克唐纳·道格拉斯公司购买了现成的设施，并将其改造为位于桑尼·卡特训练设施的中性浮力实验室。该训练设施以 1989 年参加 STS-33 任务的宇航员桑尼·卡特的名字命名（他在 1991 年的一次飞机失事中丧生）。中性浮力实验室长 202 英尺（62 米），宽 102 英尺（31 米），深 40.5 英尺（12.34 米）。

中性浮力实验室自 1995 年 4 月正式启用以来不曾停用。国际空间站舱段、桁架组件，欧洲航天局、日本宇宙航空研究开发机构的航天器，SpaceX 的"龙"飞船，以及诺思罗普·格鲁曼创新系统公司（前身为轨道 ATK）的"天鹅座"货运舱段都曾在这里进行测试。使用中性浮力来模拟失重状态有其缺点，水的阻力就是其中之一。它可能导致宇航员迷失方向、注意力分散或产生不适感，但与在干燥环境中进行模拟相比，它通常具有更好的保真度。

模拟太空环境对于使航天飞船取得在太空中运行的资质至关重要，而太空环境模拟实验室在 32 号楼实现了这一目标。它由两个腔室组成，腔室 A 的直径为 45 英尺（16.7 米）、高 90 英尺（27.7 米），具有可旋转 180° 的圆形地板，四台桥式起重机均可吊升 50 000 磅（22 680 千克）的重物，主要设备则由吊升能力为 100 000 磅（45 360 千克）的外部起重机运到室内或室外。腔室 A 内部有一个太阳能照明阵列，能够产生热等离子体场，从而有效地模拟地球大气层以外的太空环境。两个气闸允许人员进入：一个位于地面，另一个位于 31 英尺（9.4 米）的高度，供工作人员在试运行和高空测试（降低气压）时进入。

腔室 B 较小，直径为 25 英尺（7.6 米），高 26 英尺（7.9 米）。它使用了两台吊升能力为 100 000 磅（45 360 千克）的起重机，也有两个气闸。其中一个气闸具有大水喷淋能力，可模拟富氧环境，但是太阳能照明的模拟比腔室 A 简单得多，只是通过一套反射镜系统调节出模拟效果所需的照明角度。腔室 B 的优势在于，它在测试较小的物体或结构时会更加有效，而且操作简单，可以更快地进行周转。腔室 A 和腔室 B 均可将 -300℉（-184℃）的温度快速升高到较高的水平，具体取决于特定的测试物品；压力变化范围为 1×10^{-6}—760 托尔（1 托尔 =1 个标准大气压）。

用于一体化环境测试的腔室 E 直径为 4.6 英尺（1.4 米）、高度为 9.5 英尺（2.9 米），可在高真空条件下为大型气体有效载荷创造一个热真空环境。它能够将温度降至 -280℉（-173℃），气压范围介于 1×10^{-6} 和 760 托尔之间。其他几间模拟室可用于测量热烘烤，开展多个级别的真空测试。所有相关试验都可以对航天服的开发、生命保障设备调试以及载人航天器环境控制系统中的独立元素开发提供帮助。

一体化环境测试提供了测试在行星表面探索的航天器的多种模拟方法，可评估密封件、间隙、附着装置和其他硬件，测试它们在预定工作环境中的反应。测试的范围从模拟穿越大气层的上升加热过程到在太空的低温环境中长时间冷适应。使用一条 13 兆瓦的弧形隧道，可以测试航天器进入行星大气时的气动加热过程。在这个高空、高超声速风洞中，可以体验到模拟环境的巨大变化。

约翰逊航天中心还使用运动平台进行了机器人技术和相关硬件的大量研发工作。运动平台的应用最早可以追溯到"双子座"计划时期，当时的一座空中平台允许宇航员在三个自由度上使用手持机动装置确定所受到的反作用力。手持机动装置是 NASA 很早之前就根据月球舱外活动的经验研发的，因为他们相信可以使用反作用力气枪在航天器外部进行转移。如今，设备有所不同，技术也更加复杂，但现在为用户提供的运动基础模拟器可以在 60 英尺（18.2 米）的铰接臂末端操纵重可达 500 磅（226.8 千克）的可变载荷。

国际空间站上使用的灵巧机械手在地面有两座试验台，采用 6

下图：航天飞行器样机设施的全景图。该设施随着时间的推移会发生显著变化，为技术人员、机组人员和飞行管理人员在干燥的1g环境中提供全面的训练。（NASA供图）

点液压机械手形式，控制系统则连接到 7 英尺（2.1 米）高的基座上。它使用重达 240磅（108.8 千克）的精确载荷引导，可在狭窄的空间中进行操作。NASA 支持的未来太空项目中，人类将与在航天飞行器内部和外部工作的机器人和自动机械完全一体化。机械臂和操纵器注定将发挥越来越重要的作用。

约翰逊航天中心拥有约 3 200 名员工，并积极与其他几座 NASA 外地中心合作，以管理载人航天飞行的开发和运营为主要目标。它在载人航天器系统、环境控制和生命保障系统、月球舱外活动和相关技术以及飞行设计和规划方面具备专业知识。上文概述的一体化环境测试设施负责支持上述所有活动。

上图：世纪大奖！"阿波罗"11号宇航员从月球上取回的第一箱月球样本运抵37号楼（当时称为月球接收实验室）。（NASA供图）

公众可以通过非营利性组织休斯敦航天中心进入约翰逊航天中心。休斯敦航天中心于 1992 年开始运营，拥有种类丰富的展品和主题展览，还有放映精选太空影片的电影院。这些太空影片展示了 NASA 设施的成就。游客可以乘坐露天电车参观任务控制大厅，一枚水平放置其侧、经修复的"土星"5 号火箭，以及其他多个集点（能否进入取决于中心的活动安排）。特殊的九级参观活动每次最多允许 12 人进入，持续时间超过四个小时，可以访问多处设施、任务控制大厅和普通民众通常无法访问的一些工程测试区域。

月球样本实验室

第一批月球样本在地球上的接收准备工作始于 20 世纪 60 年代初。1964 年，NASA 首次制订计划：在约翰逊航天中心建造 37 号楼作为月球接收实验室。该设施占地 86 000 平方英尺（8 000 平方米），于 1967 年竣工，用于存放月球样本并对其开展初步分析、进行样本材料表征。它还根据世界各地研究团队的科研诚信情况，向他们分发样本。但是月球接收实验室缺少存储设备，于是 NASA 在 31 号楼建立了一座新的样本存储和处理实验室。在"阿波罗"计划结束后，所有"阿波罗"任务的样本都移交给了该实验室。

由于 NASA 担心月球样本这种无价收藏品保存在单一设施中不够安全，便将它们分散在约翰逊航天中心的几栋独立建筑中以及得克萨斯州圣安东尼奥市的布鲁克斯空军基地的一处辅助站点中。当这处辅助站点于 2002 年关闭时，少量的次要样本移到了白沙导弹试验场，在那里存放了 115 磅（52 千克）的月球物质。其余的 727 磅（330 千克）主要样本存放在约翰逊航天中心的一处全新设施中，即月球样本实验室。

月球样本实验室是 31 号楼的附属建筑，被称为 31N 号楼，于 1979 年 7 月 20 日投入使用。那天正好是美国首次载人登月任务的十周年纪念日。31N 号楼是一栋两层楼的建筑，建筑面积为 14 000 平方英尺（1 300 平方米），设有储藏室、用于制备和分析样品的实验室以及充有氮气、供样本长期保存的特殊储藏柜。整座建筑的设计旨在消除污染、过滤空气以去除悬浮颗粒以及略微增加气压以防止外界空气进入。工作人员只有穿着洁净室防护服才可进入，必须戴着多层手套接触样本。送出样品并进行处理后，工作人员会返回到实验室的"非洁净"区域以防止污染。实验室的储存能力显著超过了目前的需求，以备美国恢复载人探月计划。

月球样本实验室存有来自月球表面的一些最引人注目的岩石、月壤和物质。在采集自六个"阿波罗"着陆点的样本中，总重 842 磅（382 千克）的样本被分为 2 200 个单独编目的碎片，其中 75 % 储存在月球样本实验室中，处于原始状态；其余的样本已被加工成较小的碎片，包括共 11 万个单独编目的样本。地球上最昂贵的两个地质标本是年龄为 41 亿岁的"起源石"和以"阿波罗"16 号地质小组组长比尔·米尔贝格尔命名的"大米利"。后者是从月球带回的最大的岩石，重 25.9 磅（11.745 千克）。

第三章
范登堡空军基地

┣━━━━━●━━━━━┫

尽管卡纳维拉尔角继续主导着美国东海岸的太空发射，但西海岸的范登堡空军基地自六十多年前发射第一批火箭以来，也在美国导弹和太空活动的发展和扩张中起到了至少同等重要的作用。然而，与卡纳维拉尔角不同的是范登堡空军基地不允许公众进入，因此并未受到同样的关注。坐拥一些重要的 NASA 发射场地的范登堡空军基地始终是 NASA 运营的重要组成部分。

跨页图：在4E航天发射综合体上，"猎鹰" 9号火箭正准备将 "铱星" 通信卫星发射入轨。（SpaceX 供图）

如今的范登堡空军基地位于加利福尼亚州洛杉矶北部沿海 163 英里（262 千米）处。其土地于 1941 年 3 月为美国陆军采购，并命名为"库克营"，以纪念美国南北战争中联邦军队的菲利普·圣乔治·库克少将。基地的建设工作于当年 9 月开始，并于 10 月 5 日启用。此后，库克营用于各种训练活动，直到 1946 年 6 月关闭。1950 年 8 月，它在朝鲜战争期间重新开放，于 1953 年 2 月再次关闭。

随着火箭和导弹技术的发展，库克营于 1956 年 11 月重新启用。当时美国陆军将 64 000 英亩（25 900 公顷）的土地转让给空军用于建造发射设施。第一次发射于 1956 年 12 月 16 日进行，从 75-1-1 发射台发射了"雷神"中程弹道导弹。库克营由此改名为库克空军基地，并于 1957 年 10 月被分配给战略空军司令部用于测试弹道导弹，随后于 1958 年 10 月 4 日获得了现在的名称，以纪念美国空军第二参谋长霍伊特·范登堡将军。

范登堡空军基地的南部区域于 1958 年 5 月移交给美国海军，用于在阿圭洛角建造导弹发射设施，又于 1964 年 7 月归还空军。美国空军于 1965 年 2 月获得了该基地的其他外围边界地区。次年 3 月，空军进一步征用土地，计划将 6 号航天发射综合体作为雄心勃勃的

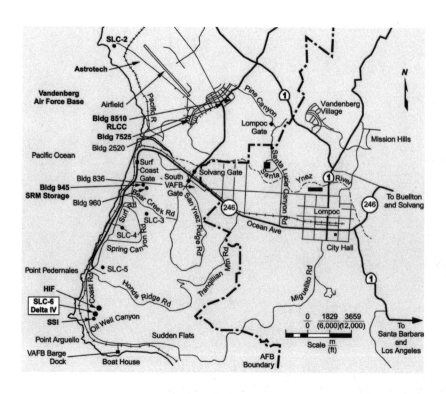

右图：范登堡空军基地的地图。该基地的大多数任务是发射军事卫星，一些发射台则用于发射 NASA 的极轨道航天器。（联合发射联盟供图）

"载人轨道实验室"的发射场。"载人轨道实验室"是一个机密的军事太空站，于 1965 年正式被批准，但于 1969 年 6 月被取消。此后，6 号航天发射综合体又被改造为航天飞机的发射设施，但美国空军从未将其用于可重复使用的运载火箭的实际发射。今天，6 号航天发射综合体被租借给波音公司，用于在极地轨道的军事任务中发射"德尔塔"4 型火箭。

范登堡空军基地的首次太空发射在 1959 年 2 月 28 日将第一颗"科罗纳"间谍卫星送入了太空，该基地之后持续不断地发射了一系列类型多样的机密军事卫星。范登堡空军基地得天独厚的地理位置有着将卫星发射到太阳同步轨道的特殊优势。在该轨道上，卫星可以机动到近极轨道，从而使太阳每天都能照亮卫星观测到的那部分地球表面。这对于各种应用型卫星都很有价值，包括长期观察同一地点的间谍卫星，也包括气象观测卫星——它可以每天连续观察同一纬度带或观测地球的自然资源。

由于运载火箭会丢弃用过的助推器或火箭级，因此它们不能在飞向轨道的早期阶段飞越陆地。于是，从卡纳维拉尔角发射的火箭的飞行方位角不得横越东部沿海的陆地区域。飞向高倾角轨道（特别是极轨道）的火箭需要在离开大气层时改变飞行平面，将其轨迹"转向"成 90° 的轨道倾角。这不仅会耗费运载火箭昂贵的燃料，并且极大地挤占了可携带的有效载荷的重量。

因此，NASA 开始使用范登堡空军基地发射极轨卫星。从西海岸的发射场向正南方发射，经过南极、北极，绕地一周，经过范登堡空军基地所在的纬度，进入第二圈轨道飞行。但是，由于从北极看地球是沿逆时针方向旋转的，所以极轨卫星的星下点轨迹每 90 分钟向西偏移约 1 556 英里（2 500 千米）。它只会在发射 24 小时后再次经过范登堡空军基地上空。

鉴于范登堡空军基地的性质及其曾承接过的许多机密轨道发射任务，当 NASA 开始从那里发射极轨卫星时，就打算限制个别指定发射台用于发射非军事卫星。非政府人员大量参与了卫星和有效载荷以及发射硬件的准备工作，因此可以进入未涉密的发射区域。

范登堡空军基地发射台

2E航天发射综合体（SLC-2E，1958年9月16日）
西经120.6193°，北纬34.7516°

2E航天发射综合体始建于1957年，为美国空军和英国皇家空军的"雷神"中程弹道导弹的研发和试飞提供支持。1959年8月3日—12月2日，三枚"雷神"导弹从该发射台发射。1960年，2E航天发射综合体接受改造，并于1961年6月16日首次发射"雷神－阿金纳"B型火箭。从1962年6月28日起，它开始支持"雷神－阿金纳"D型火箭的发射；从1963年9月28日起，开始支持"雷神－艾布尔"火箭的发射。

在1962年9月29日NASA首次利用"雷神－阿金纳"B型火箭将加拿大首颗自制卫星"百灵鸟"1号（目的是研究电离层）从范登堡空军基地发射升空之前，2E航天发射综合体执行的所有发射任务都为军事目的服务。然而，人们对于从极地轨道观测地球和近地空间的极轨卫星越来越感兴趣，这促使范登堡空军基地打开大门，在未来几年内接受NASA更高的参与度。

2E航天发射综合体的下一次非军事发射是在1964年8月28日，发射了戈达德航天飞行中心研制的气象卫星"雨云"A，将卫星发射至近极轨道；随后是第二个轨道地球物理天文台，于1965年10月14日发射。此后，NASA发射了一系列不同的应用卫星。1972年3月12日，2E航天发射综合体在最后一次发射任务中支持改型的"雷神"导弹发射，携带欧洲空间研究组织（欧洲航天局的前身）的TD-1A导航技术研究卫星。2E航天发射综合体于1975年废弃，场地上的塔架被拆除。

2W航天发射综合体（SLC-2W，1959年9月17日）
西经120.6223°，北纬34.7556°

2W航天发射综合体是作为美国空军的"雷神"中程弹道导弹测试设施而建造的，也被用于训练英国皇家空军轰炸机司令部的工作人员。后者将在英国操控导弹的发射，前三次"雷神"导弹的发射都是由英国皇家空军的工作人员执行的。第一次轨道飞行发生在1962年8月29日，一颗"科罗纳"间谍卫星发射升空。该型卫星此后又发射了多颗。

2W 航天发射综合体执行的首个 NASA 发射任务是于 1970 年 1 月 23 日升空的 ITOS 系列 1 号卫星，它是基于 TIROS 系列开发的气象卫星。同样值得注意的是，1972 年 10 月 15 日从这里发射了 NASA 的第一颗专用地球资源卫星"陆地卫星"1 号。

随后进行的一系列发射包括 1975 年 1 月 22 日的"陆地卫星"2 号、1978 年 3 月 5 日的"陆地卫星"3 号、1982 年 7 月 16 日的"陆地卫星"4 号和 1984 年 3 月 1 日的"陆地卫星"5 号，中间穿插发射了一些科学、环境、资源监测和气象卫星。2W 航天发射综合体经历了基于"雷神"中程弹道导弹的"德尔塔"计划的发展和扩张。2W 航天发射综合体逐渐演变为向运营通信卫星服务的商业公司提供支持，其中就包括铱星公司。铱星公司从 1997 年 5 月 5 日开始，以每批 5 颗卫星的速度向低地球轨道发射有效载荷的集群。

在接下来的十次任务中，"铱星"卫星连续以 5 颗为一组发射，于 1998 年 11 月 6 日发射了最后一批卫星。截至此时，已经有 55 颗卫星入轨。2002 年 2 月 11 日，又有 5 颗"铱星"卫星入轨。各种各样的科学和应用卫星继续发射，直到"德尔塔"运载火箭演变成迥然不同的配置，需要匹配更大的发射设施。"德尔塔"4 型火箭首次于 2002 年 11 月 20 日和 2006 年 6 月 27 日分别从卡纳维拉尔角的 37 号发射综合体和范登堡空军基地 6 号航天发射综合体起飞。2W 航天发射综合体最后一次发射"德尔塔"2 型配置的火箭是在 2017 年 11 月 18 日。

3W航天发射综合体（SLC-3W，1960年10月11日）
西经120.5911°，北纬34.6400°

3W 航天发射综合体最初是为支持"阿特拉斯－阿金纳"A 型（仅发射 2 枚）和 B 型卫星发射器（发射 7 枚）而建造的，是范登堡空军基地的第一座专用卫星发射设施。它最初被命名为 1 号发射综合体，后于 1963 年进行了全面改造，用于发射更先进的"雷神－阿金纳"火箭；于 1973 年再次进行翻新，用于发射具有上面级的"阿特拉斯"改进型号。

在 1978 年 6 月 27 日发射"海洋卫星"1 号之前，2W 航天发射综合体仅用于发射军事有效载荷，主要包括"科罗纳"系列以及后续类型的情报收集和导航卫星。"海洋卫星"1号携带一套用于测量洋流、海面高度和海洋状况的微波仪器，由"阿特拉斯－阿金纳"D型火箭发射升空，但仅运行了99天就因电气故障而无法工作。

在"海洋卫星"之后，3W航天发射综合体发射了各种环境、气象、科学和地球资源卫星，其间穿插着向近极轨道发射的军事卫星。1995年3月24日，81枚"阿特拉斯"和"雷神"中的最后一次发射在3W航天发射综合体完成。

2004年，商业发射供应商SpaceX开始改造3W航天发射综合体，用于"猎鹰"1号火箭的发射。SpaceX公司将其用于火箭第一级的静态点火，但仅在2005年5月3日进行了一次试验，随后就将试验移至奥梅莱克岛。

3E航天发射综合体（SLC-3E，1961年7月12日）
西经120.5878°，北纬34.6359°

3E航天发射综合体支持多种太空发射任务，首先是"阿特拉斯－阿金纳"B型火箭，然后是"阿特拉斯－阿金纳"D型和"阿特拉斯－燃烧器"2型火箭，还为美国空军Prime发射提供了支持。此次发射任务携带了半升力再入飞行器，在再入期间进行了气动热测

下图：6号航天发射综合体最初是用于支持"泰坦－载人轨道实验室"的发射，后来为航天飞机进行了大幅改造，但两者均未用于预期目的。（美国空军供图）

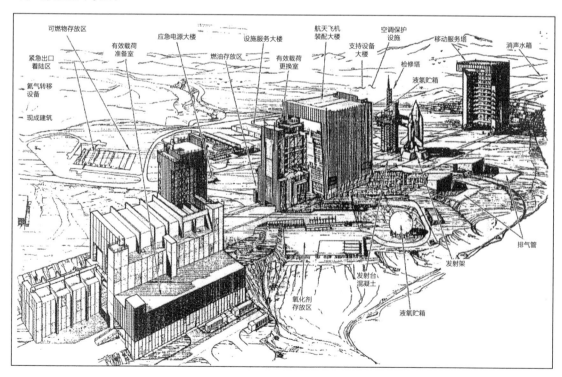

可燃物存放区　有效载荷准备室　应急电源大楼　设施服务大楼　航天飞机装配大楼　空调保护设施　移动服务塔　消声水箱

紧急出口着陆区　燃油存放区　有效载荷更换室　支持设备大楼　检修塔

氧气转移设备　液氢贮箱

现成建筑

排气管

发射台混凝土　发射架

氧化剂存放区　液氧贮箱

试。但是，从 3E 航天发射综合体首次发射入轨的是"导弹防御警报系统"卫星，其后依次是 1978 年 2 月 22 日—1981 年 12 月 19 日的卫星和导弹观测系统的系列摄影侦察卫星、科学研究卫星和前七颗"导航星"GPS 卫星。

NASA 首次从 3E 航天发射综合体发射的是 TERRA 卫星，于 1999 年 12 月 18 日搭乘首枚"阿特拉斯"2AS 火箭发射升空。七年后，3E 航天发射综合体开始接受改造，用于发射"阿特拉斯"5 号火箭，首次发射于 2003 年 3 月 13 日进行。"阿特拉斯"5 号计划是"改进型一次性运载火箭"计划的一部分，这是该型号的首次发射。

2014 年 8 月 13 日，"阿特拉斯"5 号发射了商业成像卫星"世界观测"3 号。该卫星的地面分辨率为 1.2 英尺（36.6 厘米），还配备了多光谱和红外成像设备。2016 年 11 月 11 日，"世界观测"4 号由另一枚"阿特拉斯"5 号运载火箭发射，一同发射的还有 7 颗立方卫星。在 2018 年 5 月 5 日一次具有历史意义的发射中，NASA 从西海岸发射了第一颗行星际探测器"洞察"号，它经过六个月的飞行抵达火星，并于同年 11 月下旬着陆。它是成功在这颗红色星球上着陆的第八架 NASA 航天器。

5号航天发射综合体（SLC-5，1962年4月26日）
西经120.6247°，北纬34.6080°

5 号航天发射综合体专为全固态"侦察兵"小型卫星发射器而建造。该型发射器首次发射时携带了美国海军的太阳辐射监测卫星，但发射失败了。第一次成功发射是在 1962 年 8 月 23 日，而它在一个月前刚刚经历了第二次失败。5 号航天发射综合体总共支持发射了大约 69 枚"侦察兵"火箭，最后一次发射是在 1994 年 5 月 8 日。此后该发射台被停用。

NASA 在 5 号航天发射综合体的首次发射于 1963 年 12 月 19 日进行。这是具有里程碑意义的事件，因为这是 NASA 首次使用范登堡空军基地发射他们的卫星。在此之前，只有加拿大在 1962 年 9 月 29 日从 2E 航天发射综合体发射了"百灵鸟"1 号卫星，但它不是 NASA 的内部计划。1963 年 12 月 19 日发射的"探索者"19 号卫星目的是测量电离层的密度。NASA 随后又于 1964 年 8 月 25 日发射了"探索者"20 号卫星。

在接下来的几年中，5 号航天发射综合体支持发射了更多 NASA 的"探索者"系列科学卫星，还为外国客户发射了一些卫星。1969 年 11 月 8 日，5 号航天发射综合体为欧洲航天研究组织发射了"欧洲航天研究组织"1B 卫星，几枚军事导航卫星也被同时送入轨道。

576E航天发射综合体（SLC-576E，1962年8月1日）
西经120.6191°，北纬34.7396°

576E 航天发射综合体是一座最不寻常的发射台，最初仅有一口用于"阿特拉斯"F 型洲际弹道导弹的发射井，改造后进行了四次测试发射，最后一次发射是在 1964 年 12 月 22 日。在接下来的三十年中，576E 航天发射综合体一直处于休眠状态，经历了退役和设备拆除，直到"金牛座"商用运载火箭的发射任务需要才对其进行改装。

"金牛座"由轨道 ATK 公司（现隶属于诺思罗普·格鲁曼创新系统公司）研发，是一种四级地面发射器，由"飞马座"空射火箭改造而成。"飞马座"火箭先搭乘改型的洛克希德 L-1011 客机升空，然后从客机下方掉落，继续向上发射。"金牛座"首次发射于 1994 年 3 月 13 日，于 2017 年 10 月 31 日完成了第十次发射（彼时已被更名为"米诺陶"）。截至 2017 年 10 月 31 日，该型火箭共完成十一次发射。

4W航天发射综合体（SLC-4W，1963年7月12日）
西经120.6154°，北纬34.6331°

4W 航天发射综合体于 1962 年专门为"阿特拉斯 - 阿金纳"D 型火箭而建造，连续发射了多个机密军事载荷。1965 年 3 月 12 日，它在发射第 12 枚"阿特拉斯 - 阿金纳"D 型火箭之后接受了改造，用于发射携带机密有效载荷、由"泰坦"2 号洲际弹道导弹衍生而来的运载火箭变体。根据具体配置和不同的上面级，变体火箭有不同的名称。"泰坦"2 号变体火箭于 1966 年 7 月 29 日首次发射升空。

4W 航天发射综合体的首次非军事发射是 NASA 于 1993 年 10 月 5 日将"陆地卫星"6 号遥感卫星送入近极轨道。但是，用于将它送入最终轨道的加速发动机发生故障，导致卫星未能成功入轨。随后于 1994 年 1 月 25 日发射的是环月轨道探测器"克莱芒蒂娜"，主要目的是测试"星球大战"弹道导弹防御系统的传感器技术，但在绕月球轨道运行和对月球表面进行制图调查方面具有很高的价值。

4W 航天发射综合体随后发射了一些国防和气象卫星。NASA 于 1999 年 6 月 20 日在此发射了"快速散射计"卫星。这是一颗海洋学卫星，内置有"海风"散射仪，用于测量和监测全世界海洋上空的风。4W 航天发射综合体的最后一次发射是于 2003 年 10 月 18 日发射了一颗国防气象卫星，之后便被停用。

4E航天发射综合体（SLC-4E，1964年8月14日）
西经120.6106°，北纬34.6320°

4E 航天发射综合体建于 1963 年，目的是发射"阿特拉斯－阿金纳"D 型卫星运载火箭，截至 1967 年 6 月 4 日总共发射 27 枚。之后，为了发射"泰坦" 3D 号，4E 航天发射综合体接受了改造，在 1971 年 6 月 15 日—1982 年 11 月 17 日共发射 22 枚。此后，为支持"泰坦" 34D 号运载火箭的发射，4E 航天发射综合体进一步接受改造，在 1983 年 6 月 20 日—1988 年 11 月 6 日发射了 7 枚该型火箭。4E 航天发射综合体的下一次改造支持了于 1991 年 3 月 8 日—1997 年 10 月 24 日发射的 8 枚"泰坦" 4A 火箭。4E 航天发射综合体的最后一次改造支持了在 1999 年 5 月 22 日—2005 年 10 月 19 日进行的五次"泰坦" 4B 号发射。

2011 年初，SpaceX 开始重建场地，用于发射"猎鹰" 9 号和"猎鹰"重型运载火箭（但后者永远不会在这里发射）。改造内容包括拆除大型固定服务塔和移动服务塔。这些塔是在过去的几十年中逐渐建起的，目的是协助发射体积日益增大的"泰坦"系列火箭。"猎鹰" 9 号 v1.1 火箭的首次发射于 2013 年 9 月 29 日进行，搭载了加拿大通信卫星"卡西奥佩"和几颗立方卫星。接下来是 2016 年 1 月 17 日发射的"杰森" 3 号海洋测高卫星，这是 NASA 和欧洲气象卫星应用组织之间的一项合作。2017 年 1 月 14 日，"猎鹰" 9 号火箭发射了第一批第二代"铱星"卫星。4E 航天发射综合体目前继续用于"猎鹰" 9 号火箭的发射，其搭载清单目前已预订到 2021 年。

6号航天发射综合体（SLC-6，1995年8月15日）
西经120.6266°，北纬34.5813°

尽管 NASA 没有在 6 号航天发射综合体进行过任务发射，但 6 号航天发射综合体与NASA的联系非常密切。它曾被规划为美国空军"载人轨道实验室"计划的发射场。载人轨道实验室是一个军事空间站，采用圆柱形结构，可容纳两名乘员。乘员将乘坐"双子座"飞船被发射至空间站顶部。

最初选择的运载火箭是"泰坦"1号，但空军对带固定式助推器的"泰坦"2号的改进型号进行了改造，并于1966年3月12日开始了6号航天发射综合体的场地建设。"泰坦"3M的发射场将有一个移动服务塔、一个混凝土发射台、一个火焰导管和一个发射控制中心。1969年6月10日，"载人轨道实验室"计划被取消，场地的建设工作随之停止。当1972年NASA获准建造航天飞机时，6号航天发射综合体被选为航天飞机极地轨道发射任务的发射场，目的是使轨道器能够在高倾角轨道上飞行并避开人口稠密地区。

美国空军一直密切参与航天飞机的设计配置，希望由此将完全不同于先前型号的先进间谍卫星送入轨道，而这需要大型发射系统

左图：2013年8月28日，第一枚"德尔塔"4型重型运载火箭从6号航天发射综合体升空。6号航天发射综合体目前是联合发射联盟的发射设施。（美国空军供图）

和西海岸独有的新型发射能力。有人曾提议，航天飞机可以与从前发射的间谍卫星交会，补充卫星的推进剂贮箱，从而延长这些昂贵平台的寿命。

这项工作于 1979 年 1 月才启动，这是由于 NASA 的预算压力，所以开始得比预期的要晚，但所筹备的设施比"载人轨道实验室"计划设想的要全面得多。航天飞机的轨道器将由一架改装过的波音747 飞机空运到北范登堡，然后由 76 轮平板卡车向南运送至 6 号航天发射综合体，最终起竖发射。在卡纳维拉尔角为航天飞机建造的所有有效载荷更换设施都将在此处重复使用，但是操作程序迥然不同。

NASA 和美国空军花费了 40 余亿美元重建 6 号航天发射综合体，用于航天飞机发射。之前曾进行过空射试验以验证运载器完整性的"企业"号轨道器于 1985 年被送至 6 号航天发射综合体，在该发射设施上进行适配检查。1986 年 1 月 28 日，在"挑战者"号灾难发生后，美国空军决定不再使用航天飞机执行范登堡空军基地的机密任务，并于 7 月 31 日宣布将关闭 6 号航天发射综合体，于 1987 年2 月 20 日将看管人员减至最少。

6 号航天发射综合体因这次事故与发射机会失之交臂：如果"挑战者"号没有爆炸，那么范登堡空军基地的第一次航天飞机发射就将在 1986 年 10 月 15 日进行。此次任务本应由罗伯特•克里平指挥，他也是最初为"载人轨道实验室"计划选择的宇航员之一。美国空军从未对航天飞机寄予厚望，在事故发生后，便恢复了"泰坦"运载火箭的使用，并计划从 6 号航天发射综合体发射"泰坦"4 号－"半人马座"火箭。然而，这些计划都于 1991 年 3 月 22 日被取消，6号航天发射综合体再次被停用。

1993 年，洛克希德•马丁公司与美国空军达成了一项协议：在为航天飞机固体火箭助推器建造的两个排气管之一的上方使用"牛奶凳"，在 6 号航天发射综合体发射该公司的"洛克希德•马丁"运载火箭。首枚"洛克希德•马丁"运载火箭于 1995 年 8 月 15日起飞，这是 6 号航天发射综合体被选入"载人轨道实验室"计划二十九年来首次支持发射的火箭。不幸的是，这次发射失败了。1997 年 8 月 22 日，NASA"小型卫星技术计划"（隶属于"行星地球任务"）的一颗卫星由名为"雅典娜"的"洛克希德•马丁"火箭变体成功发射入轨，6 号航天发射综合体还为其进行了一些必要改造。1999 年 9 月 24 日，6 号航天发射综合体发射了"伊科诺斯"商业对地观测卫星，而三个月前它的同类卫星未能入轨。

正如前文所提到的那样，波音公司开始逐步淘汰已经老化的"德尔塔"2 型火箭，并推出"德尔塔"4 型系列，其中包括几种可改造的芯级、捆绑式助推器和各种上面级。这一行动隶属于美国国防部为寻找满足军用卫星发射器需求的通用解决方案而进行的竞赛，名为"改进型一次性运载火箭"计划。这是航天飞机事故带来的巨变：当时除了行星际飞行任务和哈勃太空望远镜，所有已公布的发射任务全部取消，以使航天飞机集中精力为国际空间站的组装做准备。

第一枚从范登堡空军基地发射的"德尔塔"4 型火箭被运到 6 号航天发射综合体，于 2003 年末在发射台上起竖，但连续的修改和技术问题将发射推迟到了 2006 年 6 月 27 日。这是美国发射的第六枚"德尔塔"4 型火箭，第一枚于 2002 年 11 月 20 日在卡纳维拉尔角从 37 号航天发射综合体发射。6 号航天发射综合体的故事仍未结束，它将继续支持各种机密军事卫星的发射。

第四章
NASA 的预算

　　一提到航天计划要花多少钱，大多数人都说不出个所以然。一般答案是大约每年政府总支出的20％。换句话说，每收1美元的税，就有约20美分用于航天。实际上，NASA每年从联邦政府的税收中提取的资金不到总额的0.5％，而通过各种技术反馈活动反哺经济，可以产生十倍左右的产值，从而增加了商业界和企业的工作岗位、利润和出口潜力。独立分析表明，这笔资金每年可产生约1 800亿—2 000亿美元的收入。

跨页图：自1972年最后一次"阿波罗"登月飞行以来，NASA一直计划将宇航员送入更深的太空。这需要花钱。但是要花多少钱呢？（NASA供图）

举例来说，2019 年，NASA 会获得约 200 亿美元的拨款，仅占美国联邦政府预算（44 070 亿美元）的 0.4%。这不是 GDP，仅是美国政府的支出。相比之下，国防部和国土安全部共计需要支出 6 430 亿美元，几乎占预算的 15%。如果将相同额度的资金拨给 NASA，在现有水平下，可供 NASA 运转 32 年以上。

又比如说，2019 年，美国政府会在卫生与公共服务、教育、住房和城市发展方面支出 1 586 亿美元，占其总预算的 3.6%。如果 NASA 停止接受政府拨款并将该项资金用于这些社会福利计划，只能使这些有价值的部门增加 11% 的资金，但会使美国经济每年损失 1 630 亿—1 800 亿美元（由 NASA 每年 1 800 亿—2 000 亿美元的经济贡献值减去其 200 亿美元的支出获得）。

无论从哪个角度衡量，NASA 仅凭自身就为卫生与公共服务、教育、住房和城市发展提供了超过它们合计预算的资金。

但情况并不总是如此。从最初极低的预算开始，NASA 的预算到 1966 年几乎成倍增长，占美国联邦政府总支出的 4.4%。这是由于在"阿波罗"登月目标以及支持该目标所必需的硬件、建筑和设施建设方面进行了大量投资。从几个方面来看，"阿波罗"计划的成果使接下来的几个计划继续受益，对于帮助 NASA 取得令人瞩目的成就至关重要。NASA 的预算从 1966 年开始下降，到 1975 年下降到美国联邦政府支出的 1% 以下，后来又缓慢下降到 0.5% 以下。

下图：NASA 的预算每年在美国联邦支出计划中所占的比重一直在下降，而它在经济方面的回报则支付了卫生与公共服务、教育、住房和城市发展方面的所有年度支出。（大卫·贝克供图）

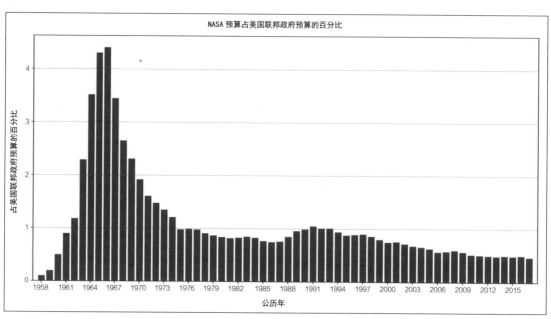

NASA 预算占美国联邦政府预算的百分比

公历年

上图：NASA正在通过詹姆斯·韦伯太空望远镜等旗舰项目对未来进行投资。该望远镜的完整尺寸模型于2013年在得克萨斯州奥斯汀市的绍斯韦斯特展出。（NASA供图）

　　尽管美国国会两院普遍支持 NASA 的工作，但由于公众不够了解政府从对 NASA 的投资中获得的非凡收益，NASA 在预算分配方面吃了亏。在满足选民的需求时，势必会对地方政治利益产生影响。再加上美国的财富日益增长且愿意将预算赤字控制在远超现有水平（仅在过去二十年间有所改善）的情况下，NASA 实际支出的增长受到阻碍，并导致其在年度政府支出中占比的下降。

　　解读政府支出是一项艰难的任务，充满了统计雷区和暗线，经常导致"死胡同"的出现。但是从根本上来说，在寻找更多资金方面，国会面临的主要挑战是预算实际上分为两个部分：非自由裁量支出和可自由裁量支出。非自由裁量支出类别包含国会授权的所有计划，其中许多具有内置的自动调整项目，这些项目每年会自动消耗越来越多的预算。可自由裁量支出是每年不受法律约束的剩余分配额。

　　在近六十年的 NASA 预算中，可自由裁量支出直线下降，也使得 NASA 在支付了不可动摇的非自由裁量支出之后的可用余款减少了。国防预算的压力就是一个例子。第二次世界大战期间，美国花费了其收入的 95% 用于战争。即使在 1950—1953 年朝鲜战争期间，国防总支出也几乎只占政府总预算的 70%。现在，国防预算则下降到仅占政府预算的 13%。

　　2019 年，美国政府申请了 1.2 万亿美元的可自由裁量预算，仅占总预算支出的 27％。但是，即使按这个标准来衡量 NASA 的预算，它也仅仅获得了可自由裁量支出的 1.6％。考虑到 NASA 产生的经济收益，金融分析师就必须弄清楚：如果对 NASA 进行更多投资，是否会使财务收益与美国航天计划投资的增长成正比；或者 NASA 是否已经停滞不前，且收益率达不到该机构年度预算的倍数？

从现实的角度来看，尽管政客们不仅认识到 NASA 的活动对国家的益处，而且还认识到 NASA 可以在他们的选区内创造更多岗位，因而要求 NASA 做更多的事情，但 NASA 每年获得的美国联邦政府预算极有可能不超过 0.5％。这样做极大地反映了公众的意识，也向 NASA 提出了满足选民偏好的需求。

为此，2018 年初进行的一次大规模美国民意调查得出了一些有趣的数据。大约 70％ 的人认为 NASA 应当努力保持其在太空探索领域的全球领先地位，而有 65％ 的人认为 NASA 应该在探索和科学发现中继续发挥关键作用——他们对商业竞争者仍然有一定程度的不信任。也许最令人惊讶的是有 85％ 的被调查者认为监测气候是当务之急，其次是监测小行星，因为它们可能撞击地球并造成灾难性影响。

然而，当涉及载人航天飞行时，大多数人仍然存有疑虑。大约 63％ 的人认为将宇航员送往火星很重要，应该优先考虑，而只有 55％ 的人认为载人登月应列为优先事项。37％ 的人表示不应将探索火星列入议程，44％ 的人反对将宇航员送上月球。当"阿波罗"计划结束后 NASA 首次进行深空探险时，人们的倾向是否会改变，还有待观察。但是总的来说，美国的纳税人信任 NASA，也认为它在扩展我们对行星际环境的了解方面起到重要作用。

索引

（不包括卡纳维拉尔角和范登堡空军基地发射设施的发射细节）